工业和信息化普通高等教育"十三五"规划教材立项项目

21世纪高等教育计算机规划教材

云计算基础教程
（第2版）

Cloud Computing

程克非 罗江华 兰文富 刘锐 编著

U0258635

人民邮电出版社

北京

图书在版编目（CIP）数据

云计算基础教程 / 程克非等编著. -- 2版. -- 北京：
人民邮电出版社，2018.12
21世纪高等教育计算机规划教材
ISBN 978-7-115-47689-0

Ⅰ．①云… Ⅱ．①程… Ⅲ．①云计算－高等学校－教
材 Ⅳ．①TP393.027

中国版本图书馆CIP数据核字(2018)第001068号

内 容 提 要

本书介绍了云计算的基本概念、原理及实际应用，分为基础篇、技术篇、应用篇和实践篇4篇。主要内容包括：绪论、云计算架构及其标准化、云存储、云服务、虚拟化、云安全、云计算主流解决方案、云计算与移动互联网及物联网、云计算与大数据、高性能计算、虚拟化技术、分布式文件系统和云计算管理与服务等。

本书结合具体实例来讲解相关概念及原理，实用性较强，适合作为大学高年级和研究生云计算课程教材，也可作为云计算研究开发人员、爱好者的参考用书。

◆ 编　著　程克非　罗江华　兰文富　刘　锐
　　责任编辑　张　斌
　　责任印制　彭志环

◆ 人民邮电出版社出版发行　　北京市丰台区成寿寺路 11 号
　　邮编　100164　电子邮件　315@ptpress.com.cn
　　网址　http://www.ptpress.com.cn
　　北京市艺辉印刷有限公司印刷

◆ 开本：787×1092　1/16
　　印张：17.25　　　　　　　2018 年 12 月第 2 版
　　字数：440 千字　　　　　2024 年 8 月北京第 7 次印刷

定价：55.00 元
读者服务热线：(010)81055256　印装质量热线：(010)81055316
反盗版热线：(010)81055315

前言 PREFACE

很少有一种技术能够像云计算这样，从概念诞生之初就产生了巨大的影响。经过多年的发展和沉淀，它对信息和通信产业的吸引力仍旧没有减弱。Google、亚马逊、IBM 和微软等国际 IT 巨头以及国内大大小小的互联网企业都在以前所未有的速度和规模推动云计算技术和产品的普及，一些学术活动迅速将云计算提上议程，支持和反对的声音不绝于耳。从最开始的云盘、云桌面等云服务，发展到现在的超大规模数据中心，云计算正在真正发挥它的光和热，推动信息化技术不断发展。那么，云计算到底是什么？本书将从高性能计算开始，介绍云计算的开源技术实践。

本书第 1 版在经历了 4 个年头后，部分内容已经有些过时和不太实用，本次特对其进行了修订。

修订版保留了原书的基本结构，分为 4 个部分：基础篇、技术篇、应用篇和实践篇。

基础篇包含第 1 章绪论和第 2 章云计算架构及其标准化。简单介绍云计算的起源及其架构，同时对目前云计算中的标准化情况进行了较详细的说明。

技术篇包含第 3~6 章，主要是对云计算环境下采用和适应的技术（包括存储体系、服务体系、虚拟化技术、云桌面技术和云安全）进行全面介绍。

应用篇包含第 7~9 章。总结了目前市场上存在的主要商业云解决方案以及部分知名的开源解决方案，分析了云计算技术、移动互联网技术和物联网的关系及现状，最后详细介绍云计算和大数据之间千丝万缕的联系。

实践篇包含第 10~14 章，以开源的云解决方案为主体，从高性能计算开始，对云计算环境的基础构建进行了初步的建设尝试，以便为读者构建自己的私有云、企业云提供一定的启发和帮助。

本书中部分文字的输入、图的绘制及对书中测试样例进行上机验证的工作是由王楠、周谦、蔡泓、解万富等研究生完成的；本书的编写得到了 IBM 中国公司，重庆邮电大学计算机科学与技术学院、通信工程学院、教务处、网管中心和计算科学实验室等部门的大力支持。在修订版编制过程中，新加入的实验内容主要由陈旭东、邓先均、罗昭、文先芝、张航等人完成，部分实验用数据由贵州力创科技发展有限公司、贵州移动通信信令数据应用工程技术研究中心友情提供。因篇幅有限，其他单位和个人不再一一列出。在此谨向所有支持和参与本书编写、修订的单位和个人表示诚挚的谢意。

编　者
2018 年 5 月

目录 CONTENTS

第一篇　基础篇

　　作者从 2002 年开始从事高性能计算的研究，那时的计算机还不能支持虚拟化技术，为了在 Linux 操作系统上运行 Windows 应用程序，费了不少精力。如 Wine，在 Linux 环境上加入 Windows 运行时库支持；反过来，在 Windows 上运行 Linux 应用程序则几乎不可能，除非使用源码重新编译。这些技术不能完全满足应用程序在同一个机器上的运行，直到虚拟化技术出现。虚拟化技术以在机器上直接虚拟操作系统需要的硬件环境的方式安装操作系统，通过宿主系统和虚拟系统之间的虚拟共享通道完成文件和信息的交换。但这样的技术在当时硬件落后的计算机上运行效率实在太低，很难真正应用。到了今天，硬件计算能力增强，主机的计算能力大多数都处于闲置状态，CPU 也从硬件层次提供虚拟化支持，我们何不考虑利用这种现状，特别是在教学实验和办公网络环境中，用集中的少量主机资源，通过降低用户端的计算资源，以瘦终端的方式来总体降低使用成本和节约能源呢？我们可不可以考虑将计算作为一种像水电一样的资源，按需提供给需要的用户呢？这些需求仅仅是虚拟化的支持是远远不够的，还需要大量的辅助技术才能完成，云计算由此产生。基础篇包含第 1 章绪论和第 2 章云计算架构及其标准化，将从云计算的基础以及发展现状开始，对目前开源环境下的虚拟化技术和云计算技术进行实践性介绍。本篇首先介绍云计算的起源和基础架构，再介绍云计算的标准化情况。希望通过这样的方式帮助有需要的读者了解云计算技术，轻松搭建自己的"私有云"环境。

第1章 绪论

1.1 云计算的概念与特征

1.1.1 云计算的基本概念

云计算（Cloud Computing）是在分布式计算（Distributed Computing）、并行计算（Parallel Computing）和网格计算（Grid Computing）的基础上发展而来的，是一种新兴的商业计算模型。它是在 2007 年第三季度由谷歌（Google）公司提出的一个新名词，但仅仅过了半年多，其受关注程度就超过了网格计算。

同时，云计算容易与并行计算、分布式计算和网格计算混淆。云计算是网格计算、分布式计算、并行计算、效用计算（Utility Computing）、网络存储技术（Network Storage Technologies）、虚拟化（Virtualization）、负载均衡（Load Balance）等传统计算机技术和网络技术发展融合的产物，它旨在通过网络把多个成本相对较低的计算实体整合成一个具有强大计算能力的完美系统，并借助 SaaS、PaaS、IaaS、MSP 等先进的商业模式把这强大的计算能力分布到终端用户手中。云计算的一个核心理念就是通过不断提高"云"的处理能力减少用户终端的处理负担，最终使用户终端简化成一个单纯的输入/输出设备，并能按需享受"云"的强大计算处理能力。

目前，对云计算的认识还在不断发展变化中，其定义有多种说法。现阶段广为接受的是美国国家标准与技术研究院（NIST）的定义：云计算是一种按使用量付费的模式，这种模式提供可用的、便捷的、按需的网络访问，进入可配置的计算资源共享池（资源包括网络、服务器、存储、应用软件、服务），这些资源能够快速提供，只需投入很少的管理工作，或与服务供应商进行很少的交互。

因此可以说，狭义的云计算是指 IT 基础设施的交付和使用模式，是指通过网络以按需、易扩展的方式获得所需的资源（如硬件、平台、软件）。提供资源的网络被称为"云"。"云"中的资源在使用者看来是可以无限扩展的，并且可以随时获取，按需使用，随时扩展，按使用付费。这种特性经常被称为像使用水和电一样使用 IT 基础设施。

广义的云计算是指服务的交付和使用模式，是指通过网络以按需、易扩展的方式获得所需的服务。这种服务可以是 IT 和软件、互联网相关的，也可以是任意其他的服务。

1.1.2 云计算的基本特征

在 1.1.1 小节中参考了 NIST 制定的云计算的标准定义，该定义指出了云计算"必不可少"的 5 个特征，下面是这 5 个基本特征的含义。

（1）自助式服务

消费者无须同服务提供商交互就可以得到自助的计算资源能力，如服务器的时间、网络存储等（资源的自助服务）。

（2）无处不在的网络访问

借助不同的客户端通过标准的应用对网络访问的可用能力。

（3）划分独立资源池

根据消费者的需求来动态划分或释放不同的物理和虚拟资源，这些池化的供应商计算资源以多租户的模式来提供服务。用户并不控制或了解这些资源池的准确划分，但可以知道这些资源池在哪个行政区域或数据中心，包括存储、计算处理、内存、网络带宽及虚拟机个数等。

（4）快速弹性

快速弹性是一种快速、弹性地提供和释放资源的能力。对于消费者，提供的这种能力是无限的（就像电力供应一样，对用户是随需的、大规模资源的供应），并且可在任何时间以任何量化方式购买。

（5）服务可计量

云系统对服务类型通过计量的方法来自动控制和优化资源使用，如存储、处理、带宽及活动用户数。资源的使用可被监测、控制及可对供应商和用户提供透明的报告（即付即用的模式）。

云软件可充分借助于云计算的范式优势来面向服务，聚焦于无状态的、松耦合、模块化及语义解释的能力。

1.2 云计算的简史

追根溯源，云计算与并行计算、分布式计算和网格计算有着千丝万缕的关系，更是虚拟化、效用计算、SaaS、SOA 等技术混合演进的结果。那么，几十年来，云计算是怎样一步步演变过来的呢？回顾云计算的发展历程，可以把云计算的发展简史划分为如下 3 个阶段。

1. 第一阶段

2006 年之前属于发展前期，虚拟化技术、并行计算、网格计算等与云计算密切相关的技术各自发展，其商业化和应用也比较单一和零散。

1959 年 6 月，克里斯托弗·斯特雷奇（Christopher Strachey）发表关于虚拟化的论文，虚拟化是今天云计算基础架构的基石。1997 年，南加州大学教授拉姆纳特·切拉潘（Ramnath Chellappa）提出云计算的第一个学术定义，认为计算的边界可以不是技术局限，而是经济合理性。1999 年，马克·安德森（Marc Andreessen）创建了第一个商业化的 IaaS（Infrastructure as a Service，基础设施即服务）平台——Loud Cloud。2004 年，谷歌（Google）发布 MapReduce 论文。Hadoop 就是 Google 集群系统的一个开源项目的总称，主要由 HDFS、MapReduce 和 Hbase 组成。其中，HDFS 是 Google File System（GFS）的开源实现，MapReduce 是 Google MapReduce 的开源实现，HBase 是 Google Big Table 的开源实现。

2. 第二阶段

2006—2009 年属于技术发展阶段，云计算、云模式、云服务的概念开始受到各个厂家和各个标准组织的关注，认识逐渐趋同，并结合传统的并行计算、虚拟化及网格计算等业务，使云计算的技术体系日趋完善。

2006 年，亚马逊（Amazon）公司相继推出在线存储服务 S3 和弹性计算云 EC2 等云服务，Sun 公司推出基于云计算理论的"Black Box"计划。2007 年 11 月，IBM 公司首次发布云计算商业解决方案，推出"蓝云（Blue Cloud）"计划。2008 年 1 月，Salesforce.com 推出了随需应变平台 DevForce，Force.com 平台是世界上第一个平台即服务的应用。同年 9 月，谷歌（Google）公司推出 Google Chrome 浏览器，将浏览器彻底融入云计算时代。2009 年 11 月，中国移动的云计算平台"大云"计划启动。

3. 第三阶段

2010 年至今属于技术与应用得到高度重视和飞速发展的阶段。这一阶段非常重要的是云计算得到政府、企业的高度重视和逐步认同，其技术和应用得到了飞速发展。

2010 年 1 月，微软（Microsoft）公司正式发布 Microsoft Azure 云平台服务。2012 年，私有云、公共云、混合云以及开放云等所有类似云快速发展。SAP 已经为亚马逊 Web 服务（AWS）运行其商务智能应用程序提供了认证，让企业更灵活、更节省成本地使用这个应用程序和基础设施。欧洲核子研究中心使用 OpenStack 私有云解决大数据和效率低的难题。2016 年，微软宣布，由世纪互联运营的 Microsoft Azure 已正式支持红帽企业 Linux；脸书（Facebook）牵手微软，使用其 Office 365 应用。

1.3 云计算的发展现状

1.3.1 市场规模分析

1. 国际云计算发展状况

2016 年，全球公共云服务市场规模约 2086 亿美元，较 2015 年增长 17%。云计算市场年增长率已连续 4 年稳定保持 17%左右的较高增长速度（见图 1-1，数据来源：Gartner）。

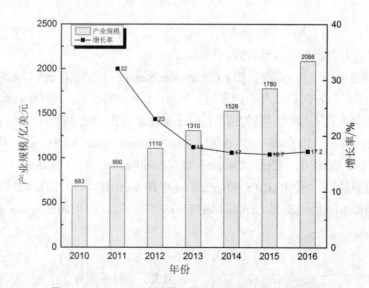

图 1-1　2010—2016 年全球公共云服务市场规模及增长情况

（1）美国在全球云计算市场的领导地位进一步巩固

作为云计算的"先行者"，北美地区仍占据市场主导地位（见图 1-2，数据来源：Gartner）。2015 年，美国云计算市场占据全球 56.5%的市场份额，增速达 19.4%，预计未来几年仍将以超过 15%的速度快速增长。从服务商来看，亚马逊 AWS 2015 年收入近 79 亿美元，增速超过 50%，服务规模超过全球 IaaS 领域第 2～15 名厂商总和的 10 倍，数据中心分布于美国、欧洲、巴西、新加坡、日本和澳大利亚等地，服务全球 190 多个国家和地区。欧洲作为云计算市场的重要组成部分，以英国、德国、法国等为代表的西欧国家占据了 21%的市场份额，近两年增长放缓，2015 年增速仅 4.2%，其中西班牙等国家出现负增长。2015 年，日本云计算市场全球占比为 4.2%，增速为 7.9%，预测未来几年增速会小幅上升，但仍低于北美国家。预计未来美国与欧洲、日本云计算市场的差距将进一步扩大。

AWS 作为全球无可置疑的云计算领导者，在营收绝对值遥遥领先于其他云计算厂商的情况下，依然保持了很高的增速，2015 财年营收同比增长 70%，营业利润同比增长 182%，2016 财年中报可以看到，AWS 营收同比增长 61%，达到 55 亿美元，营业利润同比增长 165%，达到 13 亿美元，从半年报的数据有理由推测，未来 AWS 依然会保持非常高的增速（见图 1-2）。

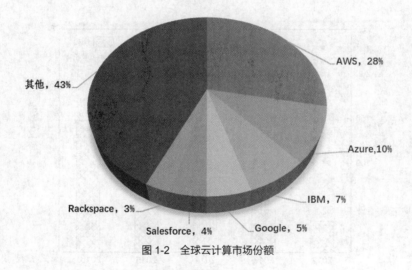

图 1-2　全球云计算市场份额

（2）以中国、印度为代表的云计算新兴国家高速增长

2015 年亚洲云计算市场全球占比为 12%，保持快速增长，其中印度增速达 35%，中国市场全球占比已由 2012 年的 3.7%上升到 5%。金砖国家中的巴西、俄罗斯、南非云计算市场占有率总和仅为 3%左右，但增速较快，且市场潜力较大，预计未来几年市场会进一步扩大。

2. 国内云计算的市场规模

我国云计算市场总体保持快速发展态势。根据中国信息通信研究院发布的《云计算白皮书（2016 年）》，2015 年我国云计算整体市场规模达 378 亿元，整体增速为 31.7%。其中专有云市场规模为 275.6 亿元人民币，年增长率为 27.1%，2016 年增速达到 25.5%，市场规模达到 346 亿元人民币左右（见图 1-3）。

我国公共云服务逐步从互联网向行业市场延伸（见图 1-4），2015 年市场整体规模约为 102.4 亿元人民币，比 2014 年增长 45.8%，增速略有下滑。2016 年国内公共云服务市场保持高速增长态势，市场规模达到近 150 亿元人民币。

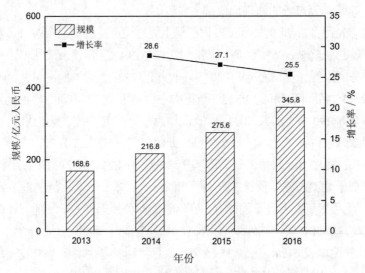

图 1-3　2013—2016 年中国专有云市场规模及增长情况

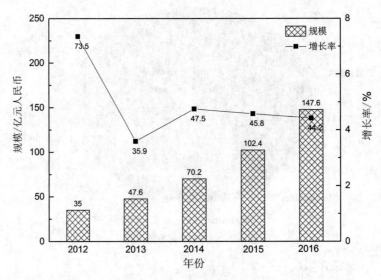

图 1-4　2012—2016 年中国公共云市场规模及增长情况

1.3.2　业务模式分析

1. 云计算的业务模式

在云计算环境下，包括软件、平台、基础架构等在内都将以服务的形式提供给用户。按照云计算的业务交付模式，分为基础设施即服务（Infrastructure as a Service，IaaS）、平台即服务（Platform as a Service，PaaS）和软件即服务（Software as a Service，SaaS）。

（1）IaaS 模式

IaaS 是指基础设施即服务，是提供 IT 基础设施（包括存储、硬件、服务器、网络带宽等设备）出租服务的业务模式。服务提供者拥有该设备，并负责运行和维护。客户提出需求并获取满足自身需求的 IT 基础设施服务。具有代表性的公司和业务有 Amazon 的 EC2、Verizon 的 Terremark 等。

Amazon 部署了大量冗余的 IT 资源和存储资源，为了充分利用闲置的 IT 资源，Amazon 将弹性计算云建立起来并对外提供效能计算和存储租用服务，包括存储空间、带宽、CPU 资源及月租费。月租费与电话月租费类似，存储空间、带宽按容量收费，CPU 根据运算量时长收费。例如，弹性计算云 EC2 让用户自行选择服务器配置来按需付费计算机处理任务。由于是按需付费，相比企业自己部署 IT 硬件资源及软件资源便宜得多，Amazon 也成为最成功的 IaaS 服务商之一。

美国电话电报公司（AT&T）提供按使用量付费的公用运算服务，供企业弹性使用 IT 资源并能随时取得所需的处理及储存能力。

NTT DoCoMo 与 OpSource 合作推出基于安全的数据中心及可靠的可扩展网络的云计算解决方案，利用公共云为每个用户提供虚拟化的私有云，使用户在虚拟化的私有环境中完成计算和应用服务，可实现在线购买，目前提供按小时计费的模式。

（2）PaaS 模式

PaaS 是指平台即服务，将软件开发环境、部署研发平台作为一种服务，以租用的模式提交给用户，具有代表性的公司和业务有 Google 的 GAE 及 Salesforces 的 Force.com 等。

Google 的云计算平台主要采用 PaaS 商业模式，提供的云计算服务按需收费。

Salesforce 的 PaaS 平台 Force.com 是运行在互联网上的一组集成的工具和应用程式服务。Salesforce 联合独立软件提供商，开发出基于其平台的多种 SaaS 应用，扩展其业务范围，使其成为多元化软件服务供货商（Multi Application Vendor）。

（3）SaaS 模式

SaaS 是指软件即服务，由软件供应商或者服务供应商部署软件，通过互联网提供软件服务的分发模式，具有代表性的公司和业务有阿里软件、Salesforce、微软的邮件等。

阿里软件基于 SaaS 模式，充分利用互联网资源，面向中小企业用户提供先尝试后购买、用多少付多少、无须安装（即插即用）的软件服务，实现低成本在线软件，可以根据行业、区域为中小企业管理软件做大规模需求定制。

Salesforce 让客户通过云端执行商业服务，不用购买或部署软件，按照订户数和使用时间对客户收费。

微软构建及运营公共云的应用和服务，同时向个人用户和企业客户提供云服务。例如，微软向最终使用者提供 Online Services 和 Windows Live 等服务。

上述服务模式的变更对现有产业有以下影响。

① 现有软件行业面临转型压力。

• 从产品销售模式转向在线服务模式。软件销售收入是传统软件企业的主要收入来源，目前，软件行业正由产品销售向 SaaS 模式发展，SaaS 将成为未来软件行业的主流模式。它在硬件投资、软件投资和运营成本上相对于传统模式都具有很大的优势，如表 1-1 所示。

表 1-1　不同模式下企业的软件使用成本

正　版	盗　版	SaaS
购买硬件	购买硬件	不需购买
购买软件	低价/免费盗版软件	不需购买
雇用 IT 人员	雇用 IT 人员	支付 SaaS 服务费

- 软件需要符合多租户架构。传统的软件和应用建立在单实例、单用户的基础上，未来为满足更多租户的使用需求，需要符合并行运算特点，满足多租户 SaaS 的软件架构，以更好地体现云计算高效率、低成本的优势。图 1-5 为多租户模式下可能的几种软件结构。

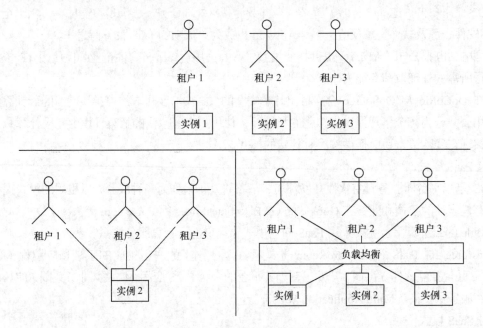

图 1-5　多租户软件实例示意

② 传统大型 IT 企业面临云转型压力。

云计算技术的出现使各大 IT 企业不得不做出变化、转型，以适应云计算的新型系统和商业模式。例如，微软作为传统的软件提供商，推出 Windows Azure 产品，作为企业云计算的"操作系统"，并通过创建或加强云中运行的应用（包括开发工具）和提供云计算服务平台，力求引领云计算的大潮；思科作为传统的网络提供商，推出基于思科网络服务器、存储和虚拟管理产品的云计算平台，希望在 IaaS 和 PaaS 市场扮演 IT 基础层供应商的角色；IBM 积极在全球布局云计算，目标是通过 IBM 的硬件和软件平台为其他企业提供云计算能力，借助云计算整合应用，构建动态、共享、高效的平台，实现智慧地球的构想。

2. 国外云计算产业发展现状

当云服务从业者逐渐增多，云计算生态链日益完善时，越来越多的企业开始应用云计算，混合云就是其中可能的实现方式。据 2015 年的调研数据显示，虽然有 88% 的企业使用公共云，但 68% 的企业在云端仅运行不到 1/5 的企业应用，大多数企业未来会将更多的应用迁移到云端，并且 55% 以上的企业表明目前至少有 20% 以上的应用是构建在云兼容（Cloud Friendly）架构上的，可以快速转移到云端。图 1-6 所示为混合云市场发展趋势（来源：中国信息通信研究院云计算白皮书，2016 年）。

国外众多传统 IT 厂商具有非常强大的开发和业务提供能力，同时具备在该领域传统的技术实力，因此能够分别提供多种服务，如平台、系统集成、应用开发等。图 1-7 所示为国外云计算生态环境现状。

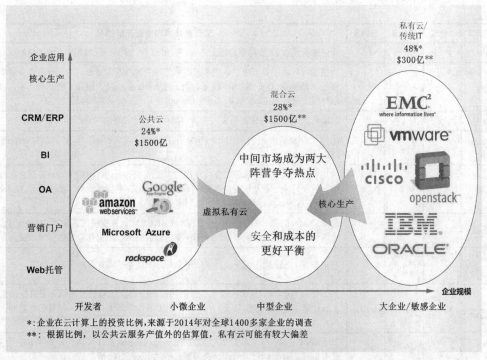

图 1-6 混合云市场发展趋势

图 1-7 国外云计算生态环境现状

各厂家及运营商在云计算业务上的开展情况如表 1-2 所示。

表 1-2 各厂家及运营商云计算业务开展情况

公司	IaaS	PaaS	SaaS	云计算技术和业务开展情况
AT&T	√		√	将原来的 IDC 服务转型成为客户提供按使用付费的租赁服务，由原来的资源出租转型为集成服务，除了提供资源租赁外，还提供 SaaS 业务（应用托管包括 MS Exchange、Oracle 和 SAP 等）

公司	IaaS	PaaS	SaaS	云计算技术和业务开展情况
Amazon	√	√	√	将过剩的闲散 IT 资源整合起来为客户提供服务，提高资源利用率，增加新的利润增长点
Google		√	√	为搜索等互联网业务建立低成本、高可扩展的数据处理平台，为了打击竞争对手微软，推出了 Google Doc 等 SaaS 服务，为了与 Amazon 抗衡，提高了资源利用率，将剩余资源开放出来提供 PaaS 服务，同时 Google 也是云计算技术的领导者
Go-Grid	√	√		由原来的 IDC 服务转型而来，为客户提供弹性的部署和管理网络基础架构
Sales force.com		√	√	由原来的卖软件授权转型为出租软件的 SaaS 服务，进一步扩展到 PaaS 服务领域（Force.com）
Facebook		√	√	为用户提供社交网络服务，支持系统采用低成本个人计算机构建云计算平台进行照片存储、后台日志分析及智能推荐等，降低系统成本，增强竞争力。基于开源 Hadoop 开发了 Hive 系统，支持海量数据仓库应用
Oracle/Sun	√	√	√	基于 Oracle 的基础 DB、中间件软件和 ERP/CRM 软件提供按需使用的 SaaS 方式，通过收购 Sun，基于 Sun 服务器、Solaris 及虚拟化技术提供更加全面的弹性解决方案
红帽（RedHat）	√			基于开源 Linux 和虚拟化软件 KVM 提供云计算管理解决方案
微软（Microsoft）	√	√	√	为了增强竞争力，从单纯的设备提供转向为提供互联网服务的综合服务提供商。提供 Azure 解决方案，包括基于 Windows 的虚拟计算环境和存储，以及在此基础上提供的 Live、.Net、SQL 服务能力
IBM	√	√		基于 IBM 小型机、x 系列个人计算机服务器、数据库、中间件软件及 Tivoli 系统管理软件提供按需计费的资源管理解决方案，提供 Lotus Live 等在线应用解决方案
思科（Cisco）	√		√	将产品线由原来的网络设备扩展到个人计算机服务器领域，进而提供统一的数据中心解决方案和 WebEX 在线应用解决方案
威睿（Vmware）	√			提供 x86 虚拟化管理解决方案
Citrix	√			主导推动开源软件 Xen，并基于 Xen 提供虚拟化管理解决方案
GreenPlum		√		提供海量并行处理技术的超大型数据库处理特殊优化的数据库引擎
Hadoop		√		基于个人计算机构建低成本、高扩展的海量数据存储和处理平台的开源软件，Hadoop 社区由 Yahoo、Facebook、微软、Cloudera 等公司推动

（1）平台提供商

云计算的实现依赖于虚拟化、自动负载平衡、随需应变的软/硬件平台，在这一领域的提供商主要是传统上领先的软硬件生产商，如微软、RedHat、Oracle、IBM、惠普、英特尔等。这些公司的特点是提供灵活和稳定兼备的集群方案，以及标准化、廉价的硬件产品，提供云计算平台。

微软公司在 2013 年推出 Cloud OS 云操作系统，包括 Windows Server 2012 R2、System Center 2012 R2、Windows Azure Pack 在内的一系列企业级云计算产品及服务。Windows Azure 是云服务操作系统，可用于 Azure Services 平台的开发、服务托管以及服务管理环境。Windows Azure 为开发人员提供随选的计算和存储环境，以便在 Internet 上通过微软数据中心来托管、扩充及管理 Web 应用程序。

RedHat 研发的云计算项目包括 Red Hat Open Cloud Project、Red Hat Deltacloud API、Red Hat BoxGrind（三者一起提供一套云计算环境的完整应用部署工具）、Red Hat Infinispan and Condor（提供一个类 Amazon Simple DB 的云计算环境数据网格存储技术）、Cloud Scheduler（提供一个云计算环境计算任务调度器）。Red Hat 提供纯软件的云计算解决方案（支持任意工业标准硬件），提供四层云计算解决方案，通过虚拟化实现资源整合、共享、分配，按需在线扩展、按需支付使用资源费用，提供 IaaS、PaaS、SaaS，并结合第三方应用扩展 SaaS。RedHat 已为 Amazon 提供云计算平台，并联手威瑞森公司（Verizon Business）部署云计算服务方案。

IBM 公司在 2013 年推出基于 OpenStack 和其他现有云标准的私有云服务，开发出一款能够让客户在多个云之间迁移数据的云存储软件——InterCloud，这项技术旨在向云计算增加弹性，并提供更好的信息保护。IBM 在 2013 年 12 月收购了 Aspera 公司，在提供安全性、宽控制和可预见性的同时，Aspera 的 FASP 技术使基于云计算的大数据传输更快速、更可预测和更具性价比，例如企业存储备份、虚拟图像共享和快速进入云来增加处理事务的能力。FASP 技术将与 IBM 收购的 SoftLayer 云计算基础架构进行整合。

惠普公司打造刀片系统矩阵（HP Blade System Matrix），为云计算提供基础平台，希望以此来降低基础设施的整体成本和数据中心的复杂性。Matrix 是建立在惠普 Systems Insight Manager 的基础之上的，对快速配置软件（惠普的 RDP）、微软活动目录（Microsoft Active Directory）服务器虚拟化（Vmware、XenServer 和 Microsoft Hyper-V）、惠普 BladeSystem c-Class 刀片服务器和惠普 torageWorks EVA 光纤通道存储框架等相关服务有着极大的辅助作用，惠普面向需要针对虚拟环境实施共享存储的用户推出了云存储产品。

Sun 公司（现已被 Oracle 公司收购）于 2010 年 3 月 18 日推出开放式云计算平台（Sun Open Cloud Platform），该平台包括 Java、MySQL、OpenSolaris 和开放式存储等，并预演了 Sun Cloud 计划。Sun Cloud 包括 Sun 云存储服务和 Sun 云计算服务，客户可以通过 Sun Cloud 充分利用开源和云计算相结合的优势，加速新应用的交付，降低总体风险，并迅速调整计算和存储规模来满足要求。Sun 的云存储服务支持 WebDAV 协议，并实现对 Amazon S3 API 的兼容。

（2）系统集成商

系统集成商的代表厂商包括 Oracle、Google、Amazon、IBM、HP 等公司，这些公司普遍具有强大的研发能力和技术团队，能够提供全面的云计算产品，帮助用户搭建云计算的软硬件平台。

Oracle 公司是 OpenStack 基金会赞助商，计划将 OpenStack 云管理组件集成到 Oracle Solaris、Oracle Linux、Oracle VM、Oracle 虚拟计算设备、Oracle 基础架构即服务（IaaS）、Oracle ZS3 系列、Axiom 存储系统和 StorageTek 磁带系统中，并将努力促成 OpenStack 与 Exalogic、Oracle 云计算服务、Oracle 存储云服务的相互兼容。OpenStack 已经在业界获得了越来越多的支持，包括惠普、戴尔、IBM 在内的众多传统硬件厂商已经宣布加入，并推出了基于 OpenStack 的云操作系统或类似产品。

（3）服务提供商和电信运营商

服务提供商和电信运营商的代表企业包括提供新型数据中心服务的亚马逊、GoGrid、AT&T、Verizon 等，以及为应用开发者提供开发平台的 PaaS 公司，包括微软 Azure、Google App、Force.com 等。

微软公司于 2008 年 10 月推出了 Windows Azure 操作系统（现更名为 Microsoft Azure），其底层是微软全球基础服务系统，由遍布全球的第四代数据中心构成。微软"云计算"的期望是：未来，个人和企业不需要建立自己的数据中心，而是把数据存在微软的"云"里，在需要时随时取用。

Google 基于云计算平台实现 Google 各种应用的运行。Google 推出的 Google App Engine，允许开发人员编写 Python 应用程序，然后把应用构建在 Google 的基础架构上。Google 云服务起初主要是针对个人消费者，现在，包括 GE 和宝洁在内，已经有 50 多万家组织注册了 Google Apps，整个 Google Apps 的用户数量超过了 1 000 万。2009 年，Google 收购了 Postini，其托管型 E-mail 安全监控软件现在是 Google Apps 的一部分。另外，2010 年 4 月，Google 跟 Salesforce.com 合作，把 Salesforce

CRM 和 Google Apps 集成在一起。同时 Google 和 IBM 联合向高校学生和研究人员提供云计算服务 Google-IBM。Google 在美国的多个州已经完成或正在构建全新的数据中心。

亚马逊 AWS 产品线以提供 IaaS 服务为主，提供 S3（一种简单的存储服务）、EC2（弹性可扩展的云计算服务器）、Simple Queuing Service（一种简单的消息队列）及仍处在测试阶段的 Simple DB（简单的数据库管理）4 种云计算服务。S3 可以提供无限制的存储空间，让用户存放文档、照片、视频和其他数据，使用 EC2 服务的用户可以选择不同的服务器配置，并对实际用到的计算处理量付费。推出了其桌面即服务（DaaS）WorkSpaces，进一步扩展其云生态系统。每个桌面都需要 CPU、内存、存储、网络及 GPU，而 AWS 提供了这些资源。在 PaaS 领域，亚马逊宣布 EMR 支持 Impala 之后，更推出了流计算服务 Kinesis。

AT&T 于 2008 年 8 月推出网络托管的 Synaptic Hosting 服务，通过 AT&T 部署的网络、运算资源及数据储存中心解决客户的运算需求。2009 年 5 月，AT&T 推出基于 EMC Atmos 数据存储基础架构的 SaaS 服务——Synaptic Storage as a Service。用户可以在任何时间从任何地点访问自己的数据，并可以使用 AT&T 的网络云来保存、分布和找回数据。用户通过一个基于 Web 的用户界面制订详细规则，服务器自动按照用户需要扩展存储容量，而用户只需要根据使用付费即可。AT&T 推出 Synaptic Compute as a Service 云计算服务，旨在为世界上各种规模的企业提供可定制的、高扩展性的云计算服务。企业用户可以在 AT&T 的世界级网络内使用满足自己需要的不同计算处理功能。AT&T 的云服务目前进展较为顺利，已在美国取得成功，并逐步向全球扩展。

2010 年年底，NTT DoCoMo 推出以网络为基础的桌上计算机云端运算平台 Setten（"接触点"或"接口"），Setten 可提供全面性的运作系统、储存及一系列应用托管方案，可通过互联网连接公司网络、电子邮件、文件及各服务器，模拟桌上环境，与真实桌上计算机平台无异。

Verizon 于 2009 年 6 月面向企业用户推出了云计算服务 CaaS，按照 Verizon 云计算服务模式，该公司利用自有网络及数据中心处理企业客户所提要求，用户通过 Web 门户来访问和使用 Verizon 的工程师为其定制的软件。计算中使用的服务器或者其他设备是在 Verizon 的数据中心里，也可事先为客户的系统进行定制化安装。Verizon 不仅可以出租虚拟服务器的计算资源，还可以出租物理服务器的资源。

（4）应用开发商

应用开发商即 SaaS 应用服务提供商，所提供的应用包括微软的 Live 服务、Google 的 Gmail 和 Google Earth、苹果（Apple）公司的 MobileMe 等。另外，应用开发商还包括以及新兴的在线 CRM 解决方案提供商 Salesforce 等。

目前，使用 Salesforce 的用户达 110 多万，Salesforce 已经为 1/4 的世界 500 强提供服务。此外，Salesforce 也提供各种新的云计算服务，在 2007 年 4 月发布了自己的企业内容管理（Enterprise Content Management，ECM）产品——Salesforce Content，它可以让用户存储、分类和分享信息，与微软公司的 SharePoint 和 EMC 的 Document 类似。

苹果公司推出的 MobileMe 服务是一种基于云存储和计算的解决方案。按照苹果公司的整体设想，该方案可以处理电子邮件、记事本项目、通信簿、照片及其他档案，用户所做的一切都会自动更新至 iMac、iPod、iPhone 等由苹果公司生产的各式终端界面。微软公司推出的 LiveMesh 能够将安装 Windows 操作系统的计算机、Windows Mobile 系统的智能手机和 Xbox，甚至还能通过公开的接口，将苹果计算机及其他系统的手机等终端整合在一起，其相互之间通过互联网来连接，从而让用户跨越不同设备同步文件、文件夹及各式各样的网络内容，并将数据存储在"云"中。

（5）试验床

发展试验床的目的是消除资金和后勤方面的障碍，促进行业、科研机构和政府部门间的开放协作。目前，比较有影响力的试验床项目有 Open Cirrus 等。

Open Cirrus 云计算试验床成立于 2008 年 7 月，进行 50 多个研究项目，其模拟了一个真实、全球性、互联网范围的环境，研究人员借助于试验床测试应用和测量基础设施及服务的性能，以建立大规模的云系统。惠普、英特尔、雅虎及多家研究机构均已加入其中。

美国橡树岭实验室的 Cray XT5-HE Jaguar System 是由美国国家计算机科学中心（NCCS）建立的超级计算机系统，为科技和工程设计方面提供开放研究工具。美国洛斯·阿拉莫斯（Los Alamos）实验室的 IBM Roadrunner System 是由 IBM 为美国能源部所属的国家核能安全管理部（NNSA）建立的超级计算机，主要供美国能源部计算美国核能武器存储量的安全及可靠性，也可提供科学、金融、汽车及航天工业等领域的运算。

NSF 的 GENI（Global Environment for Networking Innovations）于 2010 年启动了 DiCloud（Data-Intensive Cloud Control for GENI）项目。该项目扩展了 GENI/ViSE Sensor Network（Sensornet）试验床，为研究人员提供一个进行深度数据试验的环境，包括跨越 Sensornet 节点、数据中心节点，特别是基于云的数据存储节点，获得数据片段。

3. 我国云计算产业研究现状

（1）我国云计算的客户发展

在产业、资本、政策的驱动下，我国云计算领域得到了长足、迅猛的发展。

2011—2013 年为客户培育阶段（萌芽期）。当时，国内基础云计算提供商特别是公有云，主要还是阿里云和盛大云，受限于国内整体云计算发展尚处于客户培育阶段，公有云产品还不是特别完善，这一阶段选择云计算的主要还是电商、游戏、移动 App、视频等互联网客户。这些公司的主要特点是，对基础云资源消耗大且业务量变化波动大，选择公有云服务具有很好的成本优势。

2014—2015 年为客户快速普及阶段（快速发展期）。整体的云计算业务开始进入快速发展普及期，亚马逊 AWS 也于 2013 年 12 月正式进入我国，并提供有限的预览服务，此时开始陆续有政府机构及中石油等大型企业选择云计算服务，但其中大部分的客户还是互联网客户。

2016 年之后，云计算的需求开始爆发，银行、保险、制造业等传统领域客户慢慢开始尝试上云，对云计算的接受程度显著提高。

图 1-8 为云计算客户在我国的 3 个主要发展期，从中可看到三大显著特点。

① 云计算的渗透正在逐步从互联网领域客户向传统产业的领域渗透。

② 在国家产业政策的驱动下，各级政府机构和央企正在逐步将一类非敏感性的业务系统搬迁到公有云上，并优选私有云作为整个 IT 架构转型和业务升级的载体，几乎所有的省份都启动了区域性的云计算建设项目。

③ 众多传统行业，诸如银行、保险、制造业等均选择云计算作为未来战略转型升级的重要支撑载体，一改过去主要以互联网客户为主的现状。

从客户变迁的显著趋势来看，云计算产业正在进入广泛的应用渗透、产品迭代升级与客户拓展交互推进的阶段，整体行业正在进入业绩逐步兑现的阶段。

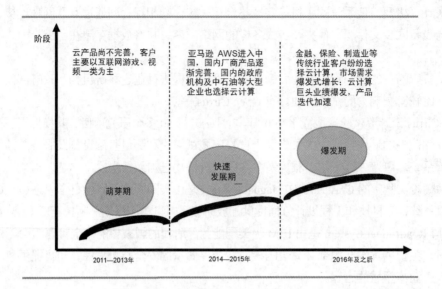

图 1-8　云计算客户在中国的 3 个发展阶段

（2）政府鼓励政企客户上云

从政策驱动来看，我国政府积极的云计算产业政策，正在鼓励和引导一大批政企客户选择使用云计算服务。表 1-3 列出了我国政府为鼓励云计算产业所出台的系列政策。

表 1-3　我国对云计算产业发展出台的系列鼓励政策

时间/日期	政策名称	内容要点描述
2012 年 5 月	《互联网行业"十二五"发展规划》	推进云计算服务商业化发展，部署和开展云计算商业应用示范，构建公共云计算服务平台，促进云计算业务创新和商业模式创新，推进公有云的商业化发展
2012 年 7 月	《"十二五"国家战略性新兴产业发展规划》	加强对云计算基础设施的统筹部署和创新发展，构建云计算标准体系，支持建设一批绿色云计算服务中心、公共云计算服务平台，促进软件即服务（SaaS）、平台即服务（PaaS）、基础设施即服务（IaaS）等业务模式的创新发展
2013 年 8 月	《关于促进信息消费扩大内需的若干意见》	培育信息消费需求，拓展新兴信息服务业务；积极推动云计算服务商业化运营，支持云计算服务创新和商业模式创新，并要求各级政府要将数据中心、云计算等信息基础设施纳入城乡建设和土地利用规划中，同时给予必要的政策资金支持
2015 年 1 月	《关于促进云计算创新发展培育信息产业新业态的意见》	鼓励应用云计算技术整合改造现有电子政务信息系统，实现各领域政务信息系统整体部署和共建共用，大幅减少政府自建数据中心的数量；同时政府部门要加大采购云计算服务的力度，积极开展试点示范，帮助云计算发展

我国政府自 2010 年以来，出台了一系列鼓励云计算发展的产业政策。通过整理发现，2015 年以来，政府机构、事业单位、大型央企等，纷纷选择构建政务云平台，以私有云或者混合云模式来代替原有的传统 IT 构建交付模式。

（3）云计算生态链

云计算的实现依赖于能够实现虚拟化、自动负载平衡、随需应变的软硬件平台，在这一领域的提供商主要是传统上领先的软硬件生产商，如浪潮、华为、中兴、联想等。系统集成商帮助用户搭建云计算的软硬件平台，尤其是企业私有云，例如，华胜天成、东软集团、浪潮软件等。另外，服务提供商包括鹏博士、网宿科技、神州泰岳等，应用开发商包括用友软件、金蝶等。表 1-4 部分列出了我国云计算产业生态链。

表 1–4 云计算产业生态链

产业链角色	提供商	软/硬件研制及代理	集成&运维	应用	云计算涉及的领域
系统集成商	华胜天成	√	√		通过与 Oracle、IBM 建立良好的合作关系，提供云计算从系统集成到软/硬件，再到运维的全套解决方案
	东软集团			√	基于未来 ERP 服务，提供在线企业管理软件服务、外包的云计算平台及系统集成服务
	华为	√	√		推出刀片服务器、（基于开源的）虚拟化产品、网络设备和存储，为云计算提供基础设施，同时提供系统集成的云计算方案
	中兴	√	√		推出刀片服务器、（基于开源）虚拟化产品、网络设备和存储，为云计算提供基础设施，同时提供系统集成的云计算方案
平台提供商	友友新创	√			提供云计算基础技术平台，开发云计算核心底层构件及应用软件
	浪潮信息	√		√	基于个人计算机服务器提供云计算硬件平台；基于未来 EPR 服务，提供在线企业管理软件服务
	中国软件	√	√		未来云计算软件基础平台中自有知识产权的 Linux 操作系统、数据库、中间件提供，提供系统集成服务
	方正科技				提供基于云计算理念的个人计算机服务器，未来通过番薯网提供易于云计算的内容服务
服务提供商	八百客			√	向客户提供以 PaaS 管理自动化平台为核心的服务和解决方案
	鹏博士	√	√		提供基于云计算的平台 IDC/CDN 对外服务，以及数据中心托管
	网宿科技	√	√		提供基于云计算的平台 IDC/CDN 对外服务，以及数据中心托管
应用开发商	用友软件				基于未来 ERP 业务，提供在线企业管理软件服务
	焦点科技			√	为用户提供 B2B 网络服务，支撑系统采用低成本个人计算机构建云计算平台，从给中小企业用户提供在线交易服务变为提供从客户关系管理到生产计划、财务管理的全套在线企业管理方案

（4）我国云计算行业竞争格局

易观发布的《2016 年中国云计算 IaaS 市场实力矩阵》对 2015—2017 年主要云计算 IaaS 厂商在实力矩阵中所处的位置以及厂商现有资源和创新能力的变化情况进行分析，厂商主要分为四类：领先者、创新者、务实者、补缺者。阿里云、腾讯云、华为企业云、金山云等代表的公有云计算厂商处于领先者，具备更好的时长竞争力；青云、UCloud 属于云计算 IaaS 市场创新者，它们在产品/技术上的投入很大，并在商业模式、技术或者产品服务的创新性上有独特的优势；务实者拥有丰富的资源，执行能力较强，如百度云、移动云、天翼云等；网易蜂巢、DaoCloud、灵雀云是新兴云计算平台，是很有发展潜力的补缺者。

从云计算产品的成熟度、客户数量的累积、全球化布局来看，国内公有云通用云计算的格局，将会在未来 3～5 年形成。目前，还尚未进入基础公有云计算领域的创业公司或传统 IT 公司，在通用公有云领域将会很难分享到行业的高速增长。

国内的云计算厂商（如阿里云、金山云、Ucloud 等）虽然在各方面还稍逊全球龙头亚马逊 AWS，但历经 4 年以上的发展，已经初步具备较强的市场竞争力和规模效应。

4. 国内电信运营商发展现状

（1）中国电信

中国电信由广州研究院牵头，联合北京研究院和上海研究院，多方面开展云计算的研究工作，在 IaaS 层面进行内部系统整合试点，提供新一代 IDC 和云存储新产品；在 PaaS 层面引入微软 Azure 平台，开发内部云创新平台；在 SaaS 层面与微软公司就 OneApp 方案进行合作，开发中小企业应用。

同时中国电信也开展了云的业务和试点工作，外部业务和应用主要包括如下方面。

① 商务领航。这是基于 SaaS 对政企客户推出的一项业务，为集团和省两级的架构，支持面向政企客户通信应用、信息化应用和行业应用。

② 天翼云。2016 年 6 月 30 日，中国电信与华为联合提升天翼云产品，打造具有云网融合、专享定制、安全可信等三大优势的天翼云 3.0 产品，构建云计算"国家队"。不同于现有市场上的云服务，天翼云 3.0 基于完全我国自主知识产权的平台，在云网融合、安全保障和全面定制化等方面，具有明显的优势，多数据中心布局、云间随选网络、全民升级多点可用区服务、定制化专享云服务等，是可承担政府、教育、医疗和大中企业关键业务的云服务。

目前中国电信拥有内蒙古、贵州两大云基地，建成了北京、上海、广州、成都四大云数据中心，并具备通达全球的端对端数据能力。

（2）中国联通

从 2009 年 6 月起，中国联通集团研究院开始了云计算的相关技术研究工作，提出了 PCCN（公众计算通信网）等云计算概念，并跟踪研究了 IaaS、PaaS 等相关技术。

中国联通也在 2013 年成立云数据有限公司并发布沃云品牌，到现在已经进入沃云 4.0 时代。

2016 年 3 月 31 日，中国联通率先发布云计算策略，同时，还发起成立了"中国联通沃云+云生态联盟"，成为我国通信业率先发布云计算策略的运营商。

未来，中国联通将从六大方向发展云计算：全力建设新一代绿色云数据中心，提供覆盖全面的"沃云+"资源布局；加快建设"云网一体"的统一平台，提供"自主、先进、安全、可控"的"沃云+"平台能力；面向不同领域，提供差异化、高性价比的"沃云+"产品体系；聚焦重点行业，提供全方位的"沃云+"服务体系；坚持集中统一，提供高效的"沃云+"运营管理体系；坚持开放创新、合作共赢，共建"中国联通沃云+云生态联盟"。

中国联通是国内运营商中唯一自主研发拥有自主知识产权的云计算服务提供商，目前正在进行覆盖全国"M+1+N"的资源布局，数据中心全部建成后，总机将超过 32 万架，总带宽将超过 30TB，具备 400 万台服务器的承载能力。

（3）中国移动

与电信和联通不同，中国移动主要从自主研发、平台建设、服务能力云化 3 个方面布局云计算，为通信 4.0 做准备。

在自主研发方面，中国移动起步较早。随着云计算产业发展方向越来越明晰，2014 年成立了苏州研发中心，主要从事云计算、大数据、内部 IT 集成系统的开发，在整个云计算软件产品方面，从操作系统定制化一直到 IaaS、PaaS 相关产品的研发开发工作，中国移动公有云和私有云以此作为集成和主要产品供应进行重构。

在平台建设方面，在公有云、私有云平台建设之前，中国移动做了很多探索。从 2015 年开始，中国移动对系统做了全面的升级，分为公有云和私有云，两个云计算系统统一在 OpenStack 开放的架构之下，这样可以充分利用开源资源以及开源的一些技术成果；同时，OpenStack API 都是开放的，可以充分整合产业内部各方面合作伙伴的力量。目前中国移动 SDN 通过标准的接口对接了国内主流的 SDN 厂家，未来它们可以快速提供 SDN 的商用产品集成在系统当中。

在服务能力云化方面，由于中国移动自身就是最大、最复杂的云计算的用户，因此，其内部结合云计算系统迁移过程当中积累的经验，未来还会把这种能力输出。这种云计算系统迁移不仅仅包括把系统迁移到传统的 IaaS 系统之上,也会尝试基于数据中心操作系统、基于容器弹性可调度的 PaaS 平台,考虑如何将大颗粒度的数据(比如计费系统)迁移到云平台。

中国移动在省公司云计算方面的应用主要集中在运营支撑系统(Operation Supporting System, OSS 支撑系统)应用方面。

1.4 云计算的发展趋势

1.4.1 国内外总体发展趋势

云计算以统一化的 IT 基础资源为用户提供个性化的服务,可以说是标准化与差异化的完美结合。云计算的出现,表明当前互联网遇到了新的发展契机。尽管还存在许多的不完善,但是在互联网、IT 和电信巨头的共同推动下,云计算仍然显现出较为乐观的前景。从研究机构的市场预测也可以看出,未来几年云计算将保持较高的增长速度,市场规模将不断扩大。

云计算的发展有赖于政府的支持,特别是从总体规划的科学性和财力支持力度来看,政府主导将成为云计算未来发展的重要趋势和主要动力之一。

1. 美国

美国政府将云计算、虚拟化和开源列为节约政府 IT 支出的三项重要手段,特别任命了联邦政府首席信息官(CIO),负责协调政府机构之间的信息科技运作并高度关注云计算的发展,大力推动云计算和应用虚拟化。通过采用云计算和 SaaS 软件租赁服务,美国政府节约了 66 亿美元的财政预算。以美国政府网站的改版为例,网站改版升级按照传统作法要花 6 个月时间,且每年还要花 250 万美元维护,若改用云计算,只要一天就能完成升级,一年维护的费用只需 80 万美元。因此,美国政府将云计算作为一项长期性的政策,希望能够更多地使用云计算服务以解决安全性、性能和成本等方面的问题。

另外,云计算还被看成是增加政府透明度的有力工具。在美国政府发布的预算文件中,资助众多试点推行云计算项目,又一次表明了云计算在政府机构的 IT 政策和战略中会扮演越来越重要的角色。

2. 日本

日本政府在云计算方面也不甘落后,在 2009 年 4 月,总务省公布的"数字日本创新计划"中就提出建立一个大规模的云计算基础设施,以支持政府运作所需的所有信息科技系统。以提高运营效率和降低成本。

该政府信息系统定名为"霞关云计算"。该系统将使各部以展开合作、集成和整合硬件,并建立共享平台。政府将不遗余力地开发和运营信息系统,以期在大大降低电子政务的开发和运营成本的同时,通过整合共享功能提高处理速度,增强系统之间的协作,提供安全先进的政府服务。

日本政府正在努力扩大网上应用程序,使公众的个人认证系统更为易用,并扩大公众的使用量。政府还鼓励民众使用数码设备,如使用移动电话等市民常用的工具。此外,日本政府还将建立和完善支持系统的在线应用。

3. 中国

在节能减排、两化融合成为我国社会经济发展的关键词以来,我国各级政府高度重视云计算,为其发展注入了强大的动力。目前，我国的云计算市场在政府行业的发展速度已超过企业。以无锡云计算中心为开端，包括南京、杭州、佛山等地的地方政府都正在兴建政府云计算中心。广东省在"云计算"市场的表现最为积极。在广东省政府与 IBM "智慧城市"合作项目的签约中，云计算被排在双方合作的首位；佛山、东莞等地已经建立起国家级的云计算中心，成为地方政府为企业解困减负的主要手段。国内的云计算基础设施建设也在加快。同时，大型云计算中心的建设也有利于减少能源消耗，符合资源节约型社会与环境友好型社会的发展要求。

随着国家对云计算重要作用的认识不断提高，云计算的研究和应用的投入力度将进一步加大，而且政府部门正在积极采取行动制订标准工作，并协调云计算产业链上、下游各个企业的关系，促进云计算产生后互联网产业的健康发展。我国的云计算发展正在加速，并将越走越好。

目前，云计算技术总体趋势是开放、互通、融合、安全，随着存储逐步向 SAN+NAS 一体化发展、主机由小型机向 x86 服务器发展、网络进一步宽带化、软件开发向能力开发发展，云计算迎来了新的技术要求和更大的驱动力。

云计算将向公共计算网发展，对大规模的协同计算技术提出新的要求。虚拟机的互操作和资源的统一调度需要更加开放的标准。目前，云标准已经引起行业的高度重视，并得到较快的发展。

用户对云计算安全性的质疑一直是阻碍云计算进一步普及的最大障碍。目前，由厂商和云计算用户组成的云安全同盟，在如何消除公众对云计算安全性的疑虑上达成共识，可信和评估体系将逐步建立起来。

1.4.2　云计算的未来发展方向

1. 私有云将成大型企业首选

大型企业对数据的安全性有较高的要求，它们更倾向于选择私有云方案。未来几年，公有云受安全、性能、标准、客户认知等多种因素制约，在大型企业中的市场占有率还不能超越私有云，并且私有云系统的部署量还将持续增加，私有云在 IT 消费市场所占的比例也将持续增加。

私有云将是大型企业首选之一，安全性会是大型企业最主要关心的问题。

2. 开放数据中心更容易实现云计算

阿里巴巴、百度、腾讯、中国电信、中国移动以及中国信息通信研究院、顾问单位英特尔联合发起成立了开放数据中心委员会（Open Data Center Committee，ODCC），是由数据中心相关的企事业单位自愿结成的行业性、非营利性的社会组织。这一组织希望实现："互通"的云，能够允许企业能在私有云和公有云之间共享数据；一个"自动化"的云计算网络，能自动帮助不同的应用和资源安全运行，从而显著提高数据中心的能耗表现；一个 PC 和设备感知的"客户端自适应"的云，能自动决定哪种应用、命令和处理应该在云上，或是在用户的笔记本电脑、智能手机以及其他设备上进行，从而充分利用某个用户和设备的独特性能，以全面优化在线体验。

3. 混合云架构将成为企业 IT 趋势

私有云只为企业内部服务，而公有云是可以为所有人提供服务的云计算系统。混合云将公有云和私有云有机融合在一起，为企业提供更加灵活的云计算解决方案。

混合云是一种更具优势的基础架构，它将系统的内部能力与外部服务资源灵活地结合在一起，并保证了低成本。在未来几年，随着服务提供商的增加与客户认知度的增强，混合云将成为企业 IT

架构的主导。

尽管现在私有云在企业内应用较多，但是在未来这两类云一定会走向融合。英特尔等一些领先厂商认为开放式架构是实现云的基础，而实际上开放数据中心也更有利于公私云的融合，如果未来有更好的、更开放的标准的话，混合云应该发展更快。

4. 越来越多的应用迁移到云中

将应用迁移到云中，是原本就赋予云计算的意义，也是最主流的云计算应用方式之一。现在 SaaS 模式已经取得了初步成功，为云计算产业开辟了一条非常好的道路。

SaaS 模式给传统软件产业带来了巨大的冲击。出于成本和运维等方面的原因，越来越多的企业选择 SaaS 方式使用软件。在新的市场环境下，软件厂商也纷纷出台云战略。微软就是典型代表，它的传统桌面软件正不断向云软件迁移。但也并不是所有的软件都适合于 SaaS 模式，一些与企业核心业务或者安全相关的软件还需测试。

5. 云计算概念逐渐平民化

几年前，一些大企业对云计算概念的渲染，导致很多中小企业对云计算的态度一直停留在"仰望"的阶段。经过一段时间的酝酿，一种比较适合中小企业的云计算模式出现了——平台即服务（Platform as a Service，PaaS），它是将基础设施平台作为一种服务呈现给用户的商业模式。这是一种比较低成本的方案，对那些资金有限，并且 IT 资源有限，急需扩展 IT 基础支撑的企业有着巨大的吸引力。从目前的市场发展态势来看，也许在不久的将来，PaaS 将取代 SaaS，成为中小企业最主要的云计算应用。

1.5　云计算的适用条件

1.5.1　云计算的优势和带来的变革

前面对比了云计算与传统的基础设施，这里不再赘述，下面从其他角度分析云计算的优势。

1. 云计算的优势

（1）优化产业布局

进入云计算时代后，IT 产业已经从以前那种自给自足的作坊模式转化为具有规模化效应的工业化运营模式，一些小规模的单个公司专有的数据中心将被淘汰，取而代之的是规模巨大且充分考虑资源合理配置的大规模数据中心。而正是这种更迭，生动地体现了 IT 产业的一次升级，从以前分散、高耗能的模式转变为集中、资源友好的模式，顺应了历史发展的潮流，优化了产业布局。

（2）推进专业分工

通过云计算服务提供商，一些中小型企业不用构建自己的数据中心，或者说是不用投入大量的基础设施建设，只需要通过互联网访问云技术服务提供商提供的服务即可，自己也不需要考虑一些成本投入、维护投入等。云服务提供商会提供大量的专业人员和科研团队来完成这些工作，因此带来了专业分工的优势。这里的云服务提供商的优势是相对中小型企业来说，云服务提供商更专业，更具有经验，而且从投入成本的角度来说，云服务提供商的价格更低廉。除了带来一些成本上的优势，还使云计算服务提供商提供了软件管理方面的专业化，使同一个人的效率更高，这也减少了人力成本的投入。

云计算使专业分工更加明显，进一步优化了 IT 产业的布局，通过一些手段，让更多的企业专注于自己的领域，扬长避短，减少内耗，同时也带来了商机。

（3）提高资源利用率

云计算提供商通过服务器的虚拟化，尽可能地最大化利用资源，从而提高投入产出比，带来更高的利益，下面举个简单的例子。

假设现在有一个网站，在节假日的时候会出现 100 万的并发访问情况，非节假日时只有 1 000 ~ 10 000 的并发数，如果是企业自己投入基础设施构建数据中心的话，可能的投入如下：

① 1 个负载均衡器；

② 8 台应用服务器；

③ 4 个数据库服务器（3 个读服务器、1 个写主服务器）。

在节假日，全部服务器满负荷，勉强可以应付。在平时，只要配置如下服务器就够用了：

① 1 个负载均衡器（可选）；

② 8 台应用服务器（1 台服务器）；

③ 4 个数据库服务器（1 个读服务器、1 个写主服务器）。

无疑硬件投入在大部分的时间都是浪费的，如果企业采用集群磁盘阵列（RAID），将是非常大的投入，而且硬件每年都会产生折旧，这就会影响企业每年的利润。

如果使用云，从云计算服务提供商购买如下服务。

非节假日：

① 1 台应用服务器资源；

② 1 个读服务器、1 个写主服务器；

③ 按实际运行的小时付费，如果一天只运行 10 小时，那么一年的费用就是（10 × 365）× 每小时费用。

节假日只要为新扩充的资源单独付费就可以了，具体如下：

① 1 个负载均衡器；

② 7 台应用服务器；

③ 2 个数据库服务器。

这里要为上面的硬件资源单独付费，采用的计费方式与非节假日的形式相仿。可以看出，使用云技术服务的方式可以节省很多成本，只为需要且使用的资源付费，如果没有使用资源，就可以不付费。

（4）降低管理开销

云计算提供商本身提供给客户一些方便的管理功能，内置一些自动化的管理，对应用管理的动态，自动化、高效率是云计算的核心。因此，云计算要保证当用户创建一个服务时，用最短的时间和最少的操作来满足需求，当用户停用某个服务操作时，需要提供自动完成停用的操作，并行回收相应的资源。当然，虚拟化技术在云计算中的大量应用，提供了很大的灵活性和自动化，降低了用户对应用管理的开销。云计算平台会根据用户应用的业务需求，动态增减资源分配，完成资源的动态管理，并且在用户增减模块时，进行自动资源配置、自动资源释放等操作，包括自动的冗余备份、安全性、宕机的自动恢复等。

2. 云计算带来的变革

前面讲述了云计算的几个优势，下面介绍云计算给 IT 产业带来的变革。云计算作为一种新兴的 IT 运用模式，带来了 IT 产业的调整和升级，也催生了一条全新的产业链。这条产业链主要包含硬件提供商、基础软件提供商、云提供商、云服务提供商、应用提供商、企业机构用户和个人用户等角色。

图 1-9 所示为云计算产业结构中的角色。在云计算产业结构中，位于中心的是云提供商。云提供商为云服务提供商搭建公有云环境，为企业和机构用户搭建私有云环境。云提供商从硬件提供商和基础软件提供商那里采购硬件和软件，向上提供

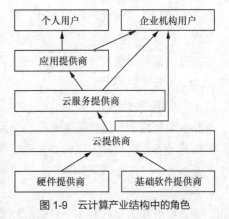

图 1-9　云计算产业结构中的角色

构建云计算环境所需的解决方案。应用提供商从云服务提供商那里获得所需的资源来开发和运营自己的应用，为个人用户和企业机构用户提供服务。除了从云提供商那里获得私有云，从应用提供商那里获得随时可用的软件外，企业机构用户还可以直接从云服务提供商那里获得计算和存储资源来运行企业机构内部的自有应用。

云计算将为 IT 产业带来深刻的变革，也为创业者带来新的机遇。本节将自底向上从这条产业链中的各个角色出发介绍云计算带来的变革。

（1）硬件提供商

云计算对当前硬件提供商的业务具有很大的影响。作为硬件的行业客户，一些企业和机构考虑按照云提供商给出的解决方案，增购服务器或者进行技术升级来构建完全可以由自己控制的私有云环境；也有一些企业将继续以传统的方式使用服务器并且不改变服务器的购买计划。但是，云计算会使更多的企业，尤其是中小型企业开始重新考虑，甚至放弃原有的服务器购买计划，转而通过使用公有云来提高业务的灵活性，降低运营成本。

然而，这并不意味着云计算会打压硬件提供商的业务。相反，为了满足用户对公有云的需求，云服务提供商将建设更多的公有云环境。这将创造市场对硬件产品的新需求，并促进硬件产品在技术上的创新。那些更加节能、灵活，并且能够支持云计算技术要求，尤其是支持虚拟化功能的硬件产品，将在未来的市场中占有更大的份额。

（2）基础软件提供商

基础软件包括传统意义上的操作系统和中间件。云计算对基础软件提供商的影响是巨大的。云计算带来的变革将影响从操作系统到上层应用整个软件体系结构的每个角落。在云计算中，互联网就像是一个巨大的操作系统，它运行着云中所有的软件并向用户提供服务。由于越来越多的应用都从桌面操作系统搬到了互联网上，这使传统操作系统提供商承受着巨大的挑战和压力，一方面必须在新版本的操作系统中引入对云计算核心技术的支持，如虚拟化技术，从而在未来云基础设施领域中占据更多的市场份额；另一方面，如果已有客户要采纳这些新技术，就意味着比较复杂的升级周期，这在从操作系统桌面应用升级到云应用的过程中体现得最为明显。

与操作系统相同，中间件为上层服务提供了通用的功能模块，并且隐蔽了实现细节，使上层软件的开发可以着重于业务逻辑，而非烦琐的底层细节。在云计算环境中，中间件对上层依然需要提供相同的便捷功能，但是对下层它需要隐藏的细节就更加复杂了。首先，中间件运行在云之上，而不是在传统意义上的单个服务器上，这样它不但需要适应单个云服务提供商的运行环境，还要具有

跨多个云服务提供商的互操作性。其次，在云上运行的中间件必须支持云计算的核心特征——可扩展性，可以随时随地为任何用户调整资源，以满足业务上的需求。可见，作为提供操作系统和中间件的基础软件提供商，新技术的研发和新产品的推出速度将决定其能否在云计算中占据领先地位。

（3）云提供商

云提供商处于云计算产业的核心位置，它向下采购（或者通过咨询服务的方式建议云服务提供商和企业机构用户采购）硬件提供商及基础软件提供商的硬件与软件产品，向上为云服务提供商提供构建公有云的解决方案，为企业机构用户提供构建私有云的解决方案。可见，云提供商在云计算产业中处于"造云者"的角色。可以说，在云计算产业中，其他角色的业务流转都是围绕云提供商展开的。

云提供商需要具有 3 个显著的特点。

① 具有丰富的硬件系统集成经验。云计算无疑将带来现有数据中心的技术升级和扩容，以及新兴大型数据中心的建造。为这些数据中心提供从处理、存储到网络的集成解决方案是一项复杂的系统工程，因此需要云提供商在这方面具有深刻的认识和丰富的经验。

② 具有丰富的软件系统集成经验。硬件是云计算的躯体，软件是云计算的灵魂。从操作系统到中间件，从数据库、Web 服务到管理套件，软件的选择、配置与集成方案种类众多、千变万化，如何帮助用户做出最合适的选择，需要云提供商对软件集成具有深刻的理解。

③ 具有丰富的行业背景。这一点主要是针对企业机构的私有云建设。由于用户是身处各行各业的不同企业机构，其业务也不尽相同，因此，如何为用户设计出最适合的私有云解决方案，就需要云提供商对该行业具有深刻的理解和丰富的行业经验。

总之，云提供商需要同时具有丰富的硬件、软件和行业经验，才能保证其在云计算产业中的核心位置。云计算产业中的其他角色围绕着云提供商运营流转。云提供商为产业链中的其他角色提供服务，创造价值。

（4）云服务提供商

云计算是互联网时代信息技术发展和信息服务需求共同作用下的产物。传统软件提供商提供的产品并不能直接适用于云计算环境。规模较小的独立软件提供商一般没有强大的技术实力去实现云计算技术的创新，而规模庞大的专业软件提供商在实现传统软件产品转型时遇到的技术和业务压力也是空前的，这就给那些眼光卓越的精英带来了创业机会。

这些新兴企业在面对变革时没有沉重的包袱，能够充分而直接地构建适合互联网时代需求的云计算产品。它们与云提供商紧密合作，提供适合市场需求的云计算环境。无疑，云计算打开了一片宽广的市场空间，无论是基础设施云、平台云，还是应用云，都有着巨大的潜在需求。因此，每一家云服务提供商只要能够通过变革和创新来提供便捷的、差异化的云计算服务，它们就能够在云计算产业中获得成功。

（5）应用提供商

传统的应用提供商将其应用运行在自己的服务器或者在数据中心中租赁的服务器上。这种传统的方式有几个弊端。首先，应用提供商要负担更高的成本，因为需要购买或者租赁物理机器，购买相应的各种软件。其次，应用提供商需要维护所有的机器和软件，以保证整个系统从硬件到软件都正常工作。更重要的是，由于成本控制，应用提供商很难用更为低廉的方式获取更多的资源，这会使服务质量在服务高峰期受到很大影响。

在云计算中,应用提供商提供的服务运行在云中,并且是以服务的方式通过互联网提供的。云计算能够使应用提供商有效避免上述弊端,从而为中小企业和刚刚起步的企业降低成本。首先,应用提供商不需要购买专门的服务器硬件及各种软件,只需要将应用部署在云平台中即可,所需的硬件资源和软件服务都由云提供。其次,由于云平台由专人维护,应用提供商也省去了维护费用。另外,云计算中的所有资源都按照具体使用情况付费,避免了传统方式中资源空闲造成的浪费。最后,云平台上的软件都以服务的形式运行,应用提供商在开发新业务时能够以较低的成本充分利用云平台提供的各种服务,从而加速业务上的创新。

（6）个人用户

云计算时代将产生越来越多的基于互联网的服务。这些服务丰富全面、功能强大、使用方便、付费灵活、安全可靠,个人用户将从主要使用软件变为主要使用服务。在云计算中,服务运行在云端,用户不再需要购买昂贵的高性能计算机来运行种类繁多的软件,也不需要安装、维护和升级这些软件,这样可以有效减少用户端系统的成本与安全漏洞。更重要的是,与传统软件的使用方式相比,云计算能够更好地服务于用户。在传统方式中,一个人能使用的软件仅为其个人计算机上的所有软件。而在云计算中,用户可以通过互联网随时访问不同种类和功能的服务。

（7）企业机构用户

对于企业机构用户来讲,云计算意味着企业不必再拥有自己的数据中心,从而大大降低了运营IT 部门所需的各种成本。由于云拥有的众多设备资源往往不是某一个企业能拥有的,并且这些设备资源由更加专业的团队维护,因此企业的各种软件系统可以获得更高的性能和可靠性。另外,企业不需要为每个新业务重新开发新的系统,云中提供了大量的基础服务和丰富的上层应用,企业能够很好地基于这些已有的服务和应用,在更短的时间内推出新业务。

当然,也有很多争论说云计算并不适合所有的企业和机构,如对安全性、可靠性都要求极高的银行、金融企业,还有涉及国家机密的军事单位等。另外,如何将现有的系统迁入云也是一个难题。尽管如此,很多普通制造业、零售业等类型的企业都是潜在的能够受益于云计算的企业。而且,对安全性和可靠性要求很高的企业和机构,也可以选择在云提供商的帮助下建立自己的私有云。随着云计算的发展,必将有更多的企业用户从不同方面受益于云计算。

1.5.2 云计算技术的优点

前面了解了云计算的概念、发展历史、发展现状、发展趋势及其优势和带来的变革,接下来总结云计算技术的优点。

（1）云计算提供了最可靠、最安全的数据存储中心,用户不用再担心数据丢失、病毒入侵等麻烦。很多人觉得数据只有保存在自己看得见、摸得到的计算机里才最安全,其实不然。个人计算机可能会因为不小心而损坏,或者被病毒攻击,导致硬盘上的数据无法恢复,而有机会接触计算机的不法之徒则可能利用各种机会窃取上面的数据。

反之,文件保存在类似 Google Docs 的网络服务上,把照片上传到类似 Google Picasa Web 的网络相册里时,就再也不用担心数据丢失或损坏了。因为在“云”的另一端,有专业的团队来管理信息,有先进的数据中心来保存数据,有严格的权限管理策略保证数据的安全共享。这样,用户不用花钱就可以享受到优质、安全的服务了。

（2）云计算对用户端的设备要求最低,使用起来也最方便。大家都有过维护个人计算机上种类繁多的应用软件的经历，为了使用某个最新的操作系统，或某个软件的最新版本，必须不断升级自己的计算机硬件，为了打开朋友发来的某种格式的文档，不得不下载某个应用软件。为了防止在下载时引入病毒，不得不反复安装杀毒软件和防火墙软件。所有这些麻烦事加在一起，对于一个刚刚接触计算机、刚刚接触网络的新手来说不啻于一场噩梦！如果无法忍受这样的计算机使用体验，云计算也许是最好的选择。只要有一台可以上网的计算机，有一个喜欢的浏览器，在浏览器中输入 URL，就可以尽情享受云计算带来的无限乐趣了。

用户可以在浏览器中直接编辑存储在云另一端的文档，可以随时与朋友分享信息，再也不用担心自己的软件是否是最新版本，再也不用为软件或文档染上病毒而发愁。因为在云的另一端，有专业的 IT 人员在维护硬件、安装和升级软件、防范病毒和各类网络攻击，在做用户以前在个人计算机上所做的一切。

（3）云计算可以轻松实现不同设备间的数据与应用共享。大家不妨回想一下，自己的联系人信息是如何保存的。一个最常见的情形是，手机里存储了几百个联系人的电话号码，个人计算机和办公计算机里存储了几百个电子邮件地址。为了方便在出差时发邮件，用户不得不在个人计算机和办公计算机之间定期同步联系人信息；买了新的手机后，用户不得不在旧手机和新手机之间同步电话号码。

考虑到不同设备的数据同步方法种类繁多，操作复杂，要在这许多不同的设备之间保存和维护最新的一份联系人信息，用户必须为此付出难以计数的时间和精力。这时，用户需要用云计算来让一切都变得更简单。在云计算的网络应用模式中，数据只有一份，保存在云的另一端，用户的所有电子设备只需要连接互联网，就可以同时访问和使用同一份数据。

仍然以联系人信息的管理为例，当用户使用网络服务来管理所有联系人的信息后，可以在任何地方用任何一台计算机找到某个朋友的电子邮件地址，可以在任何一部手机上直接拨通朋友的电话号码，也可以把某个联系人的电子名片快速分享给好几个朋友。当然，这一切都是在严格的安全管理机制下进行的，只有对数据拥有访问权限的人，才可以使用或与他人分享这份数据。

（4）云计算为我们使用网络提供了几乎无限多的可能。云计算为存储和管理数据提供了几乎无限多的空间，也为我们完成各类应用提供了几乎无限强大的计算能力。想象一下，当用户驾车出游时，只要用手机连入网络，就可以直接看到自己所在地区的卫星地图和实时的交通状况，可以快速查询自己预设的行车路线，可以请网络上的好友推荐附近最好的景区和餐馆，可以快速预订目的地的宾馆，还可以把自己刚刚拍摄的照片或视频剪辑分享给远方的亲友等。

离开了云计算，单单使用个人计算机或手机上的客户端应用，我们是无法享受这些便捷的。个人计算机或其他电子设备不可能提供无限量的存储空间和计算能力，但在云的另一端，由数千台、数万台，甚至更多服务器组成的庞大集群却可以轻易地做到这一点。个人和单个设备的能力是有限的，但云计算的潜力却几乎是无限的，当用户把最常用的数据和最重要的功能都放在云上时，我们相信，用户对计算机、应用软件，乃至网络的认识都会有翻天覆地的变化，生活也会因此而改变。

互联网的精神实质是自由、平等和分享，作为一种最能体现互联网精神的计算模型，云计算必将在不远的将来展示出强大的生命力，并将从多个方面改变我们的工作和生活。无论是普通网络用户，还是企业员工，无论是 IT 管理者，还是软件开发人员，都能亲身体验到这种改变。

1.5.3　云计算技术的缺点

前面阐述了云计算的诸多优点，但云计算是否完美无缺呢？其实云计算的缺点也是与生俱来的，下面介绍云计算的一些缺点。

（1）脱机。这是云端化第一个也是最为重要的缺点。因为若是用户没有持续的网络连接能力，很多功能便无法实现，用户会发现接收不到邮件，无法编辑文件，更无法取回备份。

当然，谷歌已经公布了脱机应用程序的运行，但事实上，谷歌提供的应用程序只能让用户在脱机状态下观看电子邮件、行程安排和文件。而对这些文件进行编辑时，对行程安排的编辑可能不是什么大问题，但对文件的编辑绝对是个大问题。不但如此，用户会发现这些功能被限定在谷歌的 Chrome 浏览器上，Firefox 和 IE 浏览器无法实现这些功能。这在一定程度上也形成了用户绑定。

当然，谷歌也表示将会提供脱机编辑，这样一来，用户也将面临一样的绑定问题，因为只有 GoogleDoc 可以运行。而用户在工作上都希望能依照客户的喜好来使用 Office、OpenOffice 和 GoogleDoc 等软件，而不是被限定在任何一种方式上。

（2）隐私与安全问题。这个问题是云计算使用者最大的顾虑，也是目前云计算技术面临的最大问题。当别人掌握了用户的资料时，用户要担心的问题就不只是故障问题了，隐私和安全都是必须考虑的问题。现在的互联网世界，遭黑客攻击简直就是家常便饭，云计算的安全问题是全球问题，目前很多云服务提供商还缺乏实际和完善的安全规划。

（3）云计算的功能可能是有限的。这一特殊的缺点必须改变，迄今为止，许多基于 Web 的应用与以桌面为基础的应用相比，功能还相差很远。例如，比较谷歌的演示文档与微软的 PowerPoint 的功能，利用 PowerPoint 能做的内容比利用谷歌基于 Web 的产品多。它们的基本功能是类似的，但云应用缺乏很多 PowerPoint 的高级功能。

因此，如果是高级用户，那么可能还不想跳入云计算这片"水域"。然而，随着时间的推移，许多基于 Web 的应用程序将添加更高级的功能。这无疑就是谷歌文档和电子表格的情形，这两个应用开始时的功能有限，但后来增加了许多 Word 和 Excel 具备的特殊功能。尽管如此，在用户做出行动之前，仍然需要研究已有的功能。在放弃传统软件之前，也许需要研究和确保基于云的应用程序是否能够做需要做的一切事情。

本 章 习 题

习题 1.1　云计算的业务模式有哪些？举例说明每个模式的结构和功能。

习题 1.2　云计算的服务模式有哪些？分析说明服务模式之间的联系与区别，并举例说明每个服务模式的功能。

习题 1.3　简述云计算的未来发展方向。

第2章 云计算架构及其标准化

2.1 云计算架构

2.1.1 云计算基础架构

各厂家和组织对云计算的架构有不同的分类方式，但是总体趋势是一致的，如图 2-1 所示。

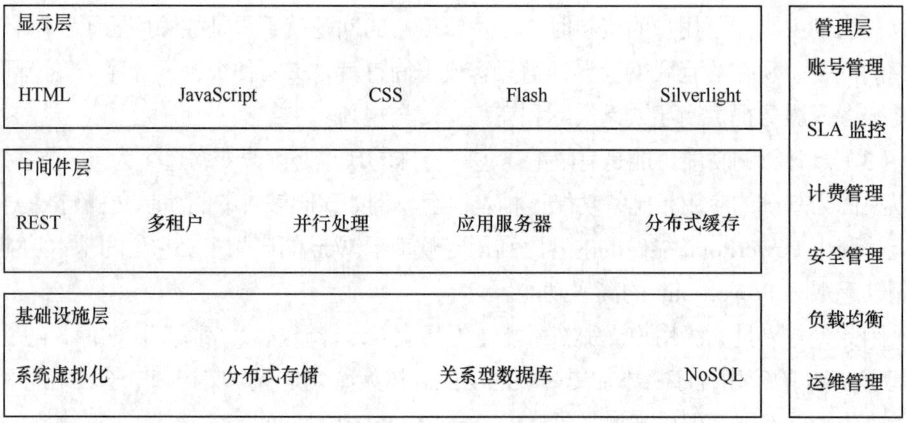

显示层					管理层
HTML	JavaScript	CSS	Flash	Silverlight	账号管理
					SLA 监控
中间件层					计费管理
REST	多租户	并行处理	应用服务器	分布式缓存	安全管理
					负载均衡
基础设施层					运维管理
系统虚拟化	分布式存储	关系型数据库		NoSQL	

图 2-1 云计算的架构

这套架构主要可分为 4 层，其中有 3 层是横向的，分别是显示层、中间件层和基础设施层，通过这 3 层技术能够提供非常丰富的云计算能力和友好的用户界面，还有一层是纵向的，称为管理层，是为了更好地管理和维护横向的 3 层而存在的。接下来将逐个介绍每个层次的作用和属于这个层次的主要技术。

1. 显示层

显示层主要用于以友好的方式展现用户所需的内容，并会利用到中间件层提供的多种服务，主要有如下 5 种技术。

（1）HTML。标准的 Web 页面技术，现在以 HTML 4 为主。2014 年 10 月 29 日，万维网联盟宣布 HTML 5 标准规范制订完成，HTML 5 会在很多方面推动 Web 页面的发展，如视频和本地存储等方面。

（2）JavaScript。一种用于 Web 页面的动态语言，通过 JavaScript，能够极大地丰富 Web 页面的功能，最流行的 JavaScript 框架有 jQuery 和 Prototype。

（3）CSS。主要用于控制 Web 页面的外观，而且能使页面的内容与其表现形式之间优雅分离。

（4）Flash。曾是业界最常用的 RIA（Rich Internet Applications）技术，能够在现阶段提供 HTML 技术无法提供的基于 Web 的"富"应用，而且在用户体验方面，非常不错，但随着 HTML 5 的发展，Flash 已显示出颓势，开始逐步退出 Web 平台。

（5）Silverlight。是来自微软的 RIA 技术，基于目前已开源的.NET 框架，提供了非常灵活的编程模型，可以方便地在各种平台上运行，对开发者非常友好。

在显示层，大多数云计算产品都比较倾向于 HTML、JavaScript 和 CSS 的黄金组合，但是 Flash 和 Silverlight 等 RIA 技术也有一定的用武之地，如 VMware vCloud 就采用了基于 Flash 的 Flex 技术，而微软的云计算产品肯定会在今后使用到 Silverlight。

2. 中间件层

中间件层是承上启下的，它在下面的基础设施层提供资源的基础上提供了多种服务，如缓存服务和基于表述性状态转移（Representation Tranfer State，REST）服务等，而且这些服务既可用于支撑显示层，也可以直接让用户调用，主要有如下 5 种技术。

（1）REST。是一组架构约束条件和原则，它是一种设计风格而不是标准。满足这些约束条件和原则的应用程序或设计就是 RESTful。通过 REST 技术来设计以系统资源为中心的 Web 服务，能够非常方便和迅速地将中间件层支撑的部分服务提供给调用者。

（2）多租户。是一种软件架构技术，能够让一个单独的应用实例可以为多个用户或组织服务，而且保持良好的隔离性和安全性，通过这种技术，能有效降低应用的购置和维护成本。

（3）并行处理。是一种使计算机系统同时执行多个处理的计算方法。通常为了利用并行计算来处理海量的数据，需要构建庞大的集群系统来实现规模巨大的并行处理，Google 的 MapReduce 是批处理并行计算的代表之作，目前也有类似 Apache Storm 通过流式进行并行处理的技术。

（4）应用服务器。在原有的应用服务器的基础上为云计算做了一定程度的优化，通过将 Web 应用程序驻留在应用服务其上，产生了所谓的"浏览器/服务器"结构（B/S）和"瘦客户机"模式等，比如用于 Google APP Engine 的 Jetty 应用服务器以及更加适合于企业级环境的 Apache 的 Tomcat。

（5）分布式缓存。通过分布式缓存技术，不仅能有效降低对后台服务器的压力，而且能加快相应的反应速度，最著名的分布式缓存例子莫过于 Memcached。

对于很多 PaaS 平台，如用于部署 Ruby 应用的 Heroku 云平台，应用服务器和分布式缓存都是必备的，同时 REST 技术也常用于对外的接口，多租户技术则主要用于 SaaS 应用的后台，如用于支撑 Salesforce 的 Sales Cloud 等应用的 Force.com 多租户内核，而并行处理技术常被作为单独的服务推出，如 Amazon 的 Elastic MapReduce。

3. 基础设施层

基础设施层的作用是为中间件层或者用户准备所需的计算和存储等资源，主要有如下 4 种技术。

（1）系统虚拟化。也可以理解它为基础设施层的"多租户"，因为通过虚拟化技术，能够在一个物理服务器上生成多个虚拟机，并且能在这些虚拟机之间实现全面隔离，这样不仅能减低服务器的购置成本，还能同时降低服务器的运维成本，成熟的 x86 虚拟化技术有 VMware 的 ESX 和开源的 Xen、KVM。

（2）分布式存储。为了承载海量的数据，同时也要保证这些数据的可管理性，需要一整套分布式的存储系统。在这方面，Google 的 GFS 和 Hadoop 的 HDFS 是典范之作。

（3）关系型数据库。基本是在原有的关系型数据库的基础上做了扩展和管理等方面的优化，使其在云中更适应。

（4）NoSQL。为了满足一些关系数据库无法满足的目标，如支撑海量数据等，一些公司特地设计一批不是基于关系模型的数据库，如 Google 的 BigTable、Facebook 的 Cassandra 和 Hadoop 的 HBase 等。

现在大多数的 IaaS 服务都是基于 Xen 的，如 Amazon 的 EC2 等，但 VMware 也推出了基于 ESX 技术的 vCloud，同时业界也有几个基于关系型数据库的云服务，如 Amazon 的 RDS（Relational Database Service）和 Windows Azure SDS（SQL Data Services）等。关于分布式存储和 NoSQL，它们已经被广泛用于云平台的后端，如 Google App Engine 的 Datastore 就是基于 BigTable 和 GFS 这两个技术之上的，而 Amazon 则推出基于 NoSQL 技术的 Simple DB。

4. 管理层

管理层是为横向的 3 层服务的，并给这 3 层提供多种管理和维护等方面的技术，主要包括以下 6 个方面。

（1）账号管理。通过良好的账号管理技术，能够在安全的条件下方便用户登录，并方便管理员对账号的管理。

（2）SLA 监控。对各个层次运行的虚拟机、服务和应用等进行性能方面的监控，以使它们都能在满足预先设定的服务等级协议（Service Level Agreement，SLA）的情况下运行。

（3）计费管理。统计每个用户消耗的资源等来准确地向用户索取费用。

（4）安全管理。对数据、应用和账号等 IT 资源采取全面保护，使其免受犯罪分子和恶意程序的侵害。

（5）负载均衡。通过将流量分发给一个应用或者服务的多个实例来应对突发情况。

（6）运维管理。主要是使运维操作尽可能专业和自动化，从而降低云计算中心的运维成本。

现在的云计算产品在账号管理、计费管理和负载均衡这 3 个方面大都表现不错，在这方面最突出的例子就是 Amazon 的 EC2，但大多数产品在 SLA 监控、安全管理和运维管理等方面还有所欠缺。

2.1.2 阿里云和 Node.js

本节将以阿里云和 Node.js 这两个典型的云计算产品为例，帮助大家理解云计算架构。

1. 阿里云

阿里云以在线公共服务的方式，提供安全、可靠的计算和数据处理能力，让计算和人工智能成为普惠科技。阿里云在全球各地部署高效节能的绿色数据中心，利用清洁计算为万物互连的新世界提供源源不断的能源动力，阿里云计算致力于提供完全的云计算基础服务。在未来的电子商务中，云计算将会成为一种随时、随地，并依据需要而提供的服务，就像水、电一样成为公共基础服务设施。高效的绿色数据中心、能支撑不同互联网和电子商务利用的大范围散布式存储，以及计算是营建下一代互联网以及电子商务服务平台所需的最基本的核心技术。在此基础上，结合新的用户体验技术、散布式数据库技术、无线移动计算技术及搜寻技术等平台技术，高机能、高扩大、高容量及高安全的计算服务将成为未来互联网和电子商务发展的基石。

阿里云的大致架构如图 2-2 所示。

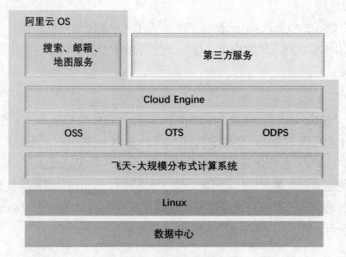

图 2-2 阿里云的架构

阿里云采用的主要技术如下：阿里云 OS 运行在成千上万台服务器的 Linux 之上，飞天大规模计算系统相当于 Windows 中的内核，负责管理集群系统资源、控制分布式程序运行、隐藏下层故障恢复和数据冗余等细节、有效提供弹性计算和负载均衡的服务；开放存储服务（OSS）、开放结构化数据服务（OTS）和开放数据处理服务（ODPS）类似 Windows API，提供方便的大规模数据存储、查询和处理服务；在此之上的 Cloud Engine 为第三方云应用提供了弹性、低成本的运行环境，帮助开发者简化云应用的构建和部署；在互联网基础应用的层面，如同 Windows 自带记事本和画笔，阿里云 OS 自带了搜索、邮箱和地图的服务。

（1）开放存储服务

开放存储服务（Open Storage Service，OSS）是互联网的云存储服务。开放存储服务为广大站长、开发者，以及大容量存储需求的企业或个人，提供海量、安全、低成本、高可靠性的云存储服务。通过简单的 REST 接口，存放网站和应用中的图片、音频、视频等较大文件。

当用户面对大量静态文件（如图片、视频等）访问请求和数据存储时，使用 OSS 可以彻底解决存储的问题，并且极大减轻原服务器的带宽负载。使用内容分发网络（Content Delivery Network，CDN）可以进一步加快网络应用内容传递到用户端的速度。

（2）开放结构化数据服务

开放结构化数据服务（Open Table Service，OTS）适合存储海量的结构化数据，并且提供了高性能的访问速度。当数据量猛增时，传统的关系型数据需要资深的数据库管理员才能搞定；而使用 OTS，数据再怎么增长，它都自动默默帮用户搞定所有事情。这是时下热门的 NoSQL 在线服务。

关系型数据库是一个基于高稳定性、大规模平台的商用关系型数据库服务。它帮助个人与企业用户进行费时、费力的数据库管理，节约硬件成本和维护成本，并与现有商用 MySQL 和 MS SQL Server 完全兼容。

（3）开放数据处理服务

开放数据处理服务（Open Data Process Service，ODPS）可以深度挖掘出海量数据（如 HTTP Log）中蕴藏的价值。不用羡慕拥有几百甚至几千台机器的大公司数据仓库平台，也不需要写 MapReduce

程序，把用户的结构化数据存储到 ODPS 中，使用 SQL 语句就能完成相同的事情。

（4）云应用平台

使用 HTML 5、CSS 3 和 JavaScript 就能在移动平台上开发出用户体验优秀的移动应用，云应用平台结合了本地应用和互联网应用的优点，便于开发功能强大的移动应用，还能非常容易地使用各种云服务。

2．Node.js

Node.js 是一个 JavaScript 运行环境（runtime）。实际上它是对 Google V8 引擎进行了封装。V8 引擎执行 JavaScript 的速度非常快，性能非常好。Node.js 对一些特殊用例进行了优化，提供了替代的 API，使 V8 引擎在非浏览器环境下运行得更好。同时它是一个基于 Chrome JavaScript 运行时建立的平台，用于方便地搭建响应速度快、易于扩展的网络应用。Node.js 使用事件驱动，非阻塞 I/O 模型得以轻量和高效，非常适合在分布式设备上运行数据密集型的实时应用。Node.js 在技术层面上的大致架构如图 2-3 所示。

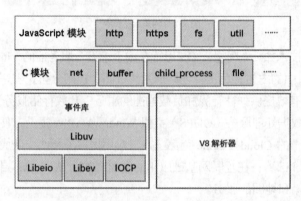

图 2-3　Node.js 的架构

Node.js 本身不是开发语言，它是一个工具或者平台。Node.js 采用的主要技术如下。

① JavaScript 模块。提供 Node 标准库，每个 Node.js 的类库都包含了十分丰富的各类函数，比如 http 模块就包含了和 HTTP 功能相关的很多函数。

② C 模块。Node.js 利用 Google V8 来解释运行 JavaScript，但是系统真正执行的代码是用 C++ 写的，JavaScript 只是调用这些 API。因此，并无执行效率的问题。

③ 事件库。Node.js 的事件循环对开发者不可见，由 Libev 库实现，Libev 不断检查是否有活动的、可供检测的事件监听器，直到检查不到时，才退出事件循环，程序结束。

2.2　云计算国际标准化状况

标准是产业发展中的制高点，对新兴的云计算产业来说，加快云计算标准制订对推动云计算技术、产业及应用的发展具有重要的战略意义。

下面介绍云计算的标准化状况。

云计算标准化作为国际上标准化工作曾经的热点之一，多个标准化组织互有交叉和重复，发展初期，云计算标准还处于草案规划阶段，国际上还没有形成统一的云计算标准体系，国内云计算的标准工作虽已启动，但也还处于起步阶段。

近年来，国际标准化组织和协会纷纷开展云计算标准化工作，从早期的标准化需求收集和分析，到云计算词汇和参考架构等通用和基础类标准研制；从计算资源和数据资源的访问和管理等 IaaS 层标准的研制，到应用程序部署和管理等 PaaS 层标准的研制；从云安全管理标准的研制，到云客户如何采购和使用云服务，云计算标准化工作取得了实质性进展。国际标准化组织及其主要关注点如表 2-1 所示。

表 2-1　国际标准化组织及其关注点

关注点	相关标准组织
应用场景和案例分析	ISO/IEC JTC1、ITU-T、Cloud Use Case 等
通用和基础	ISO/IEC JTC1、ITU-T、ETSI、NIST、ITU-T、TOG 等
互操作和虚拟资源管理	ISO/IEC JTC1、DMTF、SNIA、OGF 等
数据存储与管理	SNIA、DMTF 等
应用移植与部署	OASIS、DMTF、CSCC 等
服务	ISO/IEC JTC1、DMTF、GICTF 等
安全	ISO/IEC JTC1、ITU-T、CSA、NIST、OASIS、ENISA 等

1. 电信管理论坛

电信管理论坛（TeleManagement Forum，TMF）是为 ICT 产业运营和管理提供策略建议和实施方案，并专注于通信行业运营支撑系统、业务支撑系统及整个媒体行业和数字市场的全球性非营利性社团联盟。

TMF 认为电信运营商既可以通过云计算技术来整合自身 IT 资源，变革 IT 支持架构、提高效用，降低成本，提升公司运营、管理水平，做一个云计算的应用者，又可以利用自身在网络基础设施、运营可信度、服务支持及产业生态主导等方面的优势地位，开展公共云计算服务，以云计算推动产业升级。

2. 国际电信联盟

国际电信联盟（International Telecommunication Union，ITU）是一个国际组织，主要负责确立国际无线电和电信的管理制度和标准。

ITU 认为，为节省部署基础架构的费用，加快应用开发，将有越来越多的企业采用云计算。云计算是信息与通信市场极具潜力的领域，有许多协议需要制订，许多标准需要推广，从而确保用户更好地管理数字资产。成立专项工作组的目的就是要让这一切变得更加清晰、明确。

为推进云计算标准研究工作迅速开展，ITU 于 2010 年 6 月成立了云计算焦点研究组（Focus Group on Cloud Computing，FGCC），这也是全球首个由权威标准化组织成立的云计算组织，旨在达成一个"全球性生态系统"，确保各个系统之间安全地交换信息。该研究组目前已在云生态系统、云计算功能需求及参考架构、基础设施和网络使能云、云安全、从 ICT 视角分析云计算的优势等领域开展了研究工作并取得了阶段性进展。

3. 欧洲电信标准研究所

欧洲电信标准研究所（European Telecommunications Standards Institute，ETSI）的标准化领域主要是电信业，并涉及与其他组织合作的信息及广播技术领域。ETSI 的成员涉及电信行政管理机构、国家标准化组织、网络运营商、设备制造商、专用网业务提供者、用户研究机构等。

ETSI 将云计算作为 2010 年的发展战略之一。ETSI TC GRID 已更名为 TC Cloud，目前正在更新其工作范围，以包含云计算这一新出现的商业趋势，重点关注电信及 IT 相关的基础设施及服务。

4. 分布式管理任务组

2009 年 4 月 27 日，分布式管理任务组（Distributed Management Task Force，DMTF）宣布成立开放云标准研究组（DMTF Open Cloud Standards Incubator），着手制订开放式云计算管理标准，以解决虚拟云计算环境中出现的管理和互操作性问题。

DMTF 表示，随着思科、思杰、惠普、IBM、微软和 VMware 等公司纷纷加入该组织，开放云标准研究组将致力于发展云资源管理规范。小组的工作重点是计划"通过开放云资源管理来改善平台之间的互操作性"，从而促进企业内部的私有云和其他私有云、公共云或混合云之间的操作性。

5. 网络存储工业协会

网络存储工业协会（Storage Networking Industry Association，SNIA）于 1997 年在美国成立，由 Cisco、EMC 等 400 多家致力于"发展网络存储，确保网络存储成为 IT 领域完整的、可信赖的解决方案而服务"的企业组成，是一个基于技术标准确立的中立性组织。

为了避免终端用户的困惑、行业过度分散及市场增长动力上的相关损失，SNIA 成立了一个技术工作组（Technical Work Group，TWG）来制订快速增长中的云存储的标准。

6. 互联网工程任务组

互联网工程任务组（The Internet Engineering Task Force，IETF）成立于 1985 年年底，其主要任务是研发和制订互联网相关技术和规范。目前推出了应用于实时环境的 Web Socket 及云计算 BOF。

7. 开放网格论坛

开放网格论坛（Open Grid Forum，OGF）是一个全球性的网格计算标准组织，全世界共有 50 多个国家的 400 多个组织、数千位专家参与其中，包括微软、Oracle、IBM、英特尔、惠普、AT&T 和 eBay 等国际知名公司。此论坛的目的是促进网格的采用以保证企业价值和科学发现，并加速网格计算技术在世界范围内的部署和应用。

论坛至今已经发布了 160 余个关于网格计算和云计算方面的标准，重点关注管理云计算基础设施的 API 和与云基础设施（IaaS）进行交互的解决方案。目前 OGF 正在完善云计算接口标准（Open Cloud Computing Interface，OCCI）及参考实现，预计在近期发布。

8. 云安全联盟

云安全联盟（Cloud Security Alliance，CSA）是在 2009 年的 RSA 大会上宣布成立的，主要关注云计算的安全体系及安全标准等内容，自成立后，CSA 迅速获得了业界的广泛认可。现在，CSA 和 ISACA（国际信息系统审计协会）、OWASP（开放式 Web 应用程序安全项目）等业界组织建立了合作关系，很多国际公司成为其企业成员。截至目前，其企业成员达到 40 多个，名单中涵盖了国际领先的电信运营商、IT 和网络设备厂商、网络安全厂商、云计算提供商等。

9. 开放云计算联盟

开放云计算联盟（Open Cloud Consortium，OCC）成立于 2008 年，创建该组织的主要目的是让大学机构和 IT 厂商以一种非竞争的方式来共享技术信息，让云计算更快、更安全及基于开源标准和开源软件向前发展。OCC 致力于提升在地理位置上彼此独立的数据中心存储和计算云的性能，加强开放架构让计算云通过实体的网络实现无缝互操作，希望通过基于云的技术提供对开源软件配置的支持，开发不同类型支持云计算的软件之间可以进行互操作的标准和界面。OCC 的成员包括美国西北大学、伊利诺伊大学、约翰·霍普金斯大学、芝加哥大学等学校及 Cisco、Yahoo 等公司。

10. 结构化信息标准促进组织

2010 年 5 月 19 日，结构化信息标准促进组织（OASIS）成立了一个新的组织，致力于解决由云计算身份管理带来的严重安全挑战。新成立的 OASIS 云身份（IDCloud）技术委员会将确定现有身份管理标准的差距，并研究当前标准实现互操作性所需的框架。委员会成员将根据收集的用例进行风险和威胁分析，并为缓解脆弱性提供指导。IDCloud 技术委员会将保持与包括 CSA 和 ITU 在内的其他相关标准组织的密切联系关系。

目前采用的国际标准由国际标准化组织（ISO）、国际电工委员会（IEC）与国际电信联盟（ITU）三大国际标准化组织首次在云计算领域联合制订，他们组成联合项目组共同研究制订了相关标准。

2010 年 5 月，JTC1 SC38 成立云计算研究组开始对云计算标准化进行需求研究。2011 年 11 月，JTC1 SC38 和 ITU-T FG13 联合，并于 2012 年年初成立联合工作组。经过历时一年半的需求研究，中国、美国、韩国、日本等数十个国家的重点参与，以及 IBM、微软、Oracle、中国电信等 IT 和 CT 企业的联合支持，JTC1 SC38 正式启动工作组草案编写，并于 2013 年 5 月经过投票进入委员会草案阶段，同年 10 月，成为国际标准草案。2014 年 10 月，经过历时 4 年多的工作，ISO/IEC JTC1 正式发布 ISO/IEC 17789《信息技术 云计算 参考架构》（Cloud Computing - Reference Architecture）为国际标准，标志着云计算正式国际标准的诞生。同年早些时候，另外一部云计算领域的基础类国际标准 ISO/IEC 17788:2014《信息技术 云计算 概述和词汇》（Cloud Computing - Overview and Vocabulary）的发布为这一标准的诞生铺平了道路。

在这两项国际标准的研制过程中，我国作为标准的立项推动国之一，提交贡献物 20 多项，在推动标准的研制方面做出了积极重要的贡献。

这两项云计算国际标准规范了云计算的基本概念和常用词汇，并从使用者和功能的角度阐述云计算参考架构，不仅为云服务提供者和开发者搭建了基本的功能参考模型，也为云服务的评估和审计人员提供相关指南，实现了 ICT 对云计算的统一认识。

2.3 云计算国内标准化状况

1. 国内云计算标准化工作概述

云计算相关的标准化工作自 2008 年年底开始被我国的科研机构、行业协会及企业关注，云计算相关的联盟及标准组织在全国范围内迅速发展。总体而言，我国的云计算标准化工作从起步阶段进入了切实推进的快速发展阶段。

2013 年 8 月，工业和信息化部组织国内产、学、研、用各界专家代表，开展了云计算综合标准化体系建设工作，对我国云计算标准化工作进行战略规划和整体布局，并梳理出我国云计算生态系统。全国信息技术标准化技术委员会云计算标准工作组作为我国专门从事云计算领域标准化工作的技术组织，负责云计算领域的基础、技术、产品、测评、服务、系统和设备等国家标准的制修订工作，形成了领域全面覆盖、技术深入发展的标准研究格局，为规范我国云计算产业发展奠定了标准基础。

另一方面，我国也积极参与云计算国际标准化工作，在国际舞台发挥了重要的作用，当前我国的云计算标准化工作应注重国际国内协同开展；在前期云计算标准研究成果基础之上，注重标准落地应用，同时结合当今云计算产业发展需求，锁定产业急需，开展一系列重点领域的标准化预研工作。

2. 国内主要标准化组织

（1）中国通信标准化协会

中国通信标准化协会（China Communications Standards Association，CCSA）于2002年在北京正式成立，主要负责制订行业标准，并把具有我国自主知识产权的标准推向世界，支撑我国的通信产业。

（2）中国电子学会云计算专家委员会

中国电子学会云计算专家委员会跟踪国内外云计算科技研究和产业发展趋势，开展云计算相关领域的国际国内学术交流和合作，通过会议、网络、媒体宣传等多种活动方式，正确引导和宣传云计算相关科技知识及发展方向，为该领域的长期发展提供坚实的人力资源基础；为科技规划、科研立项、应用推广提供科学决策依据，参与制订云计算技术产业规范；为企业提供高水平、实用性强的技术培训。

2010年1月，由中国电子学会发起成立了中国云计算技术和产业联盟。该联盟是云计算相关企业、科研院所、相关机构自发、自愿组建的开放式、非营利性技术与产业联盟。

（3）全国信息技术标准化技术委员会IT服务标准工作组

全国信息技术标准化技术委员会成立于1983年，对口ISO/IEC JTC1，由国家标准化管理委员会及工业和信息化部共同领导，其IT服务标准工作组正在开展云计算标准及相关运营、管理标准的研究和制订。

（4）全国信息技术标准化技术委员会SOA标准工作组

全国信息技术标准化技术委员会SOA标准工作组负责开展云计算标准研究及相关SOA、中间件、虚拟化等技术标准的制订。

从前面的分析可以看出，国内外标准化组织对云计算的研究从2009年起步，关注度逐渐上升，到2009年年底呈现井喷趋势。但是，大部分标准化组织，特别是国内组织对云计算的标准研究仍处于起步阶段。

3. 云计算标准体系

针对目前云计算发展现状，结合用户需求、国内外云计算应用情况和技术发展情况，同时按照工信部对我国云计算标准化工作的综合布局，建议我国云计算标准体系建设从基础、网络、整机装备、软件、服务、安全和其他7个部分展开。下面介绍7个部分的概况及包含的在研标准情况。

（1）基础标准

基础标准用于统一云计算及相关概念，为其他各部分标准的制订提供支撑。主要包括云计算术语、参考架构、指南、能效管理等方面的标准，如《云计算术语》和《云计算参考架构》等。

（2）网络标准

网络标准用于规范网络连接、网络管理和网络服务，主要包括云内、云间、用户到云等方面的标准。

（3）整机装备标准

整机装备标准适用于云计算的计算设备、存储设备、中端设备的生产和使用管理，主要包括整机装备的功能、性能、设备互连和管理等方面的标准，如《基于通用互联的存储区域网络（IP-SAN）应用规范》《备份存储备份技术应用规范》《附网存储设备通用规范》《分布式异构存储管理规范》《模块化存储系统通用规范》《集装箱式数据中心通用规范》等。

（4）软件标准

软件标准用于规范云计算相关软件的研发和应用，指导实现不同云计算系统间的互连、互通和互操作，主要包括虚拟化、计算资源管理、数据存储和管理、平台软件等方面的标准。

在软件标准中，"开放虚拟化格式"和"弹性计算应用接口"主要从虚拟资源管理的角度出发，实现虚拟资源的互操作。"云数据存储和管理接口总则""基于对象的云存储应用接口""分布式文件系统应用接口""基于 Key-Value 的云数据管理应用接口"主要从海量分布式数据存储和数据管理的角度出发，实现数据级的互操作。从国际标准组织和协会对云计算标准的关注程度来看，对虚拟资源管理、数据存储和管理的关注度比较高。其中，"开放虚拟化格式规范"和"云数据管理接口"已经成为 ISO/IEC 国际标准。

（5）服务标准

服务标准用于规范云服务设计、部署、交付、运营和采购，以及云平台间的数据迁移，主要包括服务采购、服务质量、服务计量和计费、服务能力评价等方面的标准。

云服务标准以软件标准、整机装备等标准为基础，主要从各类服务的设计与部署、交付和运营整个生命周期过程来制订，主要包括云服务分类、云服务设计与部署、云服务交付、云服务运营、云服务质量管理等方面的标准。云计算中的各种资源和应用最终都以服务的形式体现。如何对形态各异的云服务进行系统分类是梳理云服务体系、帮助消费者理解和使用云服务的先决条件。服务设计与部署关注构建云服务平台需要的关键组件和主要操作流程。服务运营和交付是云服务生命周期的重要组成部分，对服务运营和交付的标准化有助于评估云服务提供商的服务质量和服务能力，同时注重服务安全和服务质量的管理与测评。

（6）安全标准

安全标准用于指导实现云计算环境下的网络安全、系统安全、服务安全和信息安全，主要包括云计算环境下的网络和信息安全标准。

（7）其他标准

其他标准主要包括与电子政务、智慧城市、大数据、物联网、移动互联网等衔接的标准。

根据国家标准信息平台显示，主要的云计算相关标准如表 2-2 所示。

表 2–2　云计算相关标准

序号	标准名称	状态
1	信息技术 弹性计算应用接口	现行
2	信息技术 云数据存储和管理 第 1 部分 总则	现行
3	信息技术 云数据存储和管理 第 2 部分 基于对象的云存储应用接口	现行
4	信息技术 云数据存储和管理 第 5 部分 基于 Key-Value 的云数据管理应用接口	现行
5	信息技术 安全技术 供应商关系的信息安全 第 4 部分：云服务安全指南	现行
6	信息技术 云计算 概览与词汇	现行
7	信息安全技术 云计算服务安全能力要求	现行
8	信息技术 云计算 参考架构	现行
9	信息安全技术 云计算服务安全指南	现行

续表

序号	标准名称	状态
10	云计算数据中心基本要求	现行
11	信息安全技术 云计算服务安全能力评估方法	未实施
12	云计算基础结构管理接口模型和基于 RESTful HTTP 的协议 管理云计算基础结构的接口	现行
13	信息技术 云计算 服务水平协议（SLA）框架 概述和概念	现行
14	基于云计算的电子政务公共平台总体规范 第 1 部分：术语和定义	现行
15	信息技术 安全技术 基于 ISO/IEC 27002 的云服务信息安全控制的实施规程	现行
16	信息技术 服务管理 基于 ISO/IEC 20000 1 云服务的应用指南	现行
17	云服务用户数据安全指南	现行
18	基于云计算的电子政务公共平台技术规范 第 1 部分：系统架构	未实施
19	基于云计算的电子政务公共平台技术规范 第 2 部分：功能和性能	未实施
20	基于云计算的电子政务公共平台技术规范 第 3 部分：系统和数据接口	未实施
21	云计算安全框架	现行

其中，《信息技术 弹性计算应用接口》《信息技术 云数据存储和管理 第 1 部分 总则》《信息技术云数据存储和管理 第 2 部分 基于对象的云存储应用接口》《信息技术 云数据存储和管理第 5 部分 基于 Key-Value 的云数据管理应用接口》已于 2016 年 5 月 1 日开始实施。

本 章 习 题

习题 2.1 简述云计算架构。

习题 2.2 简述云计算国内外标准化的现状。

第二篇　技术篇

　　大家对云计算的概念已经有了初步的认识，那么"云"中到底有哪些我们需要关注的技术呢？本篇将从存储开始，介绍在"云"中需要了解的关于存储、服务、虚拟化、桌面和安全 5 个方面的技术。本篇会分章节细致地介绍这 5 个方面的相关概念和知识点，分别是第 3 章云存储、第 4 章云服务、第 5 章虚拟化、第 6 章云安全。通过本篇系统性的学习，我们将会对云计算概念有细致、深入和具体的理解，而不是还停留在表面空泛地理解云计算。还等什么，赶快开始本篇的学习之旅吧！

03 第3章 云存储

3.1 云存储的概念

2010 年 4 月，SNIA 公布了云存储（Cloud Storage）标准——CDMI 规范，云存储原本是在云计算之后提出的概念，却在云计算之前出了标准。这也应验了比尔·盖茨曾经说过的一句话："云存储的推进速度会比云计算更快。"云存储从"出生"以来就被业界看好，连一向相对保守的高德纳（Gartner）公司的分析师也献上赞美之词，并做出了一个大胆的预测：将来会有更多的存储服务出现在互联网的"云"上，并成为一项大型的电子商务服务。

云存储这个概念一经提出，就得到了众多厂商的支持和关注。Amazon 推出的 Elastic Compute Cloud（EC2，弹性计算云）云存储产品，旨在为用户提供互联网服务形式，同时提供更强的存储和计算功能。内容分发网络服务提供商 CDNetworks 和业界著名的云存储平台服务商 Nirvanix 发布了一项合作，并宣布结成战略伙伴关系，以提供业界目前唯一的云存储和内容传送服务集成平台。

根据 2015 年 TechTarget 对云存储的调查结果，可以发现 50% 的受访者表示使用云作为生产数据的主要存储方式，但是有一个更大的数字，即 63% 的 IT 部门表示使用云作为数据备份。同时，43% 的用户用云进行数据归档。云存储变得越来越热门，那么什么是云存储？

云存储是在云计算（Cloud Computing）概念上延伸和发展出来的一个新的概念。云计算是分布式处理、并行处理和网格计算的发展，是通过网络将庞大的计算处理程序自动拆分成无数个较小的子程序，再交由多部服务器组成的庞大系统经计算分析之后将处理结果回传给用户。通过云计算技术，网络服务提供者可以在数秒之内处理数以千万计甚至亿计的信息，达到和"超级计算机"同样强大的网络服务。

云存储的概念与云计算类似，它是指通过集群应用、网格技术或分布式文件系统等功能，将网络中大量不同类型的存储设备通过应用软件集合起来协同工作，共同对外提供数据存储和业务访问功能的系统。

我们可以借用广域网和互联网的结构来解释云存储。参考云状的网络结构，创建一个新型的云状结构的存储系统，这个存储系统由多个存储设备组成，通过集群功能、分布式文件系统或类似网格计算等功能联合起来协同工作，并通过一定的应用软件或应用接口，对用户提供一定类型的存储服务和访问服务。

当我们使用某一个独立的存储设备时，必须非常清楚这个存储设备是什么型号、什么接口和传输协议，存储系统中有多少块磁盘，分别是什么型号、多大容量，存储设备和服务器之间采用什么样的连接线缆。为了保证数据安全和业务的连续性，还需要建立相应的数据备份系统和容灾系统。除此之外，对存储设备定期进行状态监控、维护、软/硬件更新和升级也是必需的。如果采用云存储，那么上面提到的一切对使用者来讲都不需要了。云存储系统中的所有设备对使用者来讲都是完全透明的，任何地方的任何一个经过授权的使用者都可以通过一根接入线缆与云存储连接，并对云存储进行数据访问。

3.2 云存储技术简介

3.2.1 云存储的结构模型

人们经常谈论云存储，但是没看过实际的图，人们就很难想象到底云存储是什么模样，图 3-1 所示就是一个云存储的简易结构图。

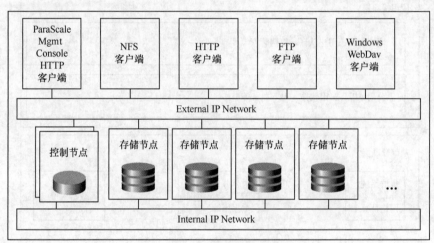

图 3-1　云存储简易结构

图 3-1 中的存储节点（Storage Node）负责存放文件，控制节点（Control Node）则作为文件索引，并负责监控存储节点间容量及负载的均衡，这两个部分合起来便组成一个云存储。存储节点与控制节点都是单纯的服务器，只是存储节点的硬盘多一些，存储节点服务器不需要具备 RAID 的功能，只要能安装 Linux 或其他高级操作系统即可。控制节点为了保护数据，需要有简单的 RAID level 01 功能。

每个存储节点与控制节点至少有两个网卡（千兆、万兆网卡都可以，有些支持 Infiniband——一种支持多并发连接的"转换线缆"技术），一个网卡负责内部存储节点与控制节点的沟通、数据迁移，另一个网卡负责对外应用端的数据读写。一个千兆网卡读取速度可以达到 100MB，写速度可以达到 70MB，如果觉得对外一个网卡不够，也可以多装几个。

图 3-1 中的 NFS、HTTP、FTP、WebDav 等是应用端，Mgmt Console 负责管理云存储中的存储节点，一般为一台个人计算机。对应用端来说，云存储只是个文件系统，而且一般支持标准的协议，如 NFS、HTTP、FTP、WebDav 等，很容易把旧有的系统与云存储相结合，不需要应用端做什么改变。

上面介绍的是一个纯软件的云存储解决方案，也有以硬件为主的解决方案，将存储节点和控制节点放在一台设备上，这样做的缺点是成本比较高，客户也不能够按照自己的需求任意选择适合自己规格的硬件，如读写性能、网卡、硬盘容量等。这两种方案各有优势，如果关心原有投入，前者更好；如果新建，后者应该更好。

与传统的存储设备相比，云存储不仅仅是一个硬件，而且是一个由网络设备、存储设备、服务器、应用软件、公用访问接口、接入网和客户端程序等多个部分组成的复杂系统。各部分以存储设备为核心，通过应用软件来对外提供数据存储和业务访问服务。

云存储系统由4层组成，如图3-2所示。

图 3-2　云存储结构模型

1. 存储层

存储层是云存储最基础的部分。存储设备可以是光纤通道存储设备、NAS 和 iSCSI 等 IP 存储设备，也可以是 SCSI 或 SAS 等 DAS 存储设备。云存储中的存储设备往往数量庞大且分布于不同地域，彼此之间通过广域网、互联网或者光纤通道网络连接在一起。

存储设备之上是一个统一存储设备管理系统，可以实现存储设备的逻辑虚拟化管理、多链路冗余管理，以及硬件设备的状态监控和故障维护。

2. 基础管理层

基础管理层是云存储最核心的部分，也是云存储中最难以实现的部分。基础管理层通过集群、分布式文件系统和网格计算等技术实现云存储中多个存储设备之间的协同工作，使多个存储设备可以对外提供同一种服务，并提供更大、更强、更好的数据访问性能。

CDN 内容分发系统、数据加密技术保证云存储中的数据不会被未授权的用户访问，同时，通过各种数据备份和容灾技术和措施可以保证云存储中的数据不会丢失，保证云存储自身的安全和稳定。

3. 应用接口层

应用接口层是云存储最灵活多变的部分。不同的云存储运营单位可以根据实际业务类型，开发不同的应用服务接口，提供不同的应用服务，如视频监控应用平台、IPTV 和视频点播应用平台、网络硬盘引用平台、远程数据备份应用平台等。

4. 访问层

任何一个授权用户都可以通过标准的公用应用接口来登录云存储系统，享受云存储服务。云存储运营单位不同，云存储提供的访问类型和访问手段也不同。

（1）服务模式

在最普遍的情况下，当考虑云存储时，就会想到它提供的服务产品。这种模式很容易开始，其可扩展性几乎是瞬间的。根据定义，用户拥有一份异地数据的备份，然而，网络带宽是有限的，因此要考虑恢复模型，用户必须满足网络之外的数据的需求。

（2）HW 模式

这种部署位于防火墙背后，并且其提供的吞吐量要比公共的内部网络好。购买整合的硬件存储解决方案非常方便，而且厂商在安装、管理上做得好的话，其往往有机架和堆栈模型。但是，这样会放弃某些摩尔定律的优势，因为会受到硬件设备的限制。

（3）SW 模式

SW 模式具有 HW 模式的优势。另外，它还具有 HW 模式没有的价格竞争优势。然而，其安装/管理过程要谨慎，因为安装某些 SW 模式的确非常困难，或者可能需要其他条件来限制人们选择 HW 模式，而选择 SW 模式。

3.2.2　云存储技术的两种架构

云存储技术的概念始于 Amazon 提供的一项服务（S3），同时还伴随着其云计算产品（EC2）。在 Amazon 的 S3 服务的背后，还管理着多个商品硬件设备，并捆绑相应的软件，用于创建一个存储池。新兴的网络公司已经接受了这种产品，并提出了云存储这个术语及其相应的概念。

云存储是一种架构，而不是一种服务，用户是否拥有或租赁了这种架构是次要的问题。从根本上来看，通过添加标准硬件和共享标准网络（公共互联网或私有的企业内部网）的访问，云存储技术很容易扩展云容量和性能。事实证明，管理数百台服务器的感觉就像是一个单一的、大型的存储池设备，是一项相当具有挑战性的工作。早期的供应商（如 Amazon）承担了这一重任，并通过在线出租的形式来营利。其他供应商（如 Google）雇用了大量的工程师在其防火墙内部来实施这种管理，并且定制存储节点以在其上运行应用程序。由于摩尔定律压低了磁盘和 CPU 的商品价格，云存储渐渐成为数据中心中一项具有高度突破性的技术。

近年来，集群 NAS 系统已经出现了新发展。对于那些寻求构建私有云存储，以满足其消费的企业 IT 管理者或是那些寻求构建公共云存储产品，从而以服务的形式来提供存储的服务提供商来说，构建一个云存储或大规模可扩展的 NAS 系统的各种不同架构方法分为两类：一种是通过服务来架构，另一种是通过软件或硬件设备来架构。

传统的系统是使用紧耦合对称架构，这种架构的设计旨在解决 HPC（高性能计算、超级运算）问题，现在它正在向外扩展成为云存储，从而满足快速呈现的市场需求。下一代架构已经采用了松弛耦合非对称架构，集中元数据和控制操作，这种架构并不太适合高性能 HPC，但是这种设计旨在解决云部署的大容量存储需求。下面介绍云存储的紧耦合对称架构和松弛耦合非对称架构。

1. 紧耦合对称架构

构建紧耦合对称（TCS）架构系统是为了解决单一文件性能面临的挑战，这种挑战限制了传统 NAS 系统的发展。HPC 系统具有的优势迅速压倒了存储，因为它们需要的单一文件 I/O 操作要比单一设备的 I/O 操作多得多。业内对此的回应是创建利用紧耦合对称架构的产品，很多节点同时伴随着分布式锁管理（锁定文件不同部分的写操作）和缓存一致性功能。这种解决方案对单文件吞吐量的问题很有效，几个不同行业的很多 HPC 客户已经采用了这种解决方案。这种解决方案很先进，需要一定程度的技术经验才能安装和使用。

2. 松弛耦合非对称架构

松弛耦合非对称架构系统采用不同的方法来向外扩展。它不是执行某个策略来使每个节点知道每个行动执行的操作，而是利用一个数据路径之外的中央元数据控制服务器。集中控制提供了很多好处，允许进行新层次的扩展。

存储节点可以将重点放在提供读写服务的要求上，而不需要来自网络节点的确认信息。节点可以利用不同的商品硬件 CPU 和存储配置，而且仍然在云存储中发挥作用。用户可以利用硬件性能或虚拟化实例来调整云存储。消除节点之间共享的大量状态开销也可以消除用户计算机互连的需要，如光纤通道或 InfiniBand 架构，从而进一步降低成本。

异构硬件的混合和匹配使用户能够在需要时，在当前经济规模的基础上扩大存储，还能提供永久的数据可用性。拥有集中元数据意味着存储节点可以旋转地进行深层次应用程序归档，而且在控制节点上，元数据经常都是可用的。虽然在可扩展的 NAS 平台上有很多选择，但是通常来说，它们表现为一种服务、一种硬件设备或一种软件解决方案，每一种选择都有它们自身的优势和劣势。

伴随着大规模数字化数据时代的到来，企业可以使用 YouTube 之类的网站来分发培训录像。这些企业正致力于内容的创建和分布，基因组研究、医学影像等的要求会更加严格、准确。LCS 架构的云存储非常适合这种类型的工作负载，而且有巨大的成本、性能和管理优势。

3.2.3 云存储的种类及适合的应用

可以把云存储分成块存储（Block Storage）与文件存储（File Storage）两类。

1. 块存储

块存储会把单笔数据写到不同的硬盘，借以得到较大的单笔读写带宽，适合用在数据库或是需要单笔数据快速读写的应用。它的优点是对单笔数据读写很快，缺点是成本较高，并且无法解决真正海量文件的存储，像 EqualLogic 3PAR 的产品就属于这一类。

以下应用适合于块存储。

（1）快速更改的单一文件系统

快速更改单一文件的例子包括数据库、共用的电子表单等。在这些例子中，好几个人共享一个文件，文件经常性、频繁地更改。为了达到这样的目的，系统必须具备很大的内存、很快的硬盘及快照等功能，市场上有很多这样的产品可以选择。

（2）针对单一文件大量写的高性能计算（HPC）

某些高性能计算有成百上千个使用端，同时读写单一文件，为了提高读写效能，这些文件被分布到很多个节点，这些节点需要紧密地协作，才能保证数据的完整性，这些应用由集群软件负责处理复杂的数据传输，如石油勘探及财务数据模拟。

2. 文件存储

文件存储是基于文件级别的存储，它是把一个文件放在一个硬盘上，即使文件太大进行拆分时，也放在同一个硬盘上。它的缺点是对单一文件的读写会受到单一硬盘效能的限制，优点是对一个多文件、多人使用的系统，总带宽可以随着存储节点的增加而扩展，它的架构可以无限制地扩容，并且成本低廉，代表的厂商是 Parascale。

文件存储适合应用的场合如下。

① 文件较大，总读取带宽要求较高，如网站、IPTV。

② 多个文件同时写入，如监控。

③ 长时间存放的文件，如文件备份、存放或搜寻。

这些应用有以下共通的特性。

① 文件的并发读取。

② 文件及文件系统本身较大。

③ 文件使用期较长。

④ 对成本控制要求较高。

下面介绍典型的文件存储应用。

（1）文件及内容搜寻

通常，数据旧了之后，使用的机会比较少，但为了可以查询，不管是公司资料还是媒体内容，查询的成本必须低于数据本身的价值，这样才合算。用户可以使用旧的甚至淘汰不用的服务器来建立云存储，存放这些旧的数据以供查询。

（2）Tier-2 NAS

文件存储支持标准的网络协议，对使用者来说就是一个 NAS，用户在使用时，几乎不需更改数据中心任何的应用端程序，一些旧的数据可以迁移到这个云存储中，我们可以把它作为 Tier-2（二级存储）的 NAS 来使用。

（3）多文件大量写入的应用

监控是大量数据写入的典型应用，成千上万的摄像头将数据写到各自的文件中，在一个云存储技术中，有很多存储节点，每个存储节点可以提供多个摄像头写入，在写的带宽不够时，只要增加存储节点即可。由于数据集中处理，只需要一个管理人员便能管理整个监控系统。

（4）数据大量读取的应用

数据挖掘及高性能计算是大量读取的标准应用，这些应用需要很大的读取带宽，这些带宽的要求往往不是现有一般的 NAS 可以提供的，云存储技术可以把很多文件分散写到不同的存储节点，以便透过多个存储节点的并发得到最大的带宽。这里的高性能计算与块存储中的不同点是，这里的高性能计算读取的不是单一文件，而是从不同存储节点读取很多文件，这是文件存储的强项。

（5）多个使用端都希望读取同一个文件的应用

IPTV 及网站的特质是，一个文件同时供很多人读取，为了应付大量及突如其来的读取需求，云存储会复制多份文件，以满足应用端读取的需求。

3.3　云存储技术的应用及其面临的问题

3.3.1　云存储的应用领域

备份、归档、分配和共享协作是云存储广泛应用的领域。随着云存储技术的进一步革新，云存储涉及的领域也越来越广泛。

1. 备份

备份应用逐渐向消费者模式及某些企业的产销模式以外的领域扩展，进入中小型企业市场。最为普遍的应用方案是使用混合存储，将最常用的数据保存在本地磁盘，然后将它们复制到云中。

2. 归档

对于云来说，归档是云存储广泛应用的一个"完美"领域，将旧数据从自己的设备迁移到别人的设备中。这种数据移动是安全的，可进行端对端加密，而且许多供应商甚至都不会保存密钥，这样它们就是想看你的资料也无法看到。混合模式在这个领域的应用也很普遍。用户可以将旧资料备份到一个看似底部 NFS 或 CIFS 安装点的设备中。这个领域的产品或服务供应商包括 Nirvanix、Bycast 和 Iron Mountain 等。

在归档应用中，还需调整这类产品中的应用程序接口配置。例如，用户想给归档的项目挂上具体元数据标签。最好还能在开始归档之前标明保留时间和删除冗余数据。云归档的位置将取决于提供云归档服务的服务商。

3. 分配

至于分配与协作，通常属于服务供应商提供的范畴。它们一般会使用上述供应商（如 Nirvanix、Bycast、Mezeo、Parscale）提供的云基础设施产品或者 EMC Atmos 和 Cleversafe 等厂商的系统类产品。如果想使用更传统的归档产品或服务，可以考虑 Permabit 或者 Nexsan 等可调存储厂商的产品和服务。

服务供应商将利用这些基础设施。例如，Box.net 已经采用了一种 Facebook 类型的模式来协作，Soonr 则调整了备份功能以便自动将数据移动到云中，然后可以根据情况分享或传输那些内容。Dropbox 和 SpiderOak 已经开发出功能非常强大的多平台备份和同步软件。

4. 共享协作

在共享应用上，文件状态的检查还需进一步完善。如想知道文件的实时使用情况，在传输方面想知道谁在传输文件，用户看了多长时间及用户在阅览文件过程中在哪些地方做了评论或提出了问题等。

3.3.2　云存储技术面临的问题

数据增长的数据管理问题不能总是靠单纯地加大存储容量来解决，在这种持续压力下，云存储技术成为新的选择。云存储系统是一个多设备、多应用、多服务协同工作的集合体，它的实现要以多种技术的发展为前提。

1. 互联网宽带的发展

真正的云存储系统将会是一个多区域分布、遍布全国，甚至遍布全球的庞大公用系统，使用者需要通过宽带接入设备来连接云存储，而不是通过 FC、SCSI 或以太网线缆直接连接一台独立的、私有的存储设备。只有宽带网络得到充足的发展，使用者才有可能获得足够大的数据传输带宽，实现大量容量的数据传输，真正享受到云存储服务，否则只能是空谈。

2. 应用存储的发展

云存储不仅仅是存储，更多的是应用。应用存储是一种在存储设备中集成了应用软件功能的存储设备，它不仅具有数据存储功能，还具有应用软件功能，可以看作是服务器和存储设备的集合体。应用存储技术的发展可以大量减少云存储中服务器的数量，从而降低系统建设成本，减少系统中由服务器造成的单点故障和性能瓶颈，减少数据传输环节，提高系统性能和效率，保证整个系统高效稳定运行。

3. 集群技术、网格计算和分布式文件系统

云存储系统是一个多存储设备、多应用、多服务协同工作的集合体，任何一个单点的存储系统都不是云存储。既然是由多个存储设备构成的，不同存储设备之间就需要通过集群技术、分布式文件系统和网格计算等技术，实现多个存储设备之间的协同工作，使多个存储设备可以对外提供同一种服务，并提供更大、更强、更好的数据访问性能。如果没有这些技术，云存储就不可能真正实现，所谓的云存储只能是一个个的独立系统，不能形成云状结构。

4. CDN 内容分发、数据加密技术

CDN 内容分发系统、数据加密技术保证云存储中的数据不会被未授权的用户访问，同时，通过 P2P 技术、数据压缩技术、重复数据删除技术等各种数据备份和容灾技术保证云存储中的数据不会丢失，保证云存储自身的安全和稳定。如果云存储中的数据安全得不到保证，就也没有人敢用云存储，否则，保存的数据不是很快丢失了，就是被所有人都知道了。

5. 存储虚拟化技术、存储网络化管理技术

云存储中的存储设备数量庞大且分布在多不同地域，如何实现不同厂商、不同型号，甚至不同类型（如 FC 存储和 IP 存储）的多台设备之间的逻辑卷管理、存储虚拟化管理和多链路冗余管理将会是一个巨大的难题，这个问题得不到解决，存储设备就会是整个云存储系统的性能瓶颈，结构上也无法形成一个整体，而且会带来后期容量和性能扩展难等问题。

一旦上述问题得以解决，云存储也就适应了商业化信息存储库的需要。初始的备份可以在装置内完成，也可以在云存储上另作备份，以获得装置外的数据保护。考虑到只有新增的数据才会被迁移至云中，因此支持自动化增量备份的技术最为适宜。自动化增量备份将提供一个高效战略，增量备份在降低宽带压力的同时，自动化特性也节省了员工进行日常相关操作的时间。

3.3.3 云存储安全问题

由于云存储应用的特殊性，其安全问题也不仅仅是传统安全能够完全解决的，这其中涉及一些新的关键技术和管理技术，主要有存储的重复数据删除、隐藏存储、数据加密与密文搜索、数据完整性审计技术。

1. 存储的重复数据删除

该技术旨在确保存储安全的前提下，通过删除用户重复的数据来减少云存储资源的构建和分配频率，压缩用户数据在云端占据的空间，从而提高存储服务提供商的利润。但是，重复数据删除技术必须解决用户数据的加密问题，以及暴力攻击等由不可信用户和服务器造成的威胁，因此急需进一步研究其安全性。云存储还需保护用户的访问痕迹和个人信息的隐私性，防止不可信的服务提供商和恶意用户由此获得用户身份等隐私信息。

2. 隐藏存储

云存储系统中的恶意用户或服务器可以通过挖掘用户数据访问模式等方法，即在对数据多次读写操作时不断改变数据的存储位。隐藏存储技术采用模块化结构和异步机制等方法降低云存储系统的计算量，并提高其安全性和可扩展性。

3. 数据加密与密文搜索

数据加密和密文搜索是云存储安全领域的重要技术，能够保障用户数据的隐私性，防止云服务提供商或恶意用户窃取数据，并确保用户能快速查找密文数据。常见的云存储数据加密系统包括用户、云存储服务提供商和用户身份认证机构。云存储的数据加密和密文搜索在传统加密的基础上，基于密文策略属性的加密技术实现，提供密文搜索，防止用户身份隐私泄露。

4. 数据完整性审计

数据完整性审计是云存储的重要安全技术之一，针对用户密钥泄露等安全问题，旨在为用户提供安全、高效和支持审计的存储服务，用于用户验证其存储与云端的数据是否保持完整性，是否被恶意用户和服务器修改或删除等。该技术近期的研究热点是如何获得高带宽和高计算效率。

3.3.4 私有云存储

私有云存储是针对公有云存储来说的。私有云几乎"五脏俱全"，但是云的应用局限在一个区域、一个企业，甚至只是一个家庭内部。私有云通常建立在一家公司的防火墙的后面，需要用到该公司所有或授权的硬件和软件。所有的企业数据都保存在公司内部并完全由内部 IT 员工控制。那些员工可以将存储容量构建成存储池，供公司内部的各个部门或不同的项目组使用。

这样的私有云只对受限的用户提供相应的存储服务以及相应的服务质量（QoS）。使用存储服务的用户不需要了解"云"组成的具体细节，只要知道相应的接口，并提供相应的策略，剩下的工作交由"云"来完成。用户只需将这个存储云看作是一个黑盒资源池，具体其内部如何实现，如何配置，采用什么样的技术，使用什么样的平台，用户都无须关心。只要用户需要时，这朵"云"就提供存储空间，并且其中的数据可以做到随时访问，就像访问本地的存储一样。作为云端，则在不影响用户的情况下，提供很多的附加功能，使云成为高效、可靠、安全的存储池。

1. 私有云存储的优点

作为一种新的应用趋势，云存储只有为企业提供应用的价值回报，企业才会采用，否则在用户面前将昙花一现，很快就会销声匿迹。总结起来采用私有云存储有以下四大优点。

（1）统一管理

当数据量巨大或者涉及的管理面太多时，分散管理，一是不能保证数据的一致性；二是用户自己管理自己的存储，导致所有人都做重复性工作，这样就会导致效率低下，造成人力资源浪费；三是很难有效控制信息，信息泄露以及安全性将成为突出的问题。

而统一管理同时解决了上面的 3 个问题，数据在同一个管理界面下维护，用户无须再自己处理数据管理的烦琐工作，在降低成本的同时，安全性问题也可以得到有效解决。

（2）易于实现集中备份及容灾

存储设备并不保证时刻都是可靠的。硬件坏了可以重新购买，但是数据丢失，特别是关键数据丢失，是任何一个企业都无法承受的损失。因此就需要对数据进行备份冗余保护，并且在适当的时候以可接受的成本来实现业务容灾，保证应用与业务的可用性。与分散的存储相比，集中处理数据备份和应用与业务容灾要更加易于实现与管理，并且更加高效。

（3）易于扩展、升级方便

由于用户只知道存储的接口，并不知道存储的实现，这就相当于给私有云存储与用户之前加入了一个中间层。在计算机领域有一个定理，就是加上一个中间层，计算机领域中大部分的问题就能够得到解决。此时对私有云存储的后端进行变动，不会将影响传递给前端，不会影响用户的使用。这就给私有云存储空间的扩展、维护、升级带来了灵活性，将后端变动的影响最小化。

（4）节约成本，绿色节能

由于私有云是集中存储，并且易于扩展与升级，因此可以结合相应存储虚拟化，对容量进行灵活配置，提高大容量、高效率的数据访问服务。同时可利用虚拟机技术对硬件设备进行虚拟化，充分利用硬件的效益。相比分散存储，这间接减少了设备的投资，又减少了硬件设备能源的消耗，达到绿色节能。

2. 家庭私有云存储

正如公有云一样，私有云也可以通过向存储池增加服务器的方式轻松、迅速地增加存储池的存储容量。ParaScale 的 Cloud Storage 和 Caringo 的 CAStor 就是两个可以用来建立私有云存储系统的应用软件。同私有云相比，公有云在服务器规模、稳定性、数据安全性和带宽上有明显优势，但对于隐私的看重，让用户在家庭或办公环境下更倾向使用私有云。私有云除了在隐私上有优势外，还能让用户更自由地体验云服务。例如下面两个例子。

希捷科技推出的"智汇盒"家庭网络硬盘是新一代的网络家庭化存储解决方案，除了可以通过智能电视应用程序在大屏幕上访问文件外，还可以为整个家庭提供自动备份，通过联网设备访问数字电影与音乐，并可提供家庭网络之外的远程访问功能，符合家庭用户对私有云的应用需要。

华硕 AiCloud 是华硕在其路由器产品上的一个个人云解决方案，具有 Cloud Disk 易分享、Smart Access 易存取以及 Smart Sync 易同步三大功能。用户可以通过智能终端设备随时随地分享连接到华硕无线路由器的各种终端设备，如笔记本电脑、台式机、平板电脑和 NAS 等。它还具有远程唤醒功能，可以让身处计算机之外的用户随时通过 AiCloud 唤醒家中的台式机或者笔记本电脑，从而随时存取计算机上的各种资料，并实现私有云和公有云合二为一。除了数据存储和分享外，华硕 AiCloud 提供针对云同步的 Smart Sync 易同步功能，相当实用，无论是用户的 AiCloud，还是亲友的 AiCloud，都可以实时与华硕的公有云（ASUS WebStorage）实现同步，使数据信息时刻保持最新，让云分享变得更加简单、直观、高效。

3.3.5　个人云盘关闭

自从我国颁布《关于规范网盘服务版权的通知》后，我国多家为用户提供云存储业务的企业相继关闭了个人业务或部分免费业务，主要有迅雷快盘、UC 网盘、金山快盘、微云中转站、新浪微盘等。昔日国内网盘巨头现在只剩下百度云盘、天翼云盘等几家屈指可数的企业了。

1.　关闭大潮

自 2016 年年初开始，网盘行业就开始了关闭大潮。3 月 4 日，老牌网盘 115 网盘在其官方社区公告称，为遏制不法分子可能利用其产品进行违法犯罪活动，继关闭"礼包文件分享"功能后，对"我聊"功能进行整改，下线其中的"文件发送功能"。3 月 17 日，阿里巴巴旗下的 UC 网盘公告称，为了配合国家关于利用网盘传播淫秽色情信息专项整治行动，4 月 15 日起终止网盘的存储服务，停止 UC 网盘的上传服务、离线资源存至网盘功能、视频转码服务。4 月 25 日，新浪微盘在其官微宣称，将于 2016 年 6 月 30 日关闭免费个人用户的存储服务。同时，为配合国家有关部门积极开展网上涉黄、涉盗版内容的清查工作，对不良信息进行集中清理，将关闭新浪微盘的搜索、分享功能，直到清理完毕。4 月 27 日，腾讯微云宣布将于 2016 年 5 月 27 日 24 时关闭微云"文件中转站"功能，提醒用户进行文件备份。紧接着，迅雷快盘（原金山快盘）、DBank 华为网盘、360 云盘等均宣布停止个人用户的存储服务。

2.　关闭原因

网盘关闭的原因，一方面在于国家全面开展打击利用云盘传播淫秽色情信息专项整治行动，着力治理利用云盘传播色情信息违法行为。由于网盘存储与分享的天然特性，使这一块互联网区域一直处于法律的灰色地带，其中不乏淫秽色情暴力等违法内容，再加上网友间的自发分享行为，久而久之，很难不引起国家监管层面的重视。

另一方面，网盘本身盈利模式不清晰。早些年，各大网盘为了争取用户，纷纷打出免费扩容的旗号，致使早期的网盘用户根本没有忠诚度可言，企业维护成本大增，长期的入不敷出让企业不堪重负，造成了网盘的关闭。

3.　网盘前景

随着众多云存储商停止或关闭文件存储、分享功能，不少用户乱了阵脚。作为普通用户，处理自己存储在这些网盘里的数据是急需解决的问题。有 3 种途径可以转移、存储数据：一是选择使用付费网盘；二是继续使用其他个人云存储服务，目前，百度云尚未发布关停服务通知；三是使用线下存储，将数据备份到自己的移动硬盘中。

与个人网盘关闭大潮形成鲜明对比的是，企业网盘在这几年走得愈发坚定与顺畅。在这几年个人网盘的"培养"下，用户已经习惯了在线存储，而且很多人越来越意识到，更稳定的服务、更安全的数据保障，比免费的大空间更为重要，所以未来可能会有更多人愿意尝试付费的存储服务，在这种条件下，企业网盘自然而然成为用户的不二选择。

本 章 习 题

习题 3.1　简述云存储的概念。

习题 3.2　分析 2016 年大规模的个人云盘关闭问题及其对行业的影响。

04 第4章 云服务

4.1 云服务概述

4.1.1 云服务简介

云计算通过使计算分布在大量的分布式计算机上，而非本地计算机或远程服务器中，企业数据中心的运行将与互联网更相似。这使企业能够将资源切换到需要的应用上，根据需求访问计算机和存储系统。这种服务类型是将网络中的各种资源调动起来，为用户服务。这种服务将是未来的主流服务形式之一。

例如，微软正式推出云服务平台——Windows Azure，苹果于 2011 年 6 月 7 日在 WWDC2011 上正式发布了 iCloud 云服务。

云服务让用户可以通过互联网存储和读取数据。通过繁殖大量创业公司提供丰富的个性化产品，以满足市场上日益增长的个性化需求。其繁殖方式是为创业公司提供资金、推广、支付、物流、客服一整套服务，把自己的运营能力像水和电一样让外部随需使用。这就是云服务的商业模式。

4.1.2 云服务的产生和发展

云服务产生的前提是：互联网打破地域分割形成一个统一的大市场，为个性化需求提供产品开始有利可图。其客观效果是：把创业成本降到最低，创业者只专注于创意等核心环节，运营和管理将不再重要。小公司开始挑战大公司，颠覆"规模制胜"的工业文明。

目前个人计算机桌面浏览器是人们接入云端的主要前端工具，但其他形式的工具也层出不穷。云既然具有无所不在的特点，接入点的前端工具也就应该是无所不在的。首先是个人计算机正在越变越小、轻、薄，可移动，从而使随时随地接触云变得越来越方便。究竟是前端接入工具的轻薄化、可移动化造成了云服务的无所不在，还是云服务这一需求催生了前端接入工具的这些变化？从技术发展过程上来说，云技术的发展是与信息技术的发展互为因果的。然而从云的本质上来分析，云是本，而硬件设备是末。

或许在前端接入工具轻薄化、可移动化方面最具有示意性作用的标志是英特尔于 2008 年 6 月推出的处理器 Atom 芯片。这款处理器是专门为装入所谓的"网络本"（Netbooks）、"网上"（Nettop）计算机与"移动因特网机器"（Mobile Internet Devices，

MIDS），主要为网络浏览而设计的。超小、省电是其主要特点（如在低负荷时能主动降低 CPU 频率以减低能耗）。Atom 处理器技术与无线宽带技术结合，轻薄便携的网络本、各种专门化的计算机，如电子书（如 Amazon 的 Kindle）、智能手机等使接入云端的端口正在变得名副其实地无所不在。

云服务带来的一个重大变革是从以设备为中心转向以信息为中心。设备包括应用程序只是来去匆匆的过客（现在还有谁能读出软盘？），而信息及人们在信息中的投资则是必须长期保留的资产（手机丢失的最重大损失恐怕就是没有做备份的通信录）。所以无论多么新颖的、目前甚至是相当昂贵的前端硬件设备都会过时，有的甚至会很快过时，变为一文不值！云上什么不容易过时？信息！不仅不过时，许多信息还必须长期保存，而且越久越有价值。硬件和应用软件的过时，在云上都不再是问题。

4.1.3　云服务的优缺点

1. 云服务的优点

云服务的优点之一就是规模经济。利用云计算供应商提供的基础设施，与在单一的企业内开发相比，开发者能够提供更好、更便宜和更可靠的应用。如果需要，应用能够利用云的全部资源而不必要求公司投资类似的物理资源。

说到成本，由于云服务遵循一对多的模型，与单独的桌面程序部署相比，极大地降低了成本。云应用通常是"租用的"，以每用户为基础计价，而不是购买或许可软件程序（每个桌面一个）的物理拷贝。它更像是订阅模型而不是资产购买（随之而来的贬值）模型，这意味着更少的前期投资和一个更可预知的月度业务费用流。

部门喜欢云应用是因为所有的管理活动都经由一个中央位置，而不是从单独的站点或工作站来管理，这使部门员工能够通过 Web 来远程访问应用。其他的好处包括用需要的软件快速装备用户（称为"快速供应"），当更多的用户导致系统重负时，添加更多计算资源（自动扩展）。当需要更多的存储空间或带宽时，公司只需要从云中添加另外一个虚拟服务器。这比在自己的数据中心购买、安装和配置一个新的服务器容易得多。

对开发者而言，升级一个云应用比传统的桌面软件更容易。只需要升级集中的应用程序，应用特征就能快速、顺利地得到更新，而不必手工升级组织内每台计算机上的单独应用。有了云服务，一个改变就能影响运行应用的每一个用户，这大大降低了开发者的工作量。

2. 云服务的缺点

也许人们意识到的云服务最大的不足就是给所有基于 Web 的应用带来麻烦的问题：它安全吗？基于 Web 的应用长时间以来就被认为具有潜在的安全风险。由于这一原因，许多公司宁愿将应用、数据和 IT 操作保持在自己的掌控之下。

也就是说，利用云托管的应用和存储在少数情况下会产生数据丢失。尽管可以说，一个大的云托管公司可能比一般的企业有更好的数据安全和备份的工具。然而，在任何情况下，即便是感知到的来自关键数据和服务异地托管的潜在安全威胁，也可能阻止一些公司这么做。

另外一个潜在的不足就是云计算宿主离线导致的事件。尽管多数公司说这是不可能的，但它确实发生了。亚马逊的 EC2 业务在 2008 年 2 月 15 日经受了一次大规模的服务中止，并抹去了一些客户的应用数据。此次业务中止由一个软件部署引起，它错误地中止了数量未知的用户实例。如果一个公司依赖于第三方的云平台来存放数据而没有其他的物理备份，该数据就可能处于危险之中。

4.2 云服务的类型

根据云计算服务集合提供的服务类型,整个云计算服务集合被划分成 4 个层次:应用层、平台层、基础设施层和虚拟化层。这 4 个层次每一层都对应一个子服务集合,如图 4-1 所示。

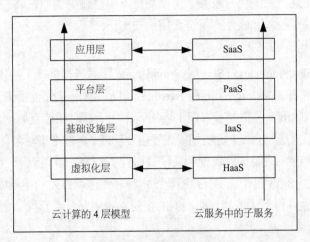

图 4-1 云计算服务体系结构

云计算的服务层次是根据服务类型,即服务集合来划分的,与大家熟悉的计算机网络体系结构中的层次划分不同。在计算机网络中,每个层次都实现一定的功能,层与层之间有一定的关联。而云计算体系结构中的层次是可以分割的,即某一层次可以单独完成一项用户的请求,而不需要其他层次为其提供必要的服务和支持。

在云计算服务体系结构中,各层次与相关云产品对应。

① 应用层对应 SaaS,如 Google Apps、Software+Services。

② 平台层对应 PaaS,如 IBM IT Factory、Google App Engine、Force.com。

③ 基础设施层对应 IaaS,如 Amazon EC2、IBM Blue Cloud、Sun Grid。

④ 虚拟化层对应 HaaS(硬件即服务),结合 PaaS 提供硬件服务,包括服务器集群及硬件检测等服务。

因此云计算按照服务类型大致可分为 3 类:SaaS、PaaS 和 IaaS。图 4-2 列举了 SaaS、PaaS 和 IaaS 的关系及每个层次的主要产品。

图 4-2 IaaS、PaaS、SaaS 的层次关系及主要产品

4.2.1　SaaS

SaaS 是最常见的，也是最先出现的云计算服务。通过 SaaS 这种模式，用户只要接上网络，通过浏览器就能直接使用在云上运行的应用。因为 SaaS 云供应商负责维护和管理云中的软/硬件设施，同时以免费或者按需使用的方式向用户收费，所以用户不需要顾虑类似安装、升级和防病毒等琐事，并且免去初期高昂的硬件投入和软件许可证费用的支出。

1.　历史

SaaS 的前身是 ASP（Application Service Provider，应用服务提供商），其概念和思想与 ASP 相差不大。最早的 ASP 厂商有 Salesforce.com 和 Netsuite，其后还有一批企业跟随进来。这些厂商在创业时都主要专注于在线 CRM（客户关系管理）应用，但由于那时正值互联网泡沫破裂的时候，当时 ASP 本身的技术也并不成熟，还缺少定制和集成等重要功能，再加上当时欠佳的网络环境，所以 ASP 没有受到市场的热烈欢迎，从而导致大批相关厂商破产。但在 2003 年后，在 Salesforce 的带领下，仅存的 ASP 企业喊出了 SaaS 这个口号，并随着技术和商业这两方面的不断成熟，Salesforce、WebEx 和 Zoho 等国外 SaaS 企业得到了成功，而国内的企业（如用友、金算盘、金碟、阿里巴巴和八百客等）也加入 SaaS 的浪潮。

2.　相关产品

由于 SaaS 产品起步较早，而且开发成本低，所以在现在的市场上，SaaS 产品不论是在数量还是在类别上，都非常丰富。同时，也出现了多款经典产品，其中最具代表性的莫过于 Google Apps、Salesforce CRM、Office Web Apps 和 Zoho。

Google Apps 的中文名为"Google 企业应用套件"，它提供企业版 Gmail、Google 日历、Google 文档和 Google 协作平台等多个在线办公工具，而且价格低廉，使用方便，已经有超过 200 万家企业购买了 Google Apps 服务。

Salesforce CRM 是一款在线客户管理工具，它在销售、市场营销、服务和合作伙伴这 4 个商业领域上提供完善的 IT 支持，还提供强大的定制和扩展机制，让用户的业务更好地运行在 Salesforce 平台上。这款产品常被业界视为 SaaS 产品的"开山之作"。

Office Web Apps 是微软开发的在线版 Office，提供基于 Office 技术的简易版 Word、Excel、PowerPoint 及 OneNote 等功能。它属于 Windows Live 的一部分，并与微软的 SkyDrive 云存储服务有深度的整合，而且兼容 Firefox、Safari 和 Chrome 等非 IE 系列浏览器。与其他在线 Office 相比，由于 Office Wed Apps 本身属于 Office 的一部分，所以在与 Office 文档的兼容性方面远胜其他在线 Office 服务。

Zoho 是 AdventNet 公司开发的一款在线办公套件，在功能方面非常全面，有邮件、CRM、项目管理、Wiki、在线会议、论坛和人力资源管理等几十个在线工具供用户选择。包括美国通用电气在内的多家大中型企业已经开始在其内部引入 Zoho 的在线服务。

3.　优势

虽然和传统桌面软件相比，现有的 SaaS 服务在功能方面还稍逊一筹，但是在其他方面还是具有一定优势的，下面是其中的 4 个方面。

（1）使用简单。在任何时候或者任何地点，只要接上网络，用户就能访问这个 SaaS 服务，而且无须安装、升级和维护。

（2）支持公开协议。现有的 SaaS 服务在公开协议（如 HTML 4、HTML 5）的支持方面都做得很好，用户只需一个浏览器，就能使用和访问 SaaS 应用。这对用户而言非常方便。

（3）安全保障。SaaS 供应商需要提供一定的安全机制，不仅要使存储在云端的用户数据绝对安全，也要通过一定的安全机制（如 HTTPS 等）来确保与用户之间通信的安全。

（4）初始成本低。使用 SaaS 服务时，不仅无须在使用前购买昂贵的许可证，而且几乎所有的 SaaS 供应商都允许免费试用。

4. 技术

由于 SaaS 层与普通用户非常接近，所以大家对 SaaS 层用到的大多数技术都耳熟能详。

4.2.2　PaaS

PaaS 是一种分布式平台服务，厂商提供开发环境、服务器平台、硬件资源等服务给客户，用户在其平台基础上定制、开发自己的应用程序并通过其服务器和互联网传递给其他客户。PaaS 能够给企业或个人提供研发的中间件平台，提供应用程序开发、数据库、应用服务器、试验、托管及应用服务。

PaaS 是 SaaS 技术发展的趋势，主要面对的用户是开发人员。PaaS 能给客户带来更高性能、更个性化的服务。如果一个 SaaS 软件也能给客户在互联网上提供开发（自定义）、测试、在线部署应用程序的功能，那么这就叫提供平台服务，即 PaaS。

1. 历史

PaaS 是云服务这三层中出现最晚的。业界第一个 PaaS 平台诞生于 2007 年，是 Salesforce 的 Force.com。用户通过这个平台，不仅能使用 Salesforce 提供的完善开发工具和框架来轻松开发应用，而且能把应用直接部署到 Salesforce 的基础设施上，从而能利用其强大的多租户系统。接着，在 2008 年 4 月，Google 推出了 Google App Engine，将 PaaS 支持的范围从在线商业应用扩展到普通的 Web 应用，也使越来越多的人开始熟悉和使用功能强大的 PaaS 服务。

2. 相关产品

与 SaaS 产品的百花齐放相比，PaaS 产品少而精，其中比较著名的产品有 Force.com、Google App Engine、Windows Azure Platform 和 Heroku。

（1）Force.com 就像上面所说的那样，是业界第一个 PaaS 平台，它主要提供完善的开发环境和强健的基础设施等来帮助企业和第三方供应商交付稳健的、可靠的和可伸缩的在线应用。还有，Force.com 本身是基于 Salesforce 著名的多租户架构的。

（2）Google App Engine 提供 Google 的基础设施来让用户部署应用，并提供一整套开发工具和 SDK 来加速应用的开发，还提供大量免费额度来节省用户的开支。

（3）Windows Azure Platform 是微软公司推出的 PaaS 产品，运行在微软数据中心的服务器和网络基础设施上，通过公共互联网来对外提供服务。它由具有高扩展性的云操作系统、数据存储网络和相关服务组成，而且服务都是通过物理或虚拟的 Windows Server 2008 实例提供的。另外，它附带的 Windows Azure SDK（软件开发包）提供了一整套开发、部署和管理 Windows Azure 云服务所需的工具和 API。

（4）Heroku 是一个用于部署 Ruby On Rails 应用的 PaaS 平台，其底层基于 Amazon EC2 的 IaaS 服务，而且在 Ruby 程序员中有非常好的口碑。

3. 优势

与现有的基于本地的开发和部署环境相比，PaaS 平台主要有以下 6 方面的优势。

（1）友好的开发环境。通过提供 SDK 和集成开发环境（Integrated Development Environment，IDE）等工具来让用户不仅能在本地方便地开发和测试应用，而且能进行远程部署。

（2）丰富的服务。PaaS 平台会以 API 的形式将各种各样的服务提供给上层的应用。

（3）精细的管理和监控。PaaS 能够提供应用层的管理和监控，如能够观察应用运行的情况和具体数值（如吞吐量和响应时间等）来更好地衡量应用的运行状态，还能通过精确计量应用消耗的资源来更好地计费。

（4）伸缩性强。PaaS 平台会自动调整资源来帮助运行于其上的应用更好地应对突发流量。

（5）多租户（Multi-Tenant）机制。许多 PaaS 平台都自带多租户机制，不仅能更经济地支撑庞大的用户规模，还能提供一定的可定制性，以满足用户的特殊需求。

（6）整合率高。PaaS 平台的整合率非常高，如 Google App Engine 能在一台服务器上承载成千上万个应用。

4. 技术

与 SaaS 层采用的技术不同的是，PaaS 层的技术比较多样，与 2.1.1 节所述中间件层的 5 种常见技术相对应。

4.2.3 IaaS

通过 IaaS，用户可以从供应商那里获得需要的计算或者存储等资源来装载相关应用，并只需为其租用的那部分资源付费，而这些烦琐的管理工作则交给 IaaS 供应商来负责。

1. 历史

与 SaaS 一样，类似 IaaS 的想法其实已经出现很久了，如过去的互联网数据中心（Internet Data Center，IDC）和虚拟专用服务器（Virtual Private Server，VPS）等，但由于技术、性能、价格和使用等方面的缺失，这些服务并没有被大中型企业广泛采用。2006 年年底，Amazon 发布了灵活计算云（Elastic Compute Cloud，EC2）这个 IaaS 云服务。由于 EC2 在技术和性能等多方面的优势，这类技术终于被业界广泛认可和接受，其中就包括部分大型企业，如著名的纽约时报。

2. 相关产品

最具代表性的 IaaS 产品有 Amazon EC2、IBM Blue Cloud、Cisco UCS 和 Joyent。

（1）Amazon EC2

Amazon EC2 主要以提供不同规格的计算资源（也就是虚拟机）为主。它基于著名的开源虚拟化技术 Xen。通过 Amazon 的各种优化和创新，Amazon EC2 不论在性能上还是在稳定性上，都已经满足企业级的需求，它还提供完善的 API 和 Web 管理界面来方便用户使用。

（2）IBM Blue Cloud

IBM Blue Cloud 解决方案是由 IBM 云计算中心开发的业界第一个、同时也是在技术上比较领先的企业级云计算解决方案。该解决方案可以整合企业现有的基础架构，通过虚拟化技术和自动化管理技术来构建企业自己的云计算中心，并实现对企业硬件资源和软件资源的统一管理、统一分配、统一部署、统一监控和统一备份，也打破了应用对资源的独占，从而帮助企业享受到云计算带来的诸多优越性。

（3）Cisco UCS

Cisco UCS 是下一代数据中心平台，在一个紧密结合的系统中整合了计算、网络、存储与虚拟化功能。该系统包含一个低延时、无丢包和支持万兆以太网的统一网络阵列及多台企业级 x86 架构刀片服务器等设备，并在一个统一的管理域中管理所有的资源。用户可以在 UCS 上安装 VMware vSphere 来支撑多达几千台虚拟机的运行。通过 Cisco UCS，企业可以快速在本地数据中心搭建基于虚拟化技术的云环境。

（4）Joyent

Joyent 提供基于 Open Solaris 技术的 IaaS 服务，其 IaaS 服务中最核心的是 Joyent Accelerator，它能够为 Web 应用开发人员提供基于标准的、非专有的、按需供应的虚拟化计算和存储解决方案。基于 Joyent Accelerator，用户可以使用具备多核 CPU、海量内存和存储的服务器设备来搭建自己的网络服务，并提供超快的访问、处理速度和超高的可靠性。

3. 优势

与传统的企业数据中心相比，IaaS 服务在很多方面都具有一定的优势，以下是最明显的 5 个优势。

（1）免维护。因为主要的维护工作都由 IaaS 云供应商负责，所以用户不必操心。

（2）非常经济。首先免去了用户前期的硬件购置成本，而且由于 IaaS 云大都采用虚拟化技术，所以应用和服务器的整合率普遍在 10（也就是一台服务器运行 10 个应用）以上，这样能有效降低使用成本。

（3）开放标准。虽然很多 IaaS 平台都存在一定的私有功能，但是由于 OVF 等应用发布协议的诞生，IaaS 在跨平台方面稳步前进，这样应用能在多个 IaaS 云上灵活迁移，而不会固定在某个企业数据中心。

（4）支持的应用。因为 IaaS 主要是提供虚拟机，而且普通的虚拟机能支持多种操作系统，所以 IaaS 支持应用的范围非常广泛。

（5）伸缩性强。IaaS 云只需几分钟就能给用户提供一个新的计算资源，而传统的企业数据中心往往需要几周时间，并且可以根据用户的需求来调整其计算资源的大小。

4. 技术

IaaS 采用的技术都是一些比较底层的，其中以下 4 种技术是比较常用的。

（1）虚拟化。也可以将它理解为基础设施层的"多租户"。因为通过虚拟化技术，能够在一个物理服务器上生成多个虚拟机，并且能在这些虚拟机之间实现全面的隔离，这样不仅能降低服务器的购置成本，还能降低服务器的运维成本。成熟的 x86 虚拟化技术有 VMware 的 ESX 和开源的 Xen。

（2）分布式存储。为了承载海量的数据，同时也要保证这些数据的可管理性，需要一整套分布式存储系统。在这方面，Google 的 GFS 是典范之作。

（3）关系型数据库。基本上是在原有关系型数据库的基础上做了扩展和管理等方面的优化，使其在云中更适应。

（4）NoSQL。为了满足一些关系数据库无法满足的目标，如支撑海量数据等，一些公司特地设计一批不是基于关系模型的数据库，如 Google 的 BigTable 和 Facebook 的 Cassandra 等。

现在大多数的 IaaS 服务都是基于 Xen 的，如 Amazon 的 EC2 等，但 VMware 也推出了基于 ESX 技术的 vCloud，同时业界也有几个基于关系型数据库的云服务，比如 Amazon 的关系型数据库服务（Relational Database Service，RDS）和 Windows Azure SDS（SQL Data Services，SQL 数据服务）等。分布式存储和 NoSQL 已经被广泛用于云平台的后端，如 Google App Engine 的 Datastore 就是基于 BigTable 和 GFS 这两个技术，而 Amazon 推出的 Simple DB 则基于 NoSQL 技术。

4.3 云部署模型

不管利用了哪种服务模型（SaaS、PaaS 或 IaaS），都存在 4 种云服务部署模型，以及用以解决某些特殊需求而在它们之上的演化变形。

（1）公共云。由某个组织拥有，其云基础设施为公众或某个很大的业界群组提供云服务。

（2）私有云。云基础设施特定为某个组织运行服务，可以是该组织或某个第三方负责管理，可以是场内服务，也可以是场外服务。

（3）社区云。云基础设施由若干组织分享，以支持某个特定的社区。社区是指有共同诉求和追求的团体（如使命、安全要求、政策和合规性考虑等），可以由该组织或某个第三方负责管理，可以是场内服务，也可以是场外服务。

（4）混合云。云基础设施由两个或多个云（私有的、社区的或公共的）组成，独立存在，但是通过标准的或私有的技术绑定在一起，这些技术促成数据和应用的可移植性（如用于云之间负载分担的 Cloud Bursting 技术）。

在市场产品消费需求越来越成熟的过程中，将会出现其他派生的云部署模型，意识到这一点很重要。这方面的一个例子就是虚拟专用云（Virtual Private Clouds）——以私有或半私有的形式来使用公共云基础设施，通常通过虚拟专用网（VPN）将公共云里的资源传输到用户数据中心。

方案设计时的架构思路对将来方案的灵活性、安全性、移动性及协作能力都有很大的影响。作为一条首要原则，"去边界化"的解决方案比没有"去边界化"的方案更有效，在上述 4 个部署模型中都是如此。同样的道理，采取私有还是开放的方案，也需要用户仔细考量。

本 章 习 题

习题 4.1 简述云服务的优缺点。

习题 4.2 云服务的类型有哪些？举例说明具体的应用场景。

习题 4.3 云部署有哪几种模型？简述每种模型。

05

第5章 虚拟化

5.1 虚拟化技术简介

虚拟化是一个广义的术语，在计算机方面通常是指计算元件在虚拟的基础上而不是真实的基础上运行。虚拟化技术可以扩大硬件的容量、简化软件的重新配置过程。CPU 的虚拟化技术可以单 CPU 模拟多 CPU 并行，允许一个平台同时运行多个操作系统，并且应用程序都可以在相互独立的空间内运行而互不影响，从而显著提高计算机的工作效率。

虚拟化是一种经过验证的软件技术，它正迅速改变 IT 的面貌，并从根本上改变人们的计算方式。如今，具有强大处理能力的 x86 计算机硬件仅仅运行了单个操作系统和单个应用程序，大多数计算机远未得到充分利用。利用虚拟化，可以在一台物理机上运行多个虚拟机，因而得以在多个环境间共享这一台计算机的资源。不同的虚拟机可以在同一台物理机上运行不同的操作系统及多个应用程序。

虚拟化技术与多任务及超线程技术是完全不同的。多任务是指在一个操作系统中多个程序同时并行运行，在虚拟化技术中，则可以同时运行多个操作系统，而且每一个操作系统中都有多个程序运行，每一个操作系统都运行在一个虚拟的 CPU 或者虚拟主机上，而超线程技术只是单 CPU 模拟双 CPU 来平衡程序运行性能，这两个模拟出来的 CPU 是不能分离的，只能协同工作。

虚拟化是一个抽象层，它将物理硬件与操作系统分开，从而提供更高的 IT 资源利用率和灵活性。

虚拟化允许具有不同操作系统的多个虚拟机在同一物理机上独立并行运行。每个虚拟机都有自己的一套虚拟硬件（如 RAM、CPU、网卡等），可以在这些硬件中加载操作系统和应用程序。无论实际采用了什么物理硬件组件，操作系统都将它们视为一组一致、标准化的硬件。

虚拟化的概念在 20 世纪 60 年代首次出现，利用它可以对属于稀有而昂贵资源的大型机硬件进行分区。随着时间的推移，微型计算机和个人计算机可提供更有效、更经济的方法来分配处理能力。因此到 20 世纪 80 年代，虚拟技术已不再广泛使用。

到了 20 世纪 90 年代，研究人员开始探索如何利用虚拟化解决与廉价硬件激增相关的一些问题，如利用率不足、管理成本不断攀升和易受攻击等。现在，虚拟化技术，可以帮助企业升级和管理它们在世界各地的 IT 基础架构并确保其安全。

5.2 虚拟化的意义

虚拟化带来的好处是多方面的，主要包括以下几点。

（1）效率。将原本一台服务器的资源分配给了数台虚拟化的服务器，有效利用了闲置资源，确保企业应用程序发挥出最高的可用性和性能。

（2）隔离。虽然虚拟机可以共享一台计算机的物理资源，但它们彼此之间仍然是完全隔离的，就像它们是不同的物理计算机一样。因此，在可用性和安全性方面，虚拟环境中运行的应用程序之所以远优于在传统的非虚拟化系统中运行的应用程序，隔离是一个重要的原因。

（3）可靠。虚拟服务器是独立于硬件进行工作的，通过改进灾难恢复解决方案提高了业务的连续性，当一台服务器出现故障时，可在最短时间内恢复且不影响整个集群的运作，在整个数据中心实现高可用性。

（4）成本。降低了部署成本，只需要更少的服务器就可以实现需要更多服务器才能做到的事情，也间接降低了安全等其他方面的成本。

（5）兼容。所有的虚拟服务器都与正常的 x86 系统兼容，它改进了桌面管理的方式，可部署多套不同的系统，将因兼容性造成问题的可能性降至最低。

（6）便于管理。提高了服务器/管理员的比率，一个管理员可以轻松地管理比以前更多的服务器，而不会造成更大的负担。

5.3 虚拟化的架构

迄今为止，虚拟化在工业界还没有公认的定义，实际上，虚拟化涉及的范围广泛，包括网络虚拟化、存储虚拟化、服务器虚拟化、桌面虚拟化、应用程序虚拟化和表示层虚拟化等。

服务器虚拟化是目前虚拟化技术应用的重要领域。服务器虚拟化技术可以大大提高服务器的使用效率，随着计算机技术的发展，服务器虚拟化技术已被越来越多的企业采用。采用虚拟机技术可以减缓服务器数量的增加，简化服务器管理，同时明显提高服务器的利用率、网络的灵活性和可靠性。从静态的角度，虚拟机是一类系统软件，又称为虚拟机监控器（Virtual Machine Monitor，VMM）。虚拟机监控器的核心功能是截获软件对硬件接口的调用，并重新解释为对虚拟硬件的访问；从动态的角度，虚拟机是一个独立运行的计算机系统，包括操作系统、应用程序和系统当前的运行状态等。人们按照多种标准对虚拟机进行了分类，例如，按照是否需要修改客户机操作系统，可将虚拟机分为准虚拟化虚拟机和完全虚拟化虚拟机，如果虚拟机需要修改客户机操作系统，则称为准虚拟化虚拟机，否则称为完全虚拟化虚拟机。Xen、User-mode-Linux 和 OpenVZ 都采用准虚拟化技术。完全虚拟化具备很好的透明性，即不需要修改操作系统。准虚拟化虽然需要修改操作系统源码，损失了一定的透明性，但对运行在虚拟机操作系统上的应用程序来说仍然透明，而且准虚拟化技术可以降低虚拟机的复杂度。

按照虚拟机所在中间层位置的不同，可以将虚拟机划分为硬件（HW）虚拟机、操作系统（OS）虚拟机、应用程序二进制接口（Application Binary Interface，ABI）虚拟机和应用程序接口（Application Programming Interface，API）虚拟机。硬件虚拟机在操作系统和底层硬件之间截获 CPU 指令，如

VMware、Virtual PC、Boch、Qemu 等。操作系统虚拟机位于操作系统和应用程序之间截获操作系统调用，如 Linux VServer、OpenVZ、User-mode-Linux 等。应用程序二进制接口虚拟机通过仿真其他操作系统的应用程序二进制接口运行该平台上的应用程序。例如，Wine 虚拟机支持在 Linux 系统中运行 Windows 程序，FreeBSD 系统中的 Linux ABI 虚拟机支持在 FreeBSD 中运行 Linux 应用程序。

伴随着虚拟化技术的蓬勃发展，虚拟化领域的热门技术——桌面虚拟化得到了极大的发展。桌面虚拟化是将桌面的软件进行虚拟化改造的技术，某种技术使用户仍然像使用桌面系统一样使用现有的桌面软件，但是，软件程序的执行却不是原来通常在本地执行的方式。IT 系统的复杂性阻碍了业务的灵活性和恢复能力，简化管理成为全球化办公趋势下的必然要求，桌面虚拟化能提高系统安全性、降低成本、便于管理，是全球化办公的需要。目前，提供桌面虚拟化解决方案的主要厂商包括 VMware、Citrix 和微软。

虚拟化技术将底层的计算资源切分（或合并）成多个（或一个）运行环境，以实现部分或完全的机器模拟和时间共享。虚拟技术在很多重要领域（如服务集成、安全计算、多操作系统并行运行、内核的调试与开发、系统迁移等）都具有潜在的应用价值。现在已有许多系统采用虚拟技术来充分挖掘现代机器的丰富资源。因为系统采用虚拟化技术后，对外表现出的运动方式是一种逻辑化的运动方式，而不是真实的物理运动方式，所以采用虚拟化技术能屏蔽物理层运动的复杂性，使系统对外运行状态呈现出简单的逻辑运动形态，如图 5-1 所示。

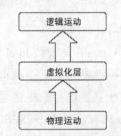

图 5-1　虚拟化技术的一般逻辑

综合虚拟化技术的发展过程和现状，结合其实现原理，可以总结出虚拟化技术的六大特性。

（1）软件实现。以软件的方式模拟硬件，通过软件的方式逻辑切分服务器资源，形成统一的虚拟资源池，创建虚拟机运行的独立环境。

（2）隔离运行。运行在同一物理服务器上的多个虚拟机之间相互隔离，虚拟机与虚拟机之间互不影响。包括计算隔离、数据隔离、存储隔离、网络隔离、访问隔离，虚拟机之间不会泄露数据，应用程序只能通过配置的网络连接进行通信。

（3）封装抽象。操作系统和应用被封装成虚拟机，封装是虚拟机具有自由迁移能力的前提。真实硬件被封装成标准化的虚拟硬件，整个虚拟机以文件形式保存，便于进行备份、移动和复制。

（4）硬件独立。服务器虚拟化带来了虚拟机和硬件相互依赖性的剥离，为虚拟机的自由移动提供了良好的平台。

（5）广泛兼容。兼容多种硬件平台，支持多种操作系统平台。

（6）标准接口。虚拟硬件遵循业界标准化接口，以保证兼容性。

5.4　虚拟化的业界解决方案

5.4.1　基于 VirtualBox 的虚拟化技术

VirtualBox 是一款开源 x86 虚拟机软件，由 Oracle 公司开发，是 Oracle 公司 xVM 虚拟化平台技术的一部分。它提供用户在 32 位或 64 位的 Windows、Solaris 及 Linux 操作系统上虚拟其他 x86 的操作系统。用户可以在 VirtualBox 上安装并且运行 Windows、Solaris、DOS、Linux、OS/2 Warp、OpenBSD

及 FreeBSD 等系统作为客户端操作系统。

与同性质的 VMware 及 Virtual 个人计算机比较，VirtualBox 的独到之处包括远程桌面协定（RDP）、iSCSI 及 USB 的支持，VirtualBox 在客户机操作系统上已可以支持 USB 3.0 的硬件设备，不过要安装 Virtualbox Extension Pack。

VirtualBox 最初是以专有软件协议的方式提供的。2007 年 1 月，德国 InnoTek 公司以 GNU 通用公共许可证（GPL）发布 VirtualBox 而成为自由软件，并提供二进制版本及开放源代码版本的代码。2008 年 2 月，InnoTek 软件公司由 Sun 公司并购。而在 2010 年 1 月，Oracle 公司又完成了对 Sun 公司的收购，将该软件改为现在的名字。

1. 模拟的环境

VirtualBox 能够安装多个客户端操作系统，每个客户端系统皆可独立打开、暂停与停止。主机端操作系统与客户端操作系统皆能相互通信，多个操作系统同时运行的环境也能彼此同时使用网络。

2. 硬件模拟

VirtualBox 支持 Intel VT-x 与 AMD AMD-V 硬件虚拟化技术。

硬盘被模拟在一个称为虚拟磁盘镜像文件（Virtual Disk Images）的特殊容器内，目前此格式不兼容于其他虚拟机平台运行，通常作为一个系统档存放在主机端操作系统（扩展名为.vdi）中。VirtualBox 能够连接 iSCSI，且能在虚拟硬盘上运作，此外，VirtualBox 可以读写 VMware VMDK 档与 VirtualPC VHD 档。

ISO 镜像文件可以被挂载成 CD/DVD 设备，如下载的 Linux 发行版 DVD 镜像文件可以直接用于 VirtualBox，而不需刻录在光盘上，亦可直接在虚拟机上挂载实体光盘驱动器。

VirtualBox 默认提供了一个支持 VESA 兼容的虚拟显卡，以及一个供 Windows、Linux、Solaris、OS/2 客户端系统使用的额外驱动程序，可以提供更好的性能与功能，如当虚拟机的视窗被缩放时，会动态调整分辨率。从 4.1 版本开始支持 WDDM 兼容的虚拟显卡，令 Windows Vista 及 Windows 7 可以使用 Windows Aero。

在声卡方面，VirtualBox 虚拟了英特尔 ICH AC97 声卡与 SoundBlaster 16 声卡。

在以太网适配器方面，VirtualBox 虚拟了数张网卡，包括 AMD PCnet PCI II、AMD PCnet-Fast III、Intel Pro/1000 MT Desktop、Intel Pro/1000 MT Server、Intel Pro/1000 T Server。

3. 功能特色

（1）支持 64 位客户端操作系统，即使主机使用 32 位 CPU。

（2）支持 SATA 硬盘 NCQ 技术。

（3）虚拟硬盘快照。

（4）无缝视窗模式（需安装客户端驱动）。

（5）能够在主机端与客户端共享剪贴板（需安装客户端驱动）。

（6）在主机端与客户端间创建共享文件夹（需安装客户端驱动）。

（7）自带远程桌面服务器。

（8）支持 VMware VMDK 软盘档及 Virtual PC VHD 软盘档格式。

（9）3D 虚拟化技术支持 OpenGL（2.1 版后支持）、Direct3D（3.0 版后支持）、WDDM（4.1 版后支持）。

（10）最多虚拟 32 颗 CPU（3.0 版后支持）。

（11）支持 VT-x 与 AMD-V 硬件虚拟化技术。

（12）支持 iSCSI。

（13）支持 USB 2.0 与 USB 3.0。

5.4.2　基于 VMware 的虚拟化技术

VMware（Virtual Machine ware）是一个"虚拟 PC"软件公司，它的产品可以使用户在一台机器上同时运行 2 个或更多的 Windows、DOS、Linux 系统。与"多启动"系统相比，VMware 采用了完全不同的概念。多启动系统在一个时刻只能运行一个系统，在系统切换时需要重新启动机器。VMware是真正"同时"运行，多个操作系统在主系统的平台上，就像标准 Windows 应用程序那样切换，而且每个操作系统用户都可以进行虚拟的分区、配置而不影响真实硬盘的数据，用户甚至可以通过网卡将几台虚拟机用网卡连接为一个局域网，极其方便。安装在 VMware 操作系统的性能比直接安装在硬盘上的系统性能低不少，因此，比较适合学习和测试。

除了为访问网络适配器、CD-ROM、硬盘驱动器及 USB 设备提供桥梁外，VMware 工作站还提供了模拟某些硬件的能力。例如，能将一个 ISO 文件作为一张 CD-ROM 安装在系统上，也能将.vmdk文件作为硬盘驱动器安装，还能将网络适配器驱动程序配置为通过宿主计算机使用网络地址转换（NAT）来访问网络，而非使用与宿主机桥接的方式（该方式为：宿主网络上的每个客户操作系统必须分配一个 IP 地址）。

VMware 工作站还允许无须将 LiveCD 烧录到真正的光盘上，也无须重启计算机，而对这些LiveCD 进行测试，还可以捕获在 VMware 工作站下运行的某个操作系统的快照，每个快照可以用来在任何时候将虚拟机回滚到保存的状态。这种多快照功能使 VMware 工作站成为销售人员演示复杂的软件产品、开发人员建立虚拟开发和测试环境的非常流行的工具。VMware 工作站包含将多个虚拟机指定为编队的能力，编队可以作为一个物体来开机、关机、挂起和恢复，这在将 VMware 工作站用于测试客户端-服务器环境时特别有用。

VMware 是提供一套虚拟机解决方案的软件公司，主要产品有如下 3 个。

（1）VMware-ESX-Server

这个版本并不需要操作系统的支持，它本身就是一个操作系统，用来管理硬件资源。所有的系统都安装在它的上面，并带有 Web 远程管理和客户端管理功能。

（2）VMware-GSX-Server

这个版本要安装在 HOST OS 操作系统下。

HOST OS 可以是 Windows 2000 Server 以上的 Windows 系统或者是 Linux（官方支持列表中只有RH、SUSE、Mandrake 等很少的几种），VMware-GSX-Server 和 VMware-ESX-Server 一样带有 Web远程管理和客户端管理功能。

（3）VMware-WorkStation

这个版本和 VMware-GSX-Server 版本的结构相同，也是要安装在一个操作系统下，对操作系统的要求也是 Windows 2000 以上或者 Linux，VMware-WorkStation 和 VMware-GSX-Server 的区别就是没有 Web 远程管理和客户端管理。

VMware 产品的主要功能如下。

① 不需要分区或重开机就能在同一台计算机上使用两种以上的操作系统。

② 完全隔离并且保护不同 OS 的操作环境及所有安装在 OS 上面的应用软件和资料。

③ 不同的 OS 之间还能互动操作，包括网络、周边、文件分享及复制、粘贴功能。

④ 有复原功能。

⑤ 能够设定并且随时修改操作系统的操作环境，如内存、磁盘空间、周边设备等。

⑥ 能够热迁移，具有高可用性。

5.4.3　基于 KVM 的硬件虚拟化技术

考虑到虚拟化技术的发展时间并不长，KVM 实际上还是一种相对较新的技术。虽然目前存在各具特色的开源技术，如 Xen、Bochs、UML、Linux-VServer 和 coLinux，但是 KVM 目前被大量使用。KVM 不再仅仅是一个全虚拟化解决方案，而将成为更大的解决方案的一部分。

KVM 使用的方法是通过简单地加载内核模块而将 Linux 内核转换为一个系统管理程序。这个内核模块导出了一个名为/dev/kvm 的设备，它可以启用内核的客户模式（除了传统的内核模式和用户模式）。有了/dev/kvm 设备，VM 使自己的地址空间独立于内核或运行着的任何其他 VM 的地址空间。设备树（/dev）中的设备对所有用户空间进程来说都是通用的。为了支持 VM 间的隔离，每个打开/dev/kvm 的进程看到的都是不同的映射。

KVM 会简单地将 Linux 内核转换成一个系统管理程序（在安装 KVM 内核模块时）。由于标准 Linux 内核就是一个系统管理程序，因此它会从对标准内核的修改中获益良多（如内存支持、调度程序等）。对这些 Linux 组件进行优化（如 Linux 内核 2.6 版本中的新版 O（1）调度程序）都可以让系统管理程序（主机操作系统）和 Linux 客户操作系统同时受益。但是 KVM 并不是第一个这样做的程序，UML 很早以前就将 Linux 内核转换成一个系统管理程序了。使用内核作为一个系统管理程序，就可以启动其他操作系统，如另一个 Linux 内核或 Windows 系统。

安装 KVM 之后，可以在用户空间启动客户操作系统。每个客户操作系统都是主机操作系统（或系统管理程序）的一个单个进程。使用 KVM 进行虚拟化的框图如图 5-2 所示。底部是能够进行虚拟化的硬件平台（目前指的是英特尔 VT 或 AMD-SVM 处理器）。在裸硬件上运行的是系统管理程序（带有 KVM 模块的 Linux 内核）。这个系统管理程序与可以运行其他应用程序的普通 Linux 内核类似。但是这个内核也可以支持通过 KVM 工具加载的客户操作系统。另外，客户操作系统可以与主机操作系统支持相同的应用程序。

KVM 只是虚拟化解决方案的一部分，处理器直接提供了虚拟化支持（可以为多个操作系统虚拟化处理器）。内存可以通过 KVM 进行虚拟化。最后，I/O 通过一个稍加修改的 QEMU 进程（执行每个客户操作系统进程的一个拷贝）进行虚拟化。

KVM 向 Linux 引入了一种除现有的内核和用户模式之外的新进程模式。这种新模式就称为客户模式，顾名思义，它用来执行客户的操作系统代码（至少是一部分代码）。内核模式表示代码执行的特权模式，用户模式则表示非特权模式（用于那些运行在内核之外的程序）。根据运行内容和目的，执行模式可以针对不同的目的进行定义。客户模式的存在就是为了执行客户操作系统代码，但是只针对那些非 I/O 的代码。在客户模式中有两种标准模式，因此客户操作系统在客户模式中运行可以支持标准的内核，而在用户模式下运行则支持自己的内核和用户空间应用程序。客户操作系统的用户模式可以用来执行 I/O 操作，这是单独进行管理的。

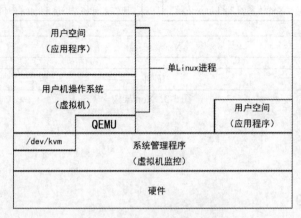

图 5-2 使用 KVM 的虚拟化组件

在客户操作系统上执行 I/O 的功能是由 QEMU 提供的。QEMU 是一个平台虚拟化解决方案，允许对一个完整的计算机环境进行虚拟化（包括磁盘、图形适配器和网络设备）。客户操作系统生成的任何 I/O 请求都会被中途截获，并重新发送到 QEMU 进程模拟的用户模式中。

KVM 通过/dev/kvm 设备提供了内存虚拟化。每个客户操作系统都有自己的地址空间，并且是在实例化客户操作系统时映射的。映射给客户操作系统的物理内存实际上是映射给这个进程的虚拟内存。为了支持客户物理地址到主机物理地址的转换，系统维护了一组影子页表（Shadow Page Table）。处理器也可以在访问未经映射的内存位置时，使用系统管理程序（主机内核）来支持内存转换进程。

KVM 是解决虚拟化问题的一个方案，现在已经有服务器采用这种技术进行虚拟化。还有其他一些方法一直在为进入内核而竞争（如 UML 和 Xen），但是由于 KVM 需要的修改较少，并且可以将标准内核转换成一个系统管理程序，因此它的优势不言而喻。

KVM 的另外一个优点是它是内核本身的一部分，因此可以利用内核的优化和改进。与其他独立的系统管理程序解决方案相比，这种方法不会过时。KVM 两个缺点是需要较新的、能够支持虚拟化的处理器，以及一个用户空间的 QEMU 进程来提供 I/O 虚拟化。但是不论怎样，KVM 位于内核中，这对现有解决方案来说就是一个巨大的飞跃。

5.4.4 基于 Xen 的虚拟化系统

Xen 是在剑桥大学作为一个研究项目被开发出来的，它已经在开源社区中得到了极大的发展。Xen 是一款半虚拟化的虚拟机监视器（Virtual Machine Monitor，VMM），这表示为了调用系统管理程序，要有选择地修改操作系统，然而却不需要修改操作系统上运行的应用程序。虽然 VMware 等其他虚拟化系统实现了完全的虚拟化（它们不必修改使用中的操作系统），但它们仍需要实时翻译机器代码，这会影响性能。由于 Xen 需要修改操作系统内核，因此不能直接让当前的 Linux 内核在 Xen 系统管理程序中运行，除非它已经移植到了 Xen 架构。如果当前系统可以使用新的已经移植到 Xen 架构的 Linux 内核，就可以不加修改地运行现有的系统了。

图 5-3 所示是最简单的 Xen 架构。Xen 是一个开放源代码的 Para-Virtualizing 虚拟机（VMM）或管理程序，是为 x86 架构的机器设计的。Xen 可以在一套物理硬件上安全地执行多个虚拟机。

图 5-3　Xen 架构

5.5　云桌面

5.5.1　虚拟桌面架构

1. 基本概念

虚拟桌面架构（Virtual Desktop Infrastructure，VDI）正迅速成为一个热门词语。VDI 的概念很简单，它不是给每个用户都配置一台运行完整操作系统（如 Windows 各种版本以及 Linux 的各种发行版）的桌面 PC，而是在数据中心的服务器运行相应操作系统，将用户的桌面进行虚拟化。用户通过来自客户端设备（瘦客户机或是家用计算机）的瘦客户计算协议与虚拟桌面连接，用户访问他们的桌面就像是访问传统的本地安装桌面一样。

在后端，虚拟化桌面通常通过以下两种方式来实现（以 Windows 为例）。

（1）运行若干 Windows 虚拟机的 Microsoft Virtual Server 的 VMware Server，每个用户以一对一的方式连接到他们的 VM（虚拟机）。

（2）安装 Windows 刀片的刀片式服务器，每个用户以一对一的方式连接到刀片服务器，这种方法有时被称作 Blade PC（刀片 PC）。

无论何种方式，目的都是想让终端用户更加方便地使用他们想使用的任意设备。他们可以从任何地方连接到他们的桌面，IT 人员可以更易于管理桌面，因为桌面就位于数据中心之内。

虽然这些技术是新兴的，但把桌面作为一种服务来提供的概念在十多年前就已经被提出了。传统的基于服务器计算的解决方案，如 Citrix Presentation Server 或微软的终端服务器，在过去十几年中一直都是提供 VDI 的解决方案。这两者最主要的区别是，基于服务器计算的解决方案是在为 Windows 的共享实例提供个性化的桌面，而 VDI 的解决方案是为每个用户提供他们自己的 Windows 机器。

也就是说，基于服务器计算的行业在过去几年的发展中，很少注重基于服务器的计算，而是更多关注向用户提供应用。

我们现在看其意义所在，有很重要的一点，那就是没有一个人会真正建议摒弃传统的本地桌面，而由 VDI 解决方案取代之（就像是 10 年前没人会建议摒弃传统桌面，由基于服务器计算的应用来替代它一样）。

2. VDI 与基于服务器计算的桌面

虚拟桌面架构就其概念本身而言已经不新，不过现在很多人在思考如何使用 VDI 以及在何处使用，这是一个全新的问题。特别是人们对此进行评估，将 VDI 与其他向用户提供桌面的方式进行比较和对比，即基于服务器计算和传统的本地桌面架构。因此，让我们来看看 VDI 技术和基于服务器计算技术（Server Based Computing，SBC）的区别，如 Citrix Presentation Server 或 Microsoft 终端服务器。

SBC 是一种实现桌面的方法，SBC 在很多方面提供一些类似 VDI 的解决方案已有很多年。事实上，Citrix 直到 1999 年才推出无缝软件，在这之前的一切都是远程桌面。当然，当时并不叫它 VDI，但是它就是 VDI 的前身。

然而，现在基于 Windows 虚拟机的 VDI 与 SBC 桌面发布有很大的不同，尽管它们都从根本上解决了同一个业务目标：通过瘦客户机远程协议为用户提供桌面。下面比较这两种技术，看它们各自的优势在何处。

（1）与 SBC 相比，VDI 有何优势？

① 应用多时，VDI 性能相对较好。在 VDI 环境下，终端用户的 Windows 工作站运行于刀片机上，或是作为几台虚拟机的其中一个运行于服务器上；而在 SBC 环境下，一台服务器可能同时要支持 50 个、100 个或更多的终端用户。因此在 VDI 环境中，每台用户虚拟机可利用的资源更多，所以应用繁重时性能比 SBC 好。

② VDI 没有兼容性方面的问题。在实际中，并不是所有的应用都与终端服务相兼容。在 VDI 环境下，每个用户虚拟机就是一个单独的工作站，因此不用担心应用与终端服务的兼容性问题。

③ VDI 有更好的安全性。由于每个用户都有自己独立的 Windows 虚拟机，所以不必为加固用户 Session 而担心。其中一个用户出错，不会影响其他的用户。

④ 后端服务器的可移植性。在 VDI 中，系统是建立在虚拟机技术之上的，可以"暂停"单个虚拟机，然后将其从一台服务器移到另一台服务器上，这在维护系统时将会很方便。可以想象，只需单击管理控制台的一个按钮，就可以将用户移到另一台服务器上。可能用户会收到一个弹出的提示框"请稍等"，然后服务器会将虚拟机的存储内容转移到一个硬盘上，虚拟机将在另外一个物理硬盘上自动配置，最后虚拟机重新联机。整个过程不到 30s，用户就恢复到中断时的位置。

⑤ 客户运行软件的"工作站"版。由于 VDI 工作站是基于 Windows，而不是 Windows Server Sessions 的，因此任何软件和应用都会把 Session 作为真正的工作站。这样，就可以使用所有软件的"工作站"版。

⑥ 用户控制。同样，由于每个用户都可以得到一个完整的 Windows 工作站虚拟机，所以他们可以根据自己的需求定制自己的虚拟机（或者在允许的权限范围内）。管理员可以更加灵活地设置用户权限，因为不必担忧他们会影响其他用户。这也就意味着，需要自己工作站的管理权限的用户也可以被虚拟化。

⑦ 用户可离线使用 Session。如果使用的是基于虚拟机的 VDI 解决方案，无论物理硬件如何，虚拟化软件提供给用户的是一个通用的硬件环境。因此在所有用户桌面都是虚拟机的情况下，用户在办公室时可以使用集中的后端服务器，而不在办公室需要离线运行时，用户可以使用笔记本电脑运行 VMware。有一个"断开连接"选项可以暂停用户 Session，然后复制硬盘镜像和内存到笔记本电脑，从而可以在笔记本电脑上恢复虚拟机。甚至可以用通用笔记本电脑，供用户出差时使用。VMware ACE 可以灵活采用本地或远程运行，并且可以轻松地前后切换。

因此，VDI 带来了一些传统安装的分布式个人桌面的好处，还有基于服务器计算的很多优点。不过它也有不足之处，因为分布式桌面也存在很多的缺陷。

（2）与 VDI 相比，SBC 有何优势？

① 管理。SBC 的亮点之一在于，可以在单个终端服务器或 Citrix Presentation Server 上运行 50~70 个桌面 Session，这个服务器只需管理一个 Windows 实例。而在 VDI 中，50~70 个用户就要 50~70 个 Windows 的副本，还要对它们进行安装、配置、管理、打补丁、查毒、更新和杀毒，工作量是非常大的。

② VDI 需要更多的服务器硬件。与 SBC 相比，VDI 潜在的高性能是有代价的。与在一台终端服务器上给用户分配 Session 相比，让每个用户都拥有一个完整的工作站虚拟机将需要更多的计算资源。一个有 4GB 内存、双处理器的服务器作为终端服务器可以运行 50~100 个桌面 Session，而在 VDI 中，可能就只能运行 15~20 台 Windows 虚拟机了。

③ VDI 需要更多的软件。除了操作系统和应用软件以外，还需要虚拟机软件（VMware 或 Microsoft），而且要一些为用户提供的管理虚拟机自动配置的软件。当然，这些都是要花费更多成本的。

可以看到，VDI 和 SBC 不是完全不同。它们都使用瘦客户机协议来分离应用的执行和用户界面，而且它们都允许用户从任何地方使用任何设备连接。唯一真正不同的是，VDI 是连接瘦客户机用户到一个 Windows 工作站，而 SBC 是连接到一台共享终端服务器的一个 Session。

3. VDI 与传统本地桌面

传统的桌面架构是通过复制 Windows，然后本地安装，运行于企业各个部门的台式机和笔记本电脑上。那么，虚拟桌面架构（VDI）解决方案与传统桌面架构各有哪些优势呢？

VDI 本质上就是使传统的本地桌面"SBC 化"。用户可以通过任何连接、使用任何设备访问桌面。可以享用两者的优点。

（1）与传统本地桌面相比，VDI 有如下一些优点。

① 可从任何地方访问真实桌面。SBC 和 VDI 最大的优点之一在于，用户可以从任何地方访问他们的应用（在 VDI 的情况下可以是桌面）。任何连接、任何客户端设备在世界的任何角落都可以访问。为何不把它也应用到桌面架构呢？

② 易于管理。如果要管理 1 000 个桌面，你会愿意管理哪种：1 000 个四处分散的物理桌面还是一个数据中心的 1 000 个虚拟机和 VMware 磁盘镜像？如果客户"工作站"都集中到数据中心，这将对管理、打补丁、资源分配等工作很有利。

③ 更易于备份。备份"工作站"，用户需要做的就是备份或快照磁盘镜像文件到服务器。如果用户丢失某些东西，他们可以轻松地将计算机恢复到任何时刻的状态，甚至可以选择自动快照服务，它将会每小时自动快照一次。

④ 数据存储。使用 VDI，可以保证重要的文件和数据不用通过网络存储到客户机设备上。

⑤ 桌面运行于服务器级硬件上。由于桌面计算机分散于公司的各个角落，各台计算机与服务器级硬件的冗余情况也会不一样。一个停电事故、驱动或内存错误都可能导致桌面计算机崩溃。当然，服务器也一样。不过，由于公司的服务器比桌面计算机数量少，从财政和风险角度看，在电力、RAID 和其他技术方面花钱以确保服务器硬件不出问题，这样做也是值得的。

（2）与 VDI 相比，传统本地桌面有以下优势。

① 离线使用。VDI 最大的不足在于，客户机设备必须通过网络连接到一个运行 Windows Session 的后端服务器上。

② 运行图形丰富的应用时性能好。VDI 与各个应用的兼容性更好，因为这些应用是各自运行于自己的 Windows 工作站的，而不是共享终端服务器。这解决了许多兼容性方面的问题，如性能独占

和非终端服务器兼容应用。然而，VDI 作为核心还是和 SBC 很类似的，应用的图形画面必须通过网络从后端输到客户机。这就意味着，如果应用程序是视频或图形密集型，VDI 的性能可能就不太好了，尽管这些应用是运行于 Windows 虚拟机上的。

③ 它是实质的标准。之所以把这个方法称作"传统本地桌面"，是因为这就是如今做事的方法。我们不需要执行什么新东西，自寻烦恼，也不需要尝试任何新技术，只需继续使用现行的方法，就应用了传统本地桌面。

总之，VDI 不仅拥有传统计算的许多优点，而且具有基于服务器计算的一些优点。当然，与传统桌面计算相比，VDI 的网络连接要求是一个很大的缺点。

4. 利用 VDI 节省成本和能源

作为服务器虚拟化最具吸引力的驱动力之一，服务器整合巩固了它在该领域的重要性。虚拟化极大地提高了整合比率，节约很大的成本——减少了所需服务器的数目，缩小了空间使用面积，以及降低了能量及散热的耗能。在多数情况下，通过减小每台服务器的空间使用面积和每台服务器的能量需求，刀片服务器整合能节省更多。然而，与利用服务器虚拟化整合服务器的方式相比，通过虚拟桌面基础架构的方式来虚拟桌面是否可以有更大程度地节省呢？

对那些拥有庞大用户、非常适合虚拟桌面的 IT 企业来说，答案是十分肯定的。将全部或部分用户群转移到虚拟桌面基础架构（VDI），可以减少物理机的数目和相应的能量需求。

自 2007 年 VMware Virtual Infrastructure 3（VI3）（发布于 2006 年 6 月）取得成功之后，某 IT 组织将大量用户从物理桌面转移到使用 VMware 公司 Virtual Desktop Infrastructure（VDI）的虚拟桌面，并还计划在接下来的一年内完成剩余用户的转移工作。结果，该公司桌面计算机的能耗需求减少了，节约程度与服务器整合节约的程度相当。通过服务器整合，公司将服务器群从过去约 200 台 IBM 物理服务器减少至运行在 14 台 IBM BladeCenter 刀片服务器的 200 台虚拟服务器上。服务器的总功耗从近 60kW（即每台服务器 300W）降至 4.5kW（即每台虚拟服务器 23W），总能量节约达 90% 以上。

在此成功的基础之上，该公司的桌面虚拟化项目将约 800 台 IBM 物理桌面计算机转换为运行在 14 台 IBM BladeCenter 刀片中心服务器上的 800 个虚拟桌面，通过瘦客户机接入。桌面计算机的总功耗（包括瘦客户机设备，但不包括耗能恒定的监视器）从近 80kW（即每台桌面 100W）降至 17kW（即每台虚拟桌面 20W），总能量节约近 80%。

除了能量节约，转移到虚拟客户机模式还有其他的好处。由于应用与数据都是集中安装和保存，而不是分散在存在被盗窃隐患的桌面计算机或是笔记本电脑中，因此虚拟桌面基础架构可以提高安全性。同时，这种模式也简化了远程技术支持，因为桌面计算机是集中控制，并有较好的管理。此外，可用性也得以改进。整体的虚拟基础架构具有全自动容错移转与高可用性，BladeCenter 架构也同时具有内在的容错移转能力。在这个例子中，包括的性能有 VMware 高可用性（HA）和 VMotion。

然而，对于虚拟桌面，也有些需要注意的地方。将桌面计算机转换到 VDI 要求虚拟客户端的虚拟机使用存储局域网络中的存储，这样可以快速增加虚拟机。在大规模推出部署之前，要认真全面地规划和测试最佳配置，如硬盘空间及内存分配等，这一点很重要。

因此，如果在服务器整合项目中希望考虑能量与散热，可以考虑桌面虚拟化。虽然节省能量并不是采用虚拟桌面技术的首要原因，但是对使用刀片服务器和对服务器进行整合的企业而言，它带来了额外的益处。虚拟桌面解决方案可能并不适合所有公司或用户组，但对那些适合利用虚拟机的公司或用户来说，虚拟桌面技术将给他们带来很多好处。

5.5.2 桌面云与传统 PC

桌面云是符合上述云计算定义的一种云。从 IBM 云计算智能商务桌面（IBM Smart Business Desktop Cloud）的介绍页面，可以看到桌面云的定义是：“可以通过瘦客户端或者其他任何与网络相连的设备来访问跨平台的应用程序，以及整个客户桌面。”也就是说，只需要一个瘦客户端设备，或者其他任何可以连接网络的设备，通过专用程序或者浏览器，就可以访问驻留在服务器端的个人桌面以及各种应用，并且用户体验和使用传统的个人计算机是一模一样的。

桌面云的业务价值很多，除了上面提到的随时随地访问桌面以外，还有下面一些重要的业务价值。

1. 集中化的管理

在使用传统桌面的整体成本中，管理维护成本在其整个生命周期中占很大的一部分，管理成本包括操作系统安装配置、升级、修复的成本，硬件安装配置、升级、维修的成本，数据恢复、备份的成本，以及各种应用程序安装配置、升级、维修的成本。在传统桌面应用中，这些工作基本上都需要在每个桌面上做一次，工作量非常大。对那些需要频繁替换、更新桌面的行业来说，工作量就更大了。例如，培训行业经常需要配置不同的操作系统和运行程序来满足不同培训课程的需要，对上百台机器来说，这个工作量已经非常大了，而且这种工作还要经常进行。

在桌面云解决方案中，管理是集中化的，IT 工程师通过控制中心管理成百上千的虚拟桌面，所有的更新、打补丁都只需要更新一个“基础镜像”就可以了。对上面提到的培训中心来说，管理维护就非常简单了：只需要根据课程的不同配置几个基础的镜像，然后不同培训课程的学员可以分别连接到这些不同的基础镜像，而且不需要做任何修改，只要重启虚拟桌面，学员就可以看到所有的更新，大大节约了管理成本。

2. 安全性提高

安全是 IT 工作中非常重要的内容。一方面，各单位有安全要求；另一方面，政府对安全也有些强制要求，一旦违反，后果非常严重。对企业来说，数据、知识产权就是它们的生命，例如，银行系统中客户的信用卡账号、保险系统中用户的详细信息、软件企业中的源代码等。如何保护这些机密数据不外泄是许多公司 IT 部门经常面临的挑战。为此他们采用了各种安全措施来保证数据不被非法使用，如禁止使用 USB 设备、禁止使用外面的电子邮件等。对政府部门来说，数据安全也是非常重要的，英国某政府官员的笔记本电脑丢失，结果保密文件被记者得到，这个官员不得不引咎辞职。

在桌面云解决方案中，首先，所有的数据及运算都在服务器端进行，客户端只是显示其变化的影像而已，所以不需要担心客户端非法窃取资料，我们在电影中看到的商业间谍拿着 U 盘疯狂复制公司商业机密的情况再也不会出现了。其次，IT 部门根据安全挑战制作出各种各样的新规则，这些新规则可以迅速作用于每个桌面。

3. 应用更环保

如何保护我们的有限资源，怎么才能消耗更少的能源，这是现在各国科学家在不断探索的问题。因为地球上的资源是有限的，不加以保护的话，人类很快会陷入无资源可用之困境。现在全世界都在想办法减少碳排放量，为之也采取了很多措施，如利用风能等更清洁的能源等。传统个人计算机的耗电量是非常惊人的，一般来说，每台传统个人计算机的工作功耗在 200W 左右，即使它处于空闲状态，功耗也至少在 100W 左右，按照每天 10 小时、每年 240 天工作来计算，每台计算机桌面每年的耗电量在 480kW·h 左右，非常惊人。在此之外，为了冷却使用这些计算机产生的热量，还必须使用一定的空调设备，这些能量的消耗也是非常大的。

采用云桌面解决方案以后，每个瘦客户端的电量消耗在 16W 左右，只有原来传统个人桌面的 8%，所产生的热量也大大减少了。

4. 总拥有成本减少

IT 资产的成本包括很多方面，初期购买成本只是其中的一小部分，其他还包括整个生命周期中的管理、维护、能量消耗、硬件更新升级的成本。从上面的描述中可以看到相比传统个人桌面而言，桌面云在整个生命周期中的管理、维护、能量消耗等方面的成本大大降低了，那么硬件成本又是怎样呢？桌面云在初期硬件上的投资是比较大的，因为要购买新的服务器来运行云服务，但是由于传统桌面的更新周期是 3 年，而服务器的更新周期是 5 年，所以硬件上的成本基本相当。由于桌面云软成本大大降低，而且软成本在 TCO 中占有非常大的比重，所以采用云桌面方案总体 TCO 大大减少了。根据 Gartner 公司的预计，云桌面的 TCO 相比传统桌面可以减少 40%。

5.5.3　桌面云的实现方案

1. 桌面云的基本架构

桌面云的基本架构如图 5-4 所示。

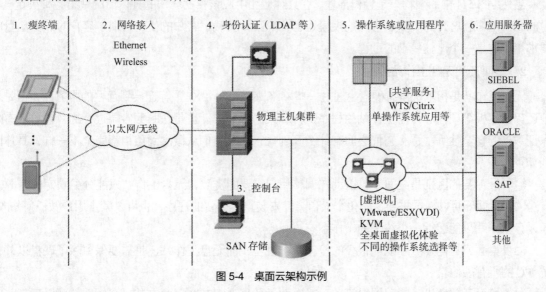

图 5-4　桌面云架构示例

（1）瘦终端

瘦终端是我们使用桌面云的设备，一般是一个内嵌了独立的嵌入式操作系统，可以通过各种协议连接到运行在服务器上的桌面的设备。为了充分利用已有资源，实现 IT 资产的最大化应用，架构中也支持对传统桌面做一些改造，安装一些插件，使它们也有能力连接到运行在服务器上的桌面。

（2）网络的接入

桌面云提供了各种接入方式供用户连接。用户可以通过有线或者无线网络连接，这些网络既可以是局域网，也可以是广域网，连接时，既可以使用普通的连接方式，也可以使用安全连接方式。

（3）控制台

控制台可以对运行虚拟桌面的服务器进行配置，如配置网络连接、配置存储设备等。控制台还可以监控运行时服务器的一些基础性能指标，如内存的使用状况、CPU 的使用率等。

（4）身份认证

一个企业级应用解决方案必须有安全控制的解决方案，安全方案中比较重要的是用户的认证和授权。在桌面云中一般是通过 Active Directory 或者 LDAP 这些产品来进行用户的认证和授权的，这些产品可以很方便地对用户进行添加、删除、配置密码、设定其角色、赋予不同的角色不同的权限、修改用户权限等操作。

（5）操作系统或者应用程序

有一些特定的应用场景，例如，用户是呼叫中心的操作员，他们一般都是使用同一种标准桌面和标准应用，基本上不需要修改。在这种场景下，云桌面架构提供了共享服务的方式来提供桌面和应用。这样可以在特定的服务器上提供更多的服务。

（6）应用服务器

在桌面云解决方案中，更多的应用方式是把各种应用分发到虚拟桌面，这样客户只需要连到一个桌面，就可以使用所有的应用，就好像这些应用安装在桌面上一样，在这种架构下，提供给用户的体验与使用传统的桌面完全一样。

当然，图 5-4 中的架构只是大概描述，在具体应用中应该根据客户的具体情况做出各种决定。考虑的因素主要有客户的类型、客户的规模、客户的工作负载、客户的使用习惯、客户对服务质量的要求等，这是一个比较复杂的过程。

2. 桌面云和无盘工作站的区别

无盘工作站是指本地没有硬盘，通过一些网络协议（如 PXE）等连接到远程的服务器，但是本地还保留主板等硬件。无盘工作站的程序执行和桌面云一样，也是在服务器端进行的，也可以有效保证数据的安全性等。那么它们之间有什么区别呢？其实它们从概念到架构都完全不一样，具体区别如下。

（1）最主要的区别是桌面云可以动态调整用户需要的资源，无盘工作站只能分配固定的资源。

（2）桌面云可以根据需要定制化个人信息，安装自己需要的程序，也可以禁止用户做任何修改，而无盘工作站只能运行一个统一的操作系统。

（3）桌面云只需要一个能耗很少的瘦客户端设备，而无盘工作站还是需要保留除了硬盘以外传统 PC 的所有硬件。

（4）桌面云前端设备的配置很简单，对有的设备来说，甚至只要安装一个插件就可以运行，无盘工作站前端设备有特殊的要求。

3. 桌面云的发展现状

桌面云的发展当然离不开各大厂商的支持，其实 IBM、惠普等大公司在其中都有很多投入，如 IBM 的云集算智能商务桌面解决方案、SUN 的 sunray 解决方案等。也有很多小公司投入其中，例如，瑞典 Xcerion 公司便推出了 iCloud 的测试版，这是一款可以提供虚拟桌面服务的平台，该平台可以通过浏览器来运行整个操作系统。与其他厂商相比，IBM 除了提出整体解决方案之外，还提供了许多增值服务，如提供业务环境的评估、减少磁盘使用量的软件等。

4. 桌面云需要解决的一些问题

虽然桌面云有上面各种优点，但是阻碍其发展的一个重要原因是初期投资问题。虽然桌面云的总拥有成本比传统桌面要低，但是因为桌面云初期需要购买服务器、网络、存储等，所以初期投资相对传统桌面还是比较高的，所以一些企业，特别是小型企业对此比较有疑虑。市场对这种疑虑也做出了反应，其中 IBM 推出的桌面云解决方案中就包括了一种服务器等后台资源驻留在 IBM 内部，由 IBM 来管理，客户只需要通过网络就可以使用桌面，按照客户的使用量来收费的解决方案，这种解决方案对那些成长型的小企业来说是非常好的消息。

5.6　网络虚拟化

网络虚拟化的内容一般指虚拟专用网络（Virtual Private Network，VPN）。VPN 对网络连接的概念进行了抽象，允许远程用户访问组织的内部网络，就像物理上连接到该网络一样。网络虚拟化可以帮助保护 IT 环境，防止来自 Internet 的威胁，同时使用户能够快速安全地访问应用程序和数据。

VPN 被定义为通过一个公用网络（通常是因特网）建立一个临时的、安全的连接，是一条穿过混乱的公用网络的安全、稳定隧道。使用这条隧道可以对数据进行几倍加密，达到安全使用互联网的目的。

网络虚拟化是一种重要的网络技术，该技术可在物理网络上虚拟多个相互隔离的虚拟网络，使不同用户之间使用独立的网络资源切片，从而提高网络资源利用率，实现弹性的网络。SDN 的出现使网络虚拟化的实现更加灵活和高效，同时网络虚拟化也成为 SDN 应用中的重量级应用。

由于早期成功的 SDN 方案中网络虚拟化案例较多，有的读者可能会认为 SDN 和网络虚拟化是同一个层面的，然而这是错误的说法。SDN 不是网络虚拟化，网络虚拟化也不是 SDN。SDN 是一种集中控制的网络架构，可将网络划分为数据层面和控制层面。而网络虚拟化是一种网络技术，可以在物理拓扑上创建虚拟网络。传统的网络虚拟化部署需要手动逐条部署，其效率低下，人力成本很高。而在数据中心等场景中，为实现快速部署和动态调整，必须使用自动化的业务部署。SDN 的出现给网络虚拟化业务部署提供了新的解决方案。采用集中控制的方式，网络管理员可以通过控制器的 API 来编写程序，从而实现自动化的业务部署，大大缩短业务部署周期，同时也实现随需动态调整。

随着 IaaS 的发展，数据中心网络对网络虚拟化技术的需求将会越来越强烈。SDN 出现不久后，SDN 初创公司 Nicira 就开发了网络虚拟化产品 NVP（Network Virtualization Platform）。Nicira 被 VMware 收购之后，VMware 结合 NVP 和自己的产品 vCloud Networking and Security（vCNS），推出了 VMware 的网络虚拟化和安全产品 NSX。NSX 可以为数据中心提供软件定义化的网络虚拟化服务。由于网络虚拟化是 SDN 早期少数几个可以落地的应用，所以大众很容易将网络虚拟化和 SDN 混淆。正如前面所说的，网络虚拟化只是一种网络技术，而基于 SDN 的网络架构可以更容易地实现网络虚拟化。

5.7　网络设备的虚拟化

基于网络的虚拟化方法是在网络设备之间实现存储虚拟化功能，具体有下面几种方式。

1. 基于互连设备的虚拟化

基于互连设备的方法如果是对称的，那么控制信息和数据走在同一条通道上；如果是不对称的，控制信息和数据走在不同的路径上。在对称的方式下，互连设备可能成为瓶颈，但是多重设备管理和负载平衡机制可以减缓瓶颈的矛盾。同时，在多重设备管理环境中，当一个设备发生故障时，也比较容易支持服务器实现故障接替。但是，这将产生多个 SAN 孤岛，因为一个设备仅控制与它连接的存储系统。非对称式虚拟存储比对称式更具有可扩展性，因为数据和控制信息的路径是分离的。

基于互连设备的虚拟化方法能够在专用服务器上运行，使用标准操作系统，如 Windows、Sun Solaris、Linux 或供应商提供的操作系统。这种方法运行在标准操作系统中，具有基于主机方法的诸多优势——易使用、设备便宜。许多基于设备的虚拟化提供商也提供附加的功能模块来改善系统的整体性能，能够获得比标准操作系统更好的性能和更完善的功能，但需要更高的硬件成本。

但是，基于设备的方法也继承了基于主机虚拟化方法的一些缺陷，因为它仍然需要一个运行在主机上的代理软件或基于主机的适配器，任何主机的故障或不适当的主机配置都可能导致访问到不被保护的数据。同时，在异构操作系统间的互操作性仍然是一个问题。

2. 基于路由器的虚拟化

基于路由器的方法是在路由器固件上实现存储虚拟化功能。供应商通常也提供运行在主机上的附加软件来进一步增强存储管理能力。在此方法中，路由器被放置于每个主机到存储网络的数据通道中，用来截取网络中任何一个从主机到存储系统的命令。网络设备的虚拟化相关产品有如下几种。

PowerPC（Performance Optimization With Enhanced RISC Performance Computing，有时缩写为 PPC）是一种精简指令集（RISC）架构的中央处理器（CPU），其基本的设计源自 IBM 的 POWER（Performance Optimized With Enhanced RISC，增强 RISC 性能优化）架构。POWER 是 1991 年由 Apple、IBM、Motorola（摩托罗拉）组成的 AIM 联盟发展出的微处理器架构。PowerPC 是整个 AIM 联盟平台的一部分，并且是到目前为止唯一的一部分。但苹果计算机自 2005 年起，将旗下计算机产品转用 Intel CPU。

PowerVM 是在基于 IBM Power 处理器的硬件平台上提供的具有行业领先水平的虚拟化技术家族。它是 IBM Power System 虚拟化技术全新和统一的品牌（逻辑分区、微分区、Hypervisor、虚拟 I/O 服务器、APV、PowerVM Lx86、Live Partition Mobility）。

本 章 习 题

习题 5.1　结合实际应用谈一谈虚拟化的意义。

习题 5.2　简述虚拟化的发展过程及其特征。

习题 5.3　比较几种虚拟化的业界解决方案，并从架构角度比较基于 KVM 与基于 Xen 的区别。

习题 5.4　画出桌面云的架构示意图，并说明每部分的功能特征。

06 第6章 云安全

6.1 云计算的安全问题

云计算的安全问题无疑是云计算应用最大的瓶颈和顾虑。云计算拥有庞大的计算能力与丰富的计算资源，越来越多的恶意攻击者正在利用云计算服务实施恶意攻击。

2011 年 4 月的索尼公司服务器被黑客攻击事件，就是恶意攻击者利用亚马逊弹性云计算服务对索尼 Play- Station Network 和索尼 Online Entertainment 服务发动攻击所致。网络黑客还曾利用亚马逊的云网络传播恶意软件，盗取了 9 家银行的用户数据。利用 EC2 云服务，恶意攻击者能够很轻松地破解复杂的密码。

对于恶意攻击者，云计算扩展了其攻击能力与攻击范围。

首先，云计算的强大计算能力让密码破解变得简单、快速。同时，云计算中的海量资源给了恶意软件更多的传播机会。

其次，在云计算内部，云端聚集了大量用户数据，虽然利用虚拟机予以隔离，但对恶意攻击者而言，云端数据依然是极其诱人的"超级大蛋糕"。一旦虚拟防火墙被攻破，就会诱发连锁反应，所有存储在云端的数据都面临被窃取的威胁。

最后，数据迁移技术在云端的应用也给恶意攻击者以窃取用户数据的机会。恶意攻击者可以冒充合法数据，进驻云端，挖掘其所处存储区域中前一用户的残留数据痕迹。

云计算在改变 IT 世界，云计算也在催发新的安全威胁出现。云计算给人们带来更多的便利，也给恶意攻击者更多发动攻击的机会。

云安全既是一个传统课题，又因为云的特性增加了很多新的问题。下面概要地介绍云安全的分类及云安全的技术手段和非技术手段。

6.2 云安全分类

6.2.1 位置安全

随着无线定位技术的飞速发展，无线室内定位系统在人们的日常生活中发挥着重要的作用。传统的无线定位方法通常基于多个无线接入点进行定位计算。近年来，无线定位技术定位精度方面取得了一定进展。然而，在许多实际应用中，一个或两个无线接入点的覆盖范围足以满足整个空间的需求。一方面，部署过多的无线接入点意味着成本的增加和算法对位置的复杂性；另一方面，使用一个或两个无线接入点的定位精度还有待改进。因此，对基于单或双无线接入点的室内定位方法的研究是非常重要的。

室内定位计划有两个阶段：训练和定位。在训练阶段，无线接入点将移动设备的接收信号强度（RSS）发送到位置服务器系统，作为样本的特征值来创建样本数据库。在完成示例收集之后，位置服务器系统对模型进行了训练。在定位阶段，基于两个存取点分别收集的 RSS，系统计算出距离和角度，然后计算坐标。最后，服务器根据三角形中线的性质计算出最终的位置。

上述方法使用了两个接入点来采集 RSS，并通过加权计算了这两个接入点的两个估计结果，从而到达了无线设备的位置。实验证明，该方法大大提高了整体定位精度。

6.2.2 信息安全

云计算中确保信息安全的具体方法有以下几种。

（1）加密被保存文件

加密技术可以对文件进行加密，只有对应的密钥才能解密。加密可以保护数据，哪怕是数据传到别人在远处的数据中心。很多程序都提供了足够强大的加密功能，只要使用安全的密钥，别人就很难访问用户的敏感信息。

（2）加密电子邮件

PGP 和 TureCrypt 能对文件在离开用户的控制范围之前加密。但此时电子邮件就面临危险了，因为它到达用户的收件箱的格式是仍能够被偷窥者访问的。为了确保邮件的安全，可以使用 Hushmail 之类的程序，它们可以自动加密收发的所有邮件。

（3）将商业模式放入考虑之中

在设法确定哪些互联网应用值得信任时，应当考虑它们打算如何盈利。收取费用的互联网应用服务可能比得到广告资助的那些服务安全。广告给互联网应用提供商带来了经济上的刺激，从而收集详细的用户资料用于针对性的网上广告，因而用户资料有可能落入不法分子的手里。

（4）注意使用信誉良好的服务

就算对文件进行了加密，有些在线活动（尤其是涉及在网上处理文件，而不是仅仅保存文件的活动）仍很难保护。这意味着用户仍需要认真考虑自己使用哪些服务，他们不会拿自己的名誉来冒险，不会任由数据泄密事件发生，也不会与营销商共享数据。

（5）关注隐私性

几乎有关互联网应用的每项隐私政策都有漏洞，以便在某些情况下可以共享数据，大多数互联网应用提供商在自己的政策条款中承认，如果执法官员提出要求，自己会交出相关数据，但了解到底哪些信息可能会暴露，可以帮你确定把哪些数据保存在云计算环境中，哪些数据保存在桌面上。

（6）合理使用过滤器

Vontu、Wedsense 和 Vericept 等公司提出了一种系统，目的在于监视离开了用户的网络的数据，从而自动阻止敏感数据。

6.3　云安全的技术手段

6.3.1　云安全框架

从 IT 网络和安全专业人士的视角出发，可以用一组组统一分类的、通用简洁的词汇来描述云计算对安全架构的影响，在这个统一分类的方法中，云服务和架构可以被分解并映射到某个包括安全性、可操作性、可控制性、可进行风险评估和管理等诸多要素的补偿模型中，进而符合合规性标准。

云计算模型之间的关系和依赖性对理解云计算的安全非常关键，IaaS 是所有云服务的基础，PaaS 一般建立在 IaaS 之上，而 SaaS 一般又建立在 PaaS 之上。

IaaS 涵盖了从机房设备到硬件平台等所有的基础设施资源层面。PaaS 位于 IaaS 之上，增加了一个层面用于与应用开发、中间件能力及数据库、消息和队列等功能集成。PaaS 允许开发者在平台之上开发应用，开发的编程语言和工具由 PaaS 提供。SaaS 位于底层的 IaaS 和 PaaS 之上，能够提供独立的运行环境，用于交付完整的用户体验，包括内容、展现、应用和管理能力。云计算环境下的安全参考模型如图 6-1 所示。

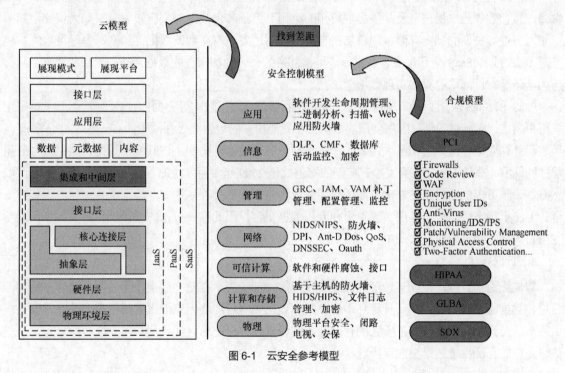

图 6-1　云安全参考模型

云安全架构的一个关键特点是云服务提供商所在的等级越低，云服务用户自己要承担的安全能力和管理职责就越多。云安全领域中的数据安全、应用安全和虚拟化安全等问题涉及的关键内容如表 6-1 所示。

表 6-1　云安全关键内容

云安全层次	云安全内容
数据安全	数据传输、数据隔离、数据残留
应用安全	终端用户安全、SaaS 安全、PaaS 安全、IaaS 安全
虚拟化安全	虚拟化软件、虚拟服务器

下面重点阐述云安全领域中的数据安全、应用安全和虚拟化安全等问题的应对策略和技术。

6.3.2　数据安全

云用户和云服务提供商应避免数据丢失和被窃，无论使用哪种云计算的服务模式（SaaS、PaaS、IaaS），数据安全都变得越来越重要。以下针对数据传输安全、数据隔离和数据残留等方面展开讨论。

1.　数据传输安全

在使用公共云时，对传输中的数据最大的威胁是不采用加密算法。通过互联网传输数据，采用的传输协议也要能保证数据的完整性。采用加密数据和使用非安全传输协议的方法也可以达到保密的目的，但无法保证数据的完整性。

2.　数据隔离

加密磁盘上的数据或生产数据库中的数据很重要（静止的数据），可以用来防止恶意的云服务提供商、恶意的邻居"租户"及某些类型应用的滥用。但是静止数据加密比较复杂，如果仅使用简单存储服务进行长期的档案存储，用户加密自己的数据后发送密文到云数据存储商那里是可行的。但是对 PaaS 或者 SaaS 应用来说，数据是不能被加密的，因为加密过的数据会妨碍索引和搜索。到目前为止还没有可商用的算法实现数据全加密。

PaaS 和 SaaS 应用为了实现可扩展、可用性、管理及运行效率等方面的"经济性"，基本都采用多租户模式，因此被云计算应用使用的数据会和其他用户的数据混合存储（如 Google 的 BigTable）。虽然云计算应用在设计之初已采用诸如"数据标记"等技术以防非法访问混合数据，但是通过应用程序的漏洞，非法访问还是会发生，典型的案例就是 2009 年 3 月发生的谷歌公司文件非法共享。虽然有些云服务提供商请第三方审查应用程序或应用第三方应用程序的安全验证工具加强应用程序安全，但出于经济性考虑，无法实现单租户专用数据平台，因此唯一可行的选择就是不要把任何重要的或者敏感的数据放到公共云中。

3.　数据残留

数据残留是数据在被以某种形式擦除后残留的物理表现，存储介质被擦除后可能留有一些物理特性使数据能够被重建。在云计算环境中，数据残留更有可能会无意泄露敏感信息，因此云服务提供商应能向云用户保证其信息所在的存储空间被释放或再分配给其他云用户前完全清除，无论这些信息是存放在硬盘上还是在内存中。

6.3.3　应用安全

云环境的灵活性、开放性及公众可用性等特性，给应用安全带来了很多挑战。提供商在云主机上部署的 Web 应用程序应当充分考虑来自互联网的威胁。

1.　终端用户安全

使用云服务的用户应该保证自己计算机的安全。在用户的终端上部署安全软件，包括反恶意软件、个人防火墙及 IPS 类型的软件。目前，浏览器已经普遍成为云服务应用的客户端，但不幸的是，所有的互联网浏览器毫无例外地存在软件漏洞，这些软件漏洞加大了终端用户被攻击的风险，从而影响云计算应用的安全。因此，云用户应该采取必要的措施保护浏览器免受攻击，在云环境中实现端到端的安全。云用户应使用自动更新功能，定期完成浏览器打补丁和更新工作。

随着虚拟化技术的广泛应用，许多用户现在喜欢在个人计算机上使用虚拟机来区分工作（公事与私事）。有人使用 VMware Player 来运行多重系统（如使用 Linux 作为基本系统），通常这些虚拟机甚至都没有达到补丁级别。这些系统被暴露在网络上更容易被黑客利用成为"流氓虚拟机"。企业客户应该从制度上规定连接云计算应用的个人计算机禁止安装虚拟机，并且对个人计算机进行定期检查。

2. SaaS 应用安全

SaaS 应用提供给用户的能力是使用服务商运行在云基础设施之上的应用，用户使用各种客户端设备通过浏览器来访问应用。用户并不管理或控制底层的云基础设施，如网络、服务器、操作系统、存储，甚至其中单个的应用能力，除非是某些有限用户的特殊应用配置项。SaaS 模式决定了提供商管理和维护整套应用，因此 SaaS 提供商应最大限度地确保提供给客户的应用程序和组件的安全，因为客户通常只需负责操作层的安全功能，包括用户和访问管理，所以选择 SaaS 提供商特别需要慎重。目前评估提供商的作法通常是根据保密协议，要求提供商提供有关安全实践的信息。该信息应包括设计、架构、开发、黑盒与白盒应用程序安全测试和发布管理。有些客户甚至请第三方安全厂商进行渗透测试（黑盒安全测试），以获得更为翔实的安全信息，不过渗透测试通常费用很高，而且也不是所有提供商都同意进行这种测试。

还有一点需要特别注意，SaaS 提供商提供的身份验证和访问控制功能，通常情况下这是客户管理信息风险唯一的安全控制措施。大多数服务包括谷歌都会提供基于 Web 的管理用户界面。最终用户可以分派读取和写入权限给其他用户。然而这个特权管理功能可能不先进，细粒度访问可能会有弱点，也可能不符合组织的访问控制标准。

用户应该尽量了解云特定访问控制机制，并采取必要步骤，保护云中的数据；应实施最小化特权访问管理，以消除威胁云应用安全的内部因素。

所有有安全需求的云应用都需要用户登录，有许多安全机制可提高访问安全性，如通行证或智能卡，而最为常用的方法是可重用的用户名和密码。如果使用强度小的密码（如需要的长度和字符集过短）和不做密码管理（过期、历史）很容易导致密码失效，而这恰恰是攻击者获得信息的首选方法，从而容易被猜到密码。因此，云服务提供商应能够提供以下可选功能：高强度密码；定期修改密码，时间长度必须基于数据的敏感程度；不能使用旧密码等。

在目前的 SaaS 应用中，提供商将客户数据（结构化和非结构化数据）混合存储是普遍的作法，通过唯一的客户标识符，在应用中的逻辑执行层可以实现客户数据逻辑上的隔离，但是当云服务提供商的应用升级时，可能会造成这种隔离在应用层执行过程中变得脆弱。因此，客户应了解 SaaS 提供商使用的虚拟数据存储架构和预防机制，以保证多租户在一个虚拟环境需要的隔离。SaaS 提供商应在整个软件生命开发周期加强软件安全性上的措施。

3. PaaS 应用安全

PaaS 云提供给用户的能力是在云基础设施之上部署用户创建或采购的应用，这些应用使用服务商支持的编程语言或工具开发，用户并不管理或控制底层的云基础设施，包括网络、服务器、操作系统或存储等，但是可以控制部署的应用以及应用主机的某个环境配置。PaaS 应用安全包含两个层次：PaaS 平台自身的安全和客户部署在 PaaS 平台上应用的安全。

SSL 是大多数云安全应用的基础，目前众多黑客社区都在研究 SSL，相信 SSL 在不久的将来将成为一个主要的传播媒介。PaaS 提供商必须采取可能的办法来缓解 SSL 攻击，避免应用暴露在默认攻击之下。用户必须确保自己有一个变更管理项目，在应用提供商指导下正确应用配置或打配置补丁，及时确保 SSL 补丁和变更程序能够迅速发挥作用。

PaaS 提供商通常都会负责平台软件包括运行引擎的安全，如果 PaaS 应用使用了第三方应用、组件或 Web 服务，那么第三方应用提供商需要负责这些服务的安全。因此用户需要了解自己的应用到底依赖于哪个服务，在采用第三方应用、组件或 Web 服务的情况下，用户应对第三方应用提供商做风险评估。目前，云服务提供商接口平台的安全使用信息会被黑客利用而拒绝共享，尽管如此，客户应尽可能地要求云服务提供商增加信息透明度，以利于风险评估和安全管理。

在多租户 PaaS 的服务模式中，最核心的安全原则就是多租户应用隔离。云用户应确保自己的数据只能由自己的企业用户和应用程序访问。提供商维护 PaaS 平台运行引擎的安全，在多租户模式下必须提供"沙盒"架构，平台运行引擎的"沙盒"特性可以集中维护客户部署在 PaaS 平台上应用的保密性和完整性。云服务提供商负责监控新的程序缺陷和漏洞，以避免这些缺陷和漏洞被用来攻击 PaaS 平台和打破"沙盒"架构。

云用户部署的应用安全需要 PaaS 应用开发商配合，开发人员需要熟悉平台的 API、部署和管理执行的安全控制软件模块。开发人员必须熟悉平台特定的安全特性，这些特性被封装成安全对象和 Web 服务。开发人员通过调用这些安全对象和 Web 服务实现在应用内配置认证和授权管理。PaaS 的 API 设计目前没有标准可用，这对云计算的安全管理和云计算应用可移植性带来了难以估量的后果。

PaaS 应用还面临着配置不当的威胁，在云基础架构中运行应用时，应用在默认配置下安全运行的概率几乎为 0。因此，用户最需要做的事就是改变应用的默认安装配置，熟悉应用的安全配置流程。

4. IaaS 应用安全

IaaS 云提供商（如亚马逊 EC2、GoGrid 等）将客户在虚拟机上部署的应用看作是一个黑盒子，IaaS 提供商完全不知道客户应用的管理和运维。客户的应用程序和运行引擎无论运行在何种平台上，都由客户部署和管理，因此客户负有云主机之上应用安全的全部责任，客户不应期望 IaaS 提供商的应用安全帮助。

6.3.4 虚拟化安全

基于虚拟化技术的云计算引入的风险主要有两方面：一是虚拟化软件的安全，二是使用虚拟化技术的虚拟服务器的安全。

1. 虚拟化软件的安全

虚拟化软件层直接部署于裸机之上，提供能够创建、运行和销毁虚拟服务器的能力。实现虚拟化的方法不止一种，实际上，有几种方法都可以通过不同层次的抽象来实现相同的结果，如操作系统级虚拟化、全虚拟化和半虚拟化。在 IaaS 云平台中，云主机的客户不能访问此软件层，完全由云服务提供商来管理。

由于虚拟化软件层是保证客户的虚拟机在多租户环境下相互隔离的重要层次，可以使客户在一台计算机上安全地同时运行多个操作系统，所以必须严格限制任何未经授权的用户访问虚拟化软件层。云服务提供商应建立必要的安全控制措施，限制对 Hypervisor 和其他形式的虚拟化层次的物理和逻辑访问控制。

虚拟化层的完整性和可用性对保证基于虚拟化技术构建的公有云的完整性和可用性是最重要的，也是最关键的。一个有漏洞的虚拟化软件会将所有的业务域暴露给恶意的入侵者。

2. 虚拟服务器的安全

虚拟服务器位于虚拟化软件之上，对物理服务器的安全原理与实践也可以被运用到虚拟服务器上，当然也需要兼顾虚拟服务器的特点。下面将从物理机选择、虚拟服务器安全和日常管理三方面介绍虚拟服务器的安全。

应选择具有 TPM 安全模块的物理服务器，TPM 安全模块可以在虚拟服务器启动时检测用户密码，如果发现密码及用户名的 Hash 序列不对，就不允许启动此虚拟服务器。因此，对新建的用户来说，选择这些功能的物理服务器来作为虚拟机应用是很有必要的。如果有可能，应使用多核的支持虚拟技术的新处理器，这就能保证 CPU 之间的物理隔离，减少许多安全问题。

安装虚拟服务器时，应为每台虚拟服务器分配一个独立的硬盘分区，以便将各虚拟服务器从逻辑上隔离开。虚拟服务器系统还应安装基于主机的防火墙、杀毒软件、IPS（IDS）及日志记录和恢复软件，以便将它们相互隔离，并同其他安全防范措施一起构成多层次防范体系。

对每台虚拟服务器应通过 VLAN 和不同的 IP 网段的方式进行逻辑隔离。对需要相互通信的虚拟服务器之间的网络连接应当通过 VPN 的方式来进行，以保护它们之间网络传输的安全。实施相应的备份策略，包括它们的配置文件、虚拟机文件及其中的重要数据都要进行备份，备份也必须按具体的备份计划来进行，应当包括完整备份、增量备份和差量备份方式。

在防火墙中，尽量对每台虚拟服务器做相应的安全设置，进一步对它们进行保护和隔离。将服务器的安全策略加入系统的安全策略当中，并按物理服务器安全策略的方式来对等。

从运维的角度来看，对虚拟服务器系统应当像对一台物理服务器一样对它进行系统安全加固，包括系统补丁、应用程序补丁、允许运行的服务、开放的端口等。同时严格控制物理主机上运行虚拟服务的数量，禁止在物理主机上运行其他网络服务。如果虚拟服务器需要与主机连接或共享文件，应当使用 VPN 方式进行，以防止由于某台虚拟服务器被攻破后影响物理主机。文件共享也应当使用加密的网络文件系统方式进行。需要特别注意主机的安全防范工作，消除影响主机稳定和安全性的因素，防止间谍软件、木马和黑客的攻击，因为一旦物理主机受到侵害，所有在其中运行的虚拟服务器都将面临安全威胁，或者直接停止运行。

要严密监控虚拟服务器的运行状态，实时监控各虚拟机当中的系统日志和防火墙日志，以此发现存在的安全隐患，对不需要运行的虚拟机应当立即关闭。

6.4 云安全的非技术手段

云计算的趋势已经不可逆转，但企业真正要部署云计算时，却依然顾虑重重。这不是没有道理的。2011 年 4 月，云计算服务提供商 Amazon 公司爆出史上最大宕机事件，导致包括回答服务 Quora、新闻服务 Reddit 和位置跟踪服务 FourSquare 在内的一些知名网站均受到了影响。5 月，一桩规模最大的用户数据外泄案又在索尼公司发生，大约有 2 460 万个索尼网络服务用户的个人信息疑遭黑客窃取。

数据保护和隐私也正是云安全面临的一个最大挑战，保证云计算环境下的信息安全，绝非只是技术创新那么简单。今天，人们可以放心地把钱存在银行，却不敢放心地将自己的数据放到遥远的"云"端。要保证云计算的安全，涉及很多新的技术问题，但更涉及政策方面的问题。

不少专家认为，要做好云安全，需要寻找这样一种机制。在这一机制下，提供云计算服务的厂商会面临第三方的监督，这个第三方和用户并没有利益关系，且受到相关法律、法规的制约。只有在这种情况下，云计算的应用企业才可以获得中立的第三方的担保。也只有在这个时候，用户才可能放心地将数据放到云端，就像放心地把钱存到银行中一样。

目前，要做好云安全，缺失的不只是机制，存储和保护数据等标准同样也有待健全。在云计算环境下，机制和标准的缺失现象在发达国家和地区也同样存在。美国网络服务公司 American Internet Services 就曾表示："无论是政府还是监管机构，都没有对运营方式制订任何规则。"而在日本和新加坡等国家，企业在部署云计算时都已经开始让律师和审计师参与其中。

因此，从云安全的角度，非技术的手段也许比技术的手段更为棘手和迫在眉睫。

本 章 习 题

习题 6.1　云计算的安全分为哪几个方面？

习题 6.2　数据安全和应用安全由哪几部分组成？

习题 6.3　简述云计算中确保信息安全的具体方法。

第三篇　应用篇

　　通过前面 6 章的介绍，我们对云计算的基础知识和实现技术有了细致的了解。下面将从云计算的应用角度来进一步学习。本篇在第 7 章探讨国内外一些知名企业的云计算解决方案以及业界一些开源的解决方案，接着在第 8 章讨论云计算与移动互联网、物联网之间的关系，最后在第 9 章对云计算与大数据做了详细的讲解。相信通过对本篇的学习，读者对云计算的理解和认识能更上一层台阶。还等什么，赶快开始本篇的学习之旅吧！

07 第7章 云计算主流解决方案

7.1 Google 云计算技术

7.1.1 GCP

Google 拥有全球最强大的搜索引擎。除了搜索业务以外，Google 还有 Google Maps、Google Earth、Gmail、YouTube 等各种业务。这些应用的共性在于数据量巨大，而且要面向全球用户提供实时服务，因此 Google 必须解决海量数据存储和快速处理问题。Google 发展出简单而高效的技术，让多达百万台的廉价计算机协同工作，共同完成这些前所未有的任务，这些技术是在诞生几年之后才被命名为 Google 云计算技术的，如提供海量数据存储和访问能力的 Google File System，将海量信息处理简化的 MapReduce 框架，以及能够方便管理和组织大数据的 Bigtable 等。

这些技术经过多年的实践和发展，其中有些已经在行业内广泛应用，有些经过更新换代已经一改最初的模样，当然也有些不能适应时代的发展而淘汰。随着云计算逐渐走向成熟，Google 将这些技术组合在一起，运用这些从自身业务需求出发，逐步发展起来的一系列云计算技术和工具搭建起了其面向商业的云计算解决方案——Google Cloud Platform（GCP）。

GCP 主要提供涉及计算资源、存储资源、网络资源在内的一系列 IaaS、PaaS 产品，以及面向大数据和机器学习的一系列服务产品。

Google 云计算技术包括 Google 文件系统（Google File System，GFS）、分布式计算编程模型 MapReduce、分布式锁服务 Chubby 和分布式结构化数据存储系统 Bigtable 等。其中，GFS 提供了海量数据的存储和访问的能力，MapReduce 使海量信息的并行处理变得简单易行，Chubby 保证了分布式环境下并发操作的同步问题，Bigtable 使海量数据的管理和组织十分方便。本章将详细介绍这 4 种核心技术。

7.1.2 GFS

GFS 是一个大型的分布式文件系统。它为 Google 云计算提供海量存储，并且与 Chubby、MapReduce 及 Bigtable 等技术结合十分紧密，处于所有核心技术的底层。由于 GFS 并不是一个开源的系统，我们仅仅能从 Google 公布的技术文档来获得一点了解，而无法进行深入的研究。Google 官方网站公布了关于 GFS 的详尽的技术文档，从 GFS 产生的背景、特点、系统框架、性能测试等方面进行了详细的阐述。

2010 年 Google 公布了一个新版本的 GFS 并将其命名为 Colossus，确认 Colossus 为 GFS2。遗憾的是，新版本的 Colossus 仍然是 Google 的专利软件，我们无法获取其源代码进行研究。有兴趣的读者可以通过互联网获取 Google 公布的相关论文资料进行研究。

目前云计算存储采用的集群文件系统通常分为两类。一类是共享存储文件系统（Shared Disk File System），它允许多台计算机在块级别（Block Level）对磁盘进行共享访问，这一类文件系统中比较主流的有 Red Hat 的 GFS（Global File System）、IBM 的 GPFS（General Parallel File System）、Sun 的 Lustre 等。另一类则是分布式文件系统（Distributed File System），它们通常不允许对存储进行块级别的直接访问，Google File System 便属于此类。其他比较主流的这类文件系统还有 Inktank、Red Hat 和 SUSE 共同主导的 Ceph、Apache 基金会旗下的 HDFS、Red Hat 公司主导的 GlusterFS 等。由于这些系统用于高性能计算或大型数据中心，对硬件设施条件要求都较高。以 Lustre 文件系统为例，它只对元数据管理器 MDS 提供容错解决方案，而具体的数据存储节点 OST 则依赖其自身来解决容错的问题。例如，Lustre 推荐 OST 节点采用 RAID 技术或 SAN 存储区域网来容错，但由于 Lustre 自身不能提供数据存储的容错，一旦 OST 发生故障就无法恢复，因此对 OST 的稳定性提出了相当高的要求，从而大大增加了存储的成本，而且成本会随着规模的扩大线性增长。

Google GFS 的新颖之处并不在于它采用了多么令人惊讶的技术，而在于它采用廉价的商用机器构建分布式文件系统，同时将 GFS 的设计与 Google 应用的特点紧密结合，并简化其实现，使之可行，最终达到创意新颖、有用、可行的完美组合。GFS 使用廉价的商用机器构建分布式文件系统，将容错的任务交由文件系统来完成，利用软件的方法解决系统可靠性问题，这样可以使存储的成本成倍下降。由于 GFS 中服务器数目众多，在 GFS 中，服务器死机是经常发生的事情，甚至都不应将其视为异常现象，那么如何在频繁的故障中确保数据存储的安全、保证提供不间断的数据存储服务是 GFS 最核心的问题。GFS 的精彩在于它采用了多种方法，从多个角度、使用不同的容错措施来确保整个系统的可靠性。

7.1.3　并行数据处理 MapReduce

MapReduce 是 Google 提出的一个软件架构，是一种处理海量数据的并行编程模式，用于大规模数据集（通常大于 1TB）的并行运算。Map（映射）、Reduce（化简）的概念和主要思想都是从函数式编程语言和矢量编程语言借鉴来的。正是由于 MapReduce 有函数式和矢量编程语言的共性，所以这种编程模式特别适合于非结构化和结构化的海量数据的搜索、挖掘、分析与机器智能学习等。虽然 MapReduce 最初是由 Google 提出的，但从 2014 年开始，Google 不再将其作为大数据处理的首要编程模型。目前比较流行的 MapReduce 架构则是它的一个开源实现——Apache 基金会的 Apache Hadoop，这部分内容将在本章后半部分关于开源云计算方案的内容中介绍。

7.1.4　分布式锁服务 Chubby

Chubby 是 Google 设计的提供粗粒度锁服务的一个文件系统，它基于松耦合分布式系统，解决了分布的一致性问题。使用 Chubby 的锁服务，用户可以确保数据操作过程中的一致性。不过值得注意的是，这种锁只是一种建议性的锁（Advisory Lock）而不是强制性的锁（Mandatory Lock），如此选择的目的是使系统具有更大的灵活性。

GFS 使用 Chubby 来选取一个 GFS 主服务器，Bigtable 使用 Chubby 指定一个主服务器并发现、控制与其相关的子表服务器。除了最常用的锁服务之外，Chubby 还可以作为一个稳定的存储系统存储包括元数据在内的小数据。同时 Google 内部还使用 Chubby 进行名字服务（Name Server）。

7.1.5 分布式结构化数据表 Bigtable

Bigtable 是 Google 开发的基于 GFS 和 Chubby 的分布式存储系统。Google 的很多数据，包括 Web 索引、卫星图像数据等在内的海量结构化和半结构化数据，都是存储在 Bigtable 中的。从实现上来看，Bigtable 并没有什么全新的技术，但是如何选择合适的技术并将这些技术高效、巧妙地结合在一起恰恰是最大的难点。Google 的工程师通过研究及大量的实践，实现了相关技术的选择及融合。Bigtable 实际上是一种通过 Key/Value 磁盘存储方式实现的 NoSQL 数据库，在很多方面和数据库类似，但它并不是真正意义上的数据库（传统的关系型数据库）。

目前，包括 Google Analytics、Google Earth、个性化搜索、Orkut 和 RRS 阅读器在内的几十个项目都使用了 Bigtable。这些应用对 Bigtable 的要求及使用的集群机器数量都是各不相同的，但是从实际运行来看，Bigtable 完全可以满足这些不同需求的应用，而这一切都得益于其优良的构架及恰当的技术选择。与此同时，Google 还在不断地对 Bigtable 进行一系列的改进，通过技术改良和新特性的加入提高系统的运行效率及稳定性。同时 Bigtable 也作为 Google Cloud Platform 旗下的一项数据库产品 Cloud Bigtable 推出。Google 的新一代全球级分布式关系数据库管理系统 Spanner 的底层也是采用的 Bigtable。

7.2 Amazon 云计算方案

7.2.1 简介

专业 IT 企业提供的云计算多多少少会限制在自己提供的系统之上，因为 Amazon 公司不是 IT 系统制订者而是应用者，所以 Amazon 平台是开放的。它提供了弹性虚拟平台，采用 Xen 虚拟化技术作为核心，提供了包括 EC2（Elastic Compute Cloud）、S3（Simple Storage Service）、SimpleDB、SQS（Simple Queue Service）在内的企业服务，系统是开源的。发展到如今，Amazon Web Services 提供了大量基于云的全球性产品，其中包括计算、存储、数据库、分析、联网、移动产品、开发人员工具、管理工具、物联网、安全性和企业级应用程序。企业和组织可以通过购买使用这些服务降低 IT 成本并进行扩展。

7.2.2 AWS

AWS（Amazon Web Services）最初只是一组服务，它们允许通过程序访问 Amazon 的计算基础设施。Amazon 多年来一直在构建和调整这个健壮的计算平台，现在任何能够访问互联网的人都可以使用它，并且提供了满足用户各种需求的云服务产品。

通过在 Amazon 提供的可靠且经济、有效的服务上构建功能，可以实现复杂的企业应用程序。这些 Web 服务本身驻留在用户环境之外的云中，具备极高的可用性。用户可以在所有操作系统下使用 Amazon 提供的接口，手动或通过编程自动增加需要的虚拟机数量。只需根据使用的资源付费，不需要提前付费。因为硬件由 Amazon 维护和服务，所以也不需要承担维护费用。

　　AWS 目前提供了大量不同规格和功能的云计算服务，但是本小节只关注满足大多数系统的核心需求的基本服务：存储、计算、消息传递和数据集。Amazon 推出 AWS 已经超过 10 年，该服务可以为用户提供远程计算能力和存储空间，Amazon 也因此成为云计算领域的先驱。目前作为亚马逊主要业务的电商业务运营已经出现颓势，2016 年第三季度在北美地区的利润率仅为 3.6%，甚至在国际地区这一业务出现了亏损的情况，而同季度，亚马逊在 AWS 云业务上的利润率却高达 31.6%，这说明云计算还是通过了市场的检验。

　　这个虚拟的基础设施大大降低了当今 Web 环境中的"贫富差异"。用户可以在几分钟内快速获得一个基础设施，而这在真实的 IT 工作室中可能会花费几周时间。要点在于这个基础设施是弹性的，可以根据需求扩展和收缩。世界各地的公司都可以使用这个弹性的计算基础设施。

　　目前 AWS 按实际使用量付费，针对 70 多种云服务提供了即用即付的定价模式，在使用 AWS 时，只需为需要的个别服务付费，具体根据使用时间计费，且无须签订长期合同或复杂的许可协议，与支付水电费的方式类似。AWS 也有免费体验，提供为期一年的免费试用，例如，EC2 提供每月 750 小时的 Linux 和 Windows 实例使用时间，可任意选择服务组合，服务耦合度低。AWS 还提供了 PaaS、IaaS、SaaS 支持。

7.2.3　弹性计算云

　　弹性计算云（Elastic Compute Cloud，EC2）是亚马逊 AWS 云计算平台的核心组成部分。用户可以通过这项服务来租赁虚拟机（VMs）或者容器（Container）来运行所需的应用程序。由于是 IaaS 服务，用户可通过叫作 Amazon Machine Image（AMI）的虚拟设备来提供自己所需的运行环境。AMI 主要是由一个含有特定操作系统（如 Linux、Windows 等）和其他用户所需的应用程序的只读文件系统构成，它并不包含内核镜像（Kernel Image），只提供了一个指针指向默认的内核 ID。用户也可以选择由亚马逊公司和其合作商提供的其他安全内核。

　　EC2 可提供 IaaS 服务支持虚拟机的使用，用户根据需要设置虚拟机的硬件配置；提供弹性的与用户账号绑定 IP 地址，当正在使用的实例出现故障时，用户只需将弹性 IP 地址重新映射到一个新的实例即可。

　　弹性计算云在易用性上稍差，用户组建自己的程序需要 Amazon 提供模块供。当然用户也可以自行提供运行程序所需的 AMI 构建自己的服务器平台。这样的服务器平台具有很好的灵活性，如：允许用户自行配置运行的实例数量和类型；允许用户选择实例运行的地理位置。此外，还具有很好的安全性，如：可通过基于密钥对机制的 SSH 方式访问，可配置的防火墙机制，也允许用户对其应用程序进行监控。因为弹性计算云直接提供虚拟机服务，因此可以适用任意的应用程序。

7.2.4　Amazon 简单存储服务

　　Amazon 简单存储服务（Amazon Simple Storage Service，Amazon S3）是 Amazon 公司利用 Amazon 网络服务系统提供的网络线上存储服务，经由 Web 服务界面（包括 REST、SOAP、BitTorrent）提供给用户的能够轻松把档案储存到网络服务器上的服务。

　　从 2006 年 3 月开始，Amazon 公司在美国推出这项服务，2007 年 11 月扩展到欧洲地区，目前该服务已经基本覆盖全球，在国内有已投入使用的北京节点和宁夏节点。Amazon 公司为这项服务收取的费用是每个月每 10 亿字节 0.15 美元，如果需要额外的网络带宽与品质，则要另外收费。

使用亚马逊简单存储服务的用户能获得在亚马逊网站上运行自己的网站使用的系统。简单存储服务允许上载、存储和下载 5GB 大小的文件或对象。Amazon 公司并没有限制用户可存储的项目的数量。

用户数据存储在多个数据中心的冗余服务器上。简单存储服务采用一个简单的基于 Web 的界面并且使用密钥来验证用户身份。

用户可以选择保留自己的数据或公开数据。如果愿意的话，用户还可以在存储之前对数据进行加密。如果用户的数据存储在简单存储服务上，Amazon 公司就会跟踪其使用，以便进行计费，但并不以其他方式获取数据，除非法律要求这样做。

S3 架构在 Dynamo 之上，提供一个字节到数 GB 字节的支持，大概有 520 亿个对象，它采用桶-对象两级模式结构，可手动或编程自动增加桶中的对象数量进行扩充，具有冗余存储、数据监听回传等容错能力，使用身份认证（基于 HMAC-SHA1 的数字签名）和访问控制列表保证安全性，并采用负载均衡和数据恢复技术保证系统的可靠性。

7.2.5 数据库服务 SimpleDB

Amazon SimpleDB 是一个分散式数据库，属于非关系型数据库，以 Erlang 撰写。与 Amazon EC2 和 Amazon S3 一样作为一项 Web 服务，属于 Amazon 网络服务的一部分。与 EC2 和 S3 一样，SimpleDB 按存储量、在互联网上的传输量和吞吐量收取费用。

SimpleDB（与 Google 的 DataStore 类似）的主要宗旨就是读取速度快。虽然并非全部的网站都需要快速检索资料，但至少绝大部分的网站都有这样的需求，而且它们对资料检索速度的要求远远高于对资料存储的要求。Amazon 的自有网站就是一个典型的例子。人们在 Amazon 的网上浏览书籍和其他产品，一定希望很快就能打开相应的网页。此时，除了记录下浏览历史之外，基本上没有什么资料存储工作。人们可不想苦苦等待这些网页慢慢打开。又如，当用户在 Amazon 的论坛上发帖时，最后的帖子发布过程会有延迟，这段时间虽然很短，但用户还是可以发现的，尽管如此，用户还是对这个现象表现出了相当的宽容。总的来说，对绝大部分人来说，让他们满意的应该是尽可能快的阅读速度及相对来说可能慢一些的书写速度。这些就是 SimpleDB 提供的主要功能。

SimpleDB 支持域—条目—属性—值四级模式的系统结构，支持有限的 SQL，具有很强的可扩展性，查询结果只包含条目名称，不包括相应的属性值，相应时间不能超过 5s，否则报错；没有事务（Transaction）的概念，不支持 Join 操作，实际存储的数据类型单一（所有的数据都以字符串形式存储）。

尽管 Amazon 没有进行官方的公告，但从 AWS 的运营方式来看，Amazon 目前正在主推另一款与 SimpleDB 类似的产品 DynamoDB，似乎有意让后者替代前者，读者可以自行留意。

7.3 阿里云云计算方案

7.3.1 简介

经过多年的发展和实践，阿里云已经发展成为中国云计算市场的绝对领导者，为 200 多个国家和地区的企业、开发者和政府机构提供服务。截至 2016 年第三季度，阿里云客户超过 230 万，付费用户达 76.5 万。阿里云致力于以在线公共服务的方式，提供安全、可靠的计算和数据处理能力，让计算和人工智能成为普惠科技。

阿里云在全球各地部署高效节能的绿色数据中心，利用清洁计算为万物互连的新世界提供源源不断的能源动力，目前开服的区域包括中国（华北、华东、华南、香港）、新加坡、美国（美东、美西）、欧洲、中东、澳大利亚、日本等。

2017 年 1 月，阿里巴巴成为国际奥委会"云服务"及"电子商务平台服务"的官方合作伙伴，阿里云将为奥运会提供云计算和人工智能技术。

阿里云目前提供弹性计算、云数据库产品、云存储以及 CDN 等一系列云计算、大数据和人工智能服务。

7.3.2　飞天操作系统

飞天（Apsara）是由阿里云自主研发、服务全球的超大规模通用计算操作系统，诞生于 2009 年 2 月。随着阿里云业务向全球扩展，飞天目前为全球 200 多个国家和地区提供服务，它将遍布全球的百万级服务器连成一台超级计算机，以在线公共服务的方式为社会提供计算能力，以期解决人类计算的规模、效率和安全问题。它的革命性在于将云计算的 3 个方向整合起来：提供足够强大的计算能力、提供通用的计算能力、提供普惠的计算能力。飞天操作系统的组成架构如图 7-1 所示。

图 7-1　飞天操作系统的架构图

阿里云使用飞天管理其互联网规模的基础设施。最底层是遍布全球的几十个数据中心，数百个 PoP 节点。飞天管理的这些物理基础设施还在不断扩张。

飞天内核跑在每个数据中心里面，它负责统一管理数据中心内的通用服务器集群，调度集群的计算、存储资源，支撑分布式应用的部署和执行，并自动进行故障恢复和数据冗余。安全管理根植于飞天内核最底层。飞天内核提供的授权机制，能够有效实现"最小权限原则（Principle of Least Privilege）"。同时，还建立了自主可控的全栈安全体系。

内核层的上面是飞天的元服务层，即服务的服务，包括账号管理、认证授权、计量和结算等一些最基础的服务，这一层其实对应了传统操作系统中的系统调用层。在往上还有对应于传统操作系统输入输出子系统的接入层，负责数据传输、内容分发以及混合云网络接入等服务。

为了帮助开发者便捷地构建云上应用，飞天提供了丰富的连接、编排服务，将这些核心服务方便地连接和组织起来，包括通知、队列、资源编排、分布式事务管理等。

飞天有一个全球统一的账号体系。灵活的认证授权机制让云上资源可以安全灵活地在租户内或租户间共享。

经过多年实践，飞天已经建立一个完善的云产品体系，同时还能提供互联网级别的租户管理和业务支撑服务。

7.3.3　盘古分布式文件系统

在阿里云采用的飞天平台上所用的负责存储管理的便是盘古分布式文件系统了，它是负责数据存储的基石性服务，和飞天使用的分布式任务调度系统——伏羲一起承载了阿里云的一系列云服务。

在盘古的上层服务中，既有要求高吞吐量，希望 I/O 能力能随集群规模线性增长的开放存储服务，又有要求低时延的弹性计算服务。因此盘古的设计目标便是将大量通用机器的存储资源聚合在一起，为用户提供大规模、高可用、高吞吐量、低时延和具有良好扩展性的存储服务。

盘古在内部架构设计上采用管理服务器/区块服务器/客户端（Master/ChunkServer/Client）结构，如图 7-2 所示。由 Master 负责管理元数据，Master 之间则采用主备（Primary-Secondaries）模式，设置一个主节点（Primary）和多个备用节点（Secondary），基于 PAXOS 协议来保障服务的高可用性；实际的数据读写则由 ChunkServer 负责，通过冗余副本来实现数据的安全性；由 Client 对外提供类 POSIX 的专有 API，系统地提供丰富的文件形式，以满足离线场景对高吞吐量的要求，同时提供在线场景下对低延迟的要求，以及虚拟机等特殊场景下随机访问的要求。

7.3.4　伏羲分布式调度系统

伏羲是阿里云在飞天计算平台中的分布式调度系统，主要负责管理集群的机器资源和调度并发的计算任务，同时支持离线数据处理和在线服务，能够为上层分布式应用提供稳定、高效和安全的资源管理和任务调度服务。

伏羲在系统设计上采用了 Master/Slaves 的主从结构，结构之间的关系如图 7-3 所示，在系统上有一个称为"伏羲主控"（Fuxi Master）的集群控制中心，负责分配资源；集群中的每台机器会运行一个叫作"伏羲代理"（Fuxi Agent）的守护进程，它们负责管理节点上运行的任务，以及收集节点上的资源使用情况并反馈到控制中心，这些机器被称作 Tubo。Fuxi Master 和 Tubo 之间彼此有心跳通信,当用户通过 Fuxi Master 向系统提交任务时,Fuxi Master 会通过调度选择一台 Tubo 启动 App 主控(App Master)。App Master 启动后会联系 Fuxi Master 将其需求发送给 Fuxi Master 触发调度,Fuxi Master 经过资源调度并将结果返回给 App Master,App Master 与相关资源上的 Tubo 联系,启动 App 工作进程(APP Worker)。App Worker 也会上报到 App Master 准备开始执行任务。App Master 将分片后的任务发送给 App Worker 开始执行,每个分片称为实例(Instance)。App Master 和 App Worker 一起称为计算框架。伏羲系统是多任务系统,可以同时运行多个计算框架。

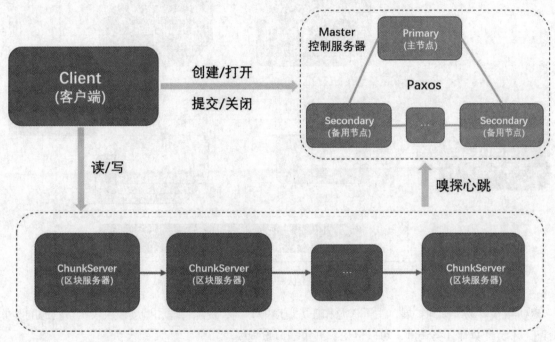

图 7-2 盘古的内部架构

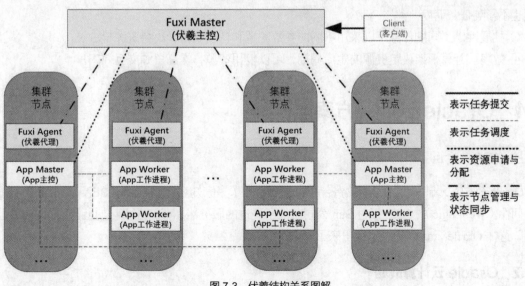

图 7-3 伏羲结构关系图解

伏羲在架构上采用资源调度和任务调度分离的两层架构,如图 7-4 所示。这样的两层架构设计将问题进行了分解，Fuxi Master 和 Tubo 解决了资源调度的问题，App Master 和 App Worker 解决了任务调度的问题，其优势有以下几点。

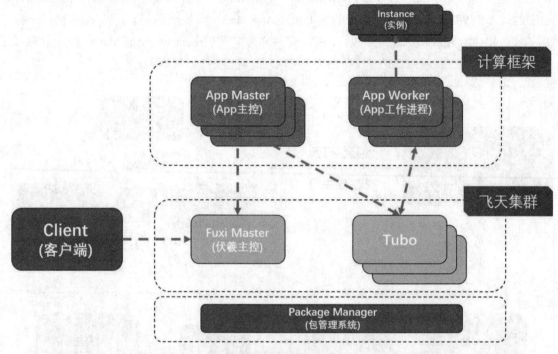

图 7-4　伏羲架构关系图

① 规模。易于横向扩展，由于资源和任务调度的分离，资源管理和调度模块仅负责资源的整体分配，不负责具体任务调度，可以轻松扩展集群节点规模。

② 容错。多个计算框架独立运行，某个任务运行失败不会影响其他任务的执行，同时资源调度失败也不影响任务调度。

③ 扩展性。不同的任务可以采用不同的参数配置和调度策略，支持资源抢占。

④ 效率。计算框架决定资源的生命周期，可以复用资源，提高资源交互效率。

7.4　Oracle 云计算方案

7.4.1　简介

Oracle 公司在云计算领域可谓煞费苦心，先后收购了多家知名企业。通过 BEA 公司获取了先进的中间件（WebLogic）技术，通过 Sun 公司获取了先进的服务器和存储技术。加上自家的 Oracle 数据库，这样 Oracle 云计算的雏形就出来了。

7.4.2　Oracle 云计算战略

Oracle 的云计算战略广泛而全面，为客户采用云计算提供选择和实用的规划。Oracle 为私有云和公有云提供企业级软/硬件产品和服务，如图 7-5 所示。

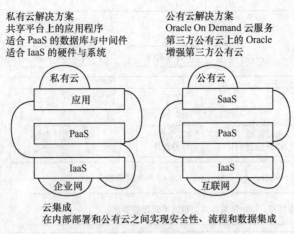

私有云解决方案
共享平台上的应用程序
适合 PaaS 的数据库与中间件
适合 IaaS 的硬件与系统

公有云解决方案
Oracle On Demand 云服务
第三方公有云上的 Oracle
增强第三方公有云

云集成
在内部部署和公有云之间实现安全性、流程和数据集成

图 7-5　Oracle 云计算战略

1.　私有云

私有云包括一系列广泛、横向和行业特定的 Oracle 应用程序，这些应用程序在基于标准的、共享的、可灵活伸缩的云平台上运行。

私有云用于私有 PaaS 的 Oracle 中间件和数据库，支持客户整合现有应用程序并且更加高效地构建新应用程序。

Oracle 的服务器、存储和网络硬件与虚拟化和操作系统软件相结合，共同用于私有 IaaS，支持客户在共享硬件上整合应用程序。

2.　公有云

Oracle 公有云服务拥有统一的自助用户界面，可以配置、监测和管理所有服务。目前，Oracle 公有云作为一项服务，能够为企业提供易于使用和管理的集成云服务，帮助企业获得现代企业所需的敏捷性、可靠性、可扩展性和安全性。

Oracle 云将其公有云服务细化为 4 个方面，分别是 IaaS、PaaS、SaaS 和 DaaS。

Oracle 云基础设施即服务（IaaS）提供一系列核心功能，其中包括弹性计算和存储、网络、裸机、迁移工具和容器等。

Oracle 云平台则旨在帮助开发人员、IT 专业人员和企业领导创建、扩展、连接、保护、共享数据和实现数据移动化，并获取应用洞察。Oracle 云平台在云中提供了与内部部署环境相同的功能来创建、扩展、连接、保护、移动化和共享数据并获取应用洞察，从而为用户提供理想的选择和访问方式。

Oracle 云 SaaS 应用基于"为企业量身定制全面、安全、数据驱动的云，使整个组织能够连接任何位置的任何人或任何事情"的原则而构建，其中涵盖了 ERP、HCM、CX 等企业所需的各项功能。

Oracle 数据即服务（DaaS）帮助企业利用数据指导更明智的业务行动。Oracle DaaS 是一个全面、统一的数据解决方案，可帮助组织获得有价值的洞察，从而改善所有业务线的营销、销售和客户智能。实际上从技术上来看，这一块应该属于软件即服务 SaaS 的范畴。

3.　云之间的集成

Oracle 支持跨公有云和私有云集成一系列的身份和访问管理产品，还支持 SOA 和流程集成及数据集成。Oracle 全面的云解决方案如图 7-6 所示。

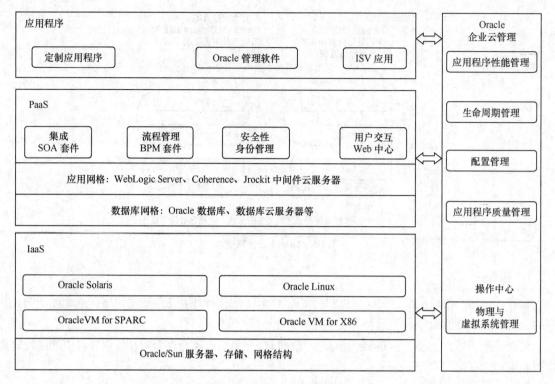

图 7-6　Oracle 云解决方案

7.4.3　Oracle PaaS

Oracle PaaS 是一种以公有或私有云服务形式提供的弹性可伸缩的共享应用程序平台。Oracle PaaS 基于其行业领先的数据库和中间件产品，可运行从任务关键型应用程序到部门应用程序（Oracle 应用程序、来自其他 ISV 的应用程序和定制应用程序）的所有负载。Oracle PaaS 让组织可以在一个共享的通用架构上整合现有应用程序，并构建利用该平台提供的共享服务的新应用程序。Oracle PaaS 平台通过跨多个应用程序的共享平台的标准化和更高利用率来节省成本。Oracle PaaS 还通过更快的应用程序开发（利用基于标准的共享服务）和按需弹性可伸缩性提供更大的敏捷性。Oracle PaaS 提供应用开发、数据管理、系统管理、业务分析到集成、内容管理等的一系列业务和 IT 需求服务。

Oracle PaaS 包括基于 Oracle 数据库和 Oracle 数据库云服务器（Exadata）的数据库即服务，以及基于 Oracle WebLogic 和 Oracle 中间件云服务器（Exalogic）的中间件即服务。Exadata 和 Exalogic 等设计系统均是软硬件预集成和优化的组合，它们以较低的总体拥有成本提供卓越的性能、效率、安全性和可管理性。Oracle Exadata 是数据库服务器，而 Oracle Exalogic 是为在中间件/应用程序层执行 Java 而优化的服务器。两者均提供突破性的性能，因而它们非常高效，适用于数百个应用程序在数据库和中间层的整合。这两种服务器横向和纵向均可弹性伸缩，并且具有完全容错能力。它们由 Oracle 而不是由客户在数据中心进行预集成和预配置，因而能够简化部署。另外，它们可减少硬件总数和环境复杂性，因而能够降低总体拥有成本。

客户当然也可以在其他硬件上运行 Oracle 数据库和 Oracle 融合中间件软件，但是 Exadata 和 Exalogic 是全面的工程化系统，并且是私有和公有 PaaS 的理想基础。

除应用程序的运行时基础外，Oracle PaaS 还包含云开发和配置云应用程序、管理云、确保云安全、跨云集成和使用云进行协作的功能。

① 云开发。编程人员可以使用熟悉的开发环境（如 JDeveloper、NetBeans 和 Eclipse）来构建新的云应用程序，业务分析人员可以使用基于 Web 的工具（如 WebCenter Page Composer、BI Composer 和 BPM Composer）来配置和扩展现有应用程序。

② 云管理。ORACLE Enterprise Manager 提供对所有技术层（从应用程序到平台再到基础架构）的管理，其管理跨越整个云生命周期，包括建立云、在云上部署应用程序、基于策略伸缩云及计量云使用以进行公有云计费或私有云付费。Enterprise Manager 还提供通用功能，用于测试云应用程序、监视云、对云打补丁及管理员为了全面管理云服务需要执行的所有其他任务。

③ 云安全性。Oracle 提供同类最佳的产品来管理云安全性的所有方面，包括用于管理用户身份的 Oracle 身份管理和用于保护信息的 Oracle 数据库安全选件。

④ 云集成。由于云中的应用程序并不总是独立的，因此经常需要跨公有云、私有云和传统非云架构进行集成。为此，Oracle 提供 Oracle SOA Suite 和 Oracle BPM Suite 用于进行流程集成，提供 Oracle Data Integration 和 GoldenGate 用于进行数据集成，并且提供 Oracle Identity and Access Management 用于进行联合用户供应和一次性登录。

⑤ 云协作。Oracle WebCenter 为用户彼此交互和协作提供了一个门户，其中包括社交网络。

7.4.4　Oracle IaaS

Oracle 提供了 IaaS 所需的完整性选择，包括弹性计算、存储、网络、逻辑、迁移工具和容器等服务。与提供部分解决方案的其他供应商不同，Oracle 提供所需的所有基础架构硬件和软件组件，以支持繁多的应用程序需求。

Oracle 针对 IaaS 提供以下产品：裸机云服务可以提供高性能、高可用性和经济高效的计算服务，同时实现与内部数据中心相当的细粒度控制、安全性和可预测的性能；Ravello 嵌套虚拟化云服务可以轻松地将 VMware 应用迁移至云中，并且无须更改现有虚拟机或网络；容器云服务可以在 Oracle 云上构建、部署、编排和管理基于 Docker 容器的应用；计算云服务提供一个可快速供应的虚拟计算环境，支持轻松迁移负载并能以可预测、一致的性能、控制力和可见性运行负载；存储云服务可满足对基于云的数据存储、共享和保护的需求；Oracle 公有云还可以直接部署在企业数据中心内。

Oracle 强健、灵活的云基础架构支持资源池化、弹性可伸缩性、快速应用程序部署和高可用性。这种架构能够提供与计算、存储和网络技术相集成的应用程序感知虚拟化和管理，这一独特能力让公有和私有 IaaS 的快速部署和高效管理成为可能。

7.5　微软云计算 Microsoft Azure 方案

7.5.1　简介

微软的云计算战略包括三大部分，目的是为自己的客户和合作伙伴提供 3 种云计算运营模式。

（1）微软运营（微软件）。微软自己构建及运营公共云的应用和服务，同时向个人消费者和企业客户提供云服务。例如，微软向最终使用者提供的 Online Services 和 Windows Live 等服务。

（2）伙伴运营（合作伙伴托管）。ISV/SI等各种合作伙伴可基于Windows Azure Platform开发ERP、CRM等各种云计算应用，并在Windows Azure Platform上为最终使用者提供服务。另外一个选择是，微软运营在自己的云计算平台中的Business Productivity Online Suite（BPOS）产品也可交由合作伙伴进行托管运营。BPOS主要包括Exchange Online、SharePoint Online、Office Communications Online和LiveMeeting Online等服务。

（3）客户自建（私有云）。客户可以选择微软的云计算解决方案构建自己的云计算平台。微软可以为用户提供包括产品、技术、平台和运维管理在内的全面支持。

图7-7列举了微软对应的三种运营模式在实际运作时所采用的一些方案。其中微软件就属于是微软运营模式，微软公司自行提供了一些基于云服务的软件服务；合作伙伴托管就是伙伴运营，合作伙伴采用微软的云计算技术开发一些云计算应用；私有云则是用户选用了微软的云计算技术自行搭建的云平台。

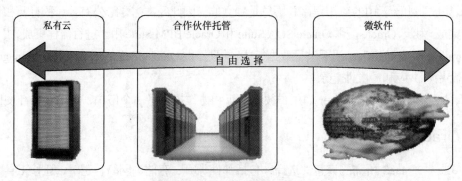

图7-7　微软云计算的3种运营模式

与其他公司的云计算战略不同，微软的云计算战略有3个典型特点，即软件+服务、平台战略和自由选择。

1. 软件+服务

在云计算时代，一个企业是否就不需要自己部署任何的IT系统，一切都从云中计算平台获取呢？或者反过来，企业还是像以前一样，全部的IT系统都由自己部署，不从云中获取任何服务呢？

很多企业认为有些IT服务适合从云中获取，如CRM、网络会议、电子邮件等；但有些系统不适合部署在云中，如自己的核心业务系统、财务系统等。因此，微软认为理想的模式将是"软件+服务"（见图7-8），即企业既可以从云中获取必需的服务，也可以自己部署相关的IT系统。

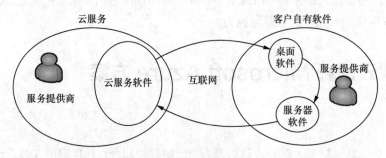

图7-8　微软的"软件+服务"战略

"软件+服务"可以简单描述为如下两种模式。

（1）软件本身架构模式是软件加服务。例如，杀毒软件本身部署在企业内部，但是杀毒软件的病毒库更新服务是通过互联网进行的，即从云中获取。

（2）企业的一些 IT 系统由自己构建，另一部分向第三方租赁，从云中获取服务。例如，企业可以直接购买软硬件产品，在企业内部自己部署 ERP 系统，而同时通过第三方云计算平台获取 CRM、电子邮件等服务，而不是自己建设相应的 CRM 和电子邮件系统。

"软件+服务"的好处在于，既充分继承了传统软件部署方式的优越性，又大量利用了云计算的新特性。

2. 平台战略

为客户提供优秀的平台一直是微软的目标。在云计算时代，平台战略也是微软的重点。

在云计算时代，有 3 个平台非常重要，即开发平台、部署平台和运营平台。Windows Azure Platform 是微软的云计算平台，其在微软的整体云计算解决方案中发挥关键作用。它既是运营平台，又是开发、部署平台；上面既可运行微软的自有应用，也可以开发部署用户或 ISV 的个性化服务；平台既可以作为 SaaS 等云服务的应用模式的基础，又可以与微软线下的系列软件产品相互整合和支撑。事实上，微软基于 Windows Azure Platform，在云计算服务和线下客户自有软件应用方面都拥有了更多样化的应用交付模式、更丰富的应用解决方案、更灵活的产品服务部署方式和商业运营模式，如图 7-9 所示。

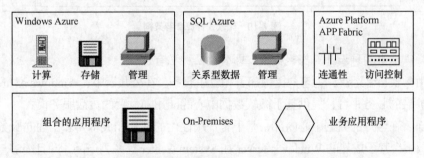

图 7-9　微软的公共云计算平台 Windows Azure Platform

3. 自由选择

为用户提供自由选择的机会是微软云计算战略的第三大典型特点。这种自由选择表现在以下 3 个方面。

（1）用户可以自由选择传统软件或云服务两种方式：自己部署 IT 软件、采用云服务或者两者都用，无论用户选择哪种方式，微软的云计算都能支持。

（2）用户可以选择微软的不同云服务。

（3）无论用户需要的是 SaaS、PaaS 还是 IaaS，微软都有丰富的服务供其选择。微软拥有全面的 SaaS 服务，包括针对消费者的 Live 服务和针对企业的 Online 服务；也提供基于 Windows Azure

Platform 的 PaaS 服务；还提供数据存储、计算等 IaaS 服务和数据中心优化服务。用户可以基于任何一种服务模型选择使用云计算的相关技术、产品和服务。

7.5.2　微软云计算参考架构

总体而言，微软云计算可以采用如图 7-10 所示的参考架构。

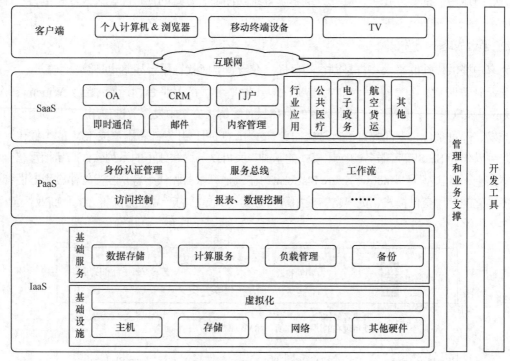

图 7-10　微软云计算参考架构

同时，微软提供两种云计算部署类型，即公共云和私有云。

公共云由微软自己运营，为客户提供部署和应用服务。在公共云中，Windows Azure Platform 是一个高度可扩展的服务平台，提供基于微软数据中心的随用随付费的灵活服务模式。

私有云部署在客户的数据中心内部，基于客户个性化的性能和成本要求、面向服务的内部应用环境。这个云平台基于成熟的 Windows Server 和 System Center 等系列产品，并且能够与现有应用程序兼容。

7.6　开源云计算解决方案

7.6.1　Proxmox VE 简述

Proxmox VE（Proxmox Virtual Environment）是一套基于 QEMU/KVM 以及 LXC 的开源服务器虚拟化管理解决方案。用户可以通过其提供的简单易用的集成化 Web 界面和命令行工具来管理虚拟机、容器、高可用集群、存储以及网络。Proxmox VE 的代码采用 GNU Affero General Public License 3 进行开源授权。

Proxmox VE 将领先的 KVM（Kernel-based Virtual Machine）管理程序和容器化虚拟管理统一到了一个平台上，同时提供存储的 HA（High Availability）支持。由于采用独特的多主控（Multi Master）设计，Proxmox VE 不用配置额外的管理服务器，既节约了资源，也解决了单点故障（SPOF）的问题。

通过集群中的一个节点，就可以管理整个集群。Proxmox VE 通过 PMXCFS（Proxmox VE Cluster File System）存储集群配置文件。PMXCFS 是数据库驱动的文件系统，能够通过 Corosync 实时在所有的节点中复制同步配置文件。也就是说，只要在 Proxmox VE 的高可用集群上更改一个节点的配置文件，就可以在整个集群上实时生效。

Proxmox VE 具有非常成熟的 Restful Web API，可以方便地与第三方管理工具集成。同时提供自带的通过 Web 实现的管理 GUI，不用额外安装单独的管理工具就可以实现整个平台的管理。也提供面向高级用户的命令行工具，带有自动补全功能和完整的 UNIX Man Page 文档。

Proxmox VE 支持大量的存储类型。不仅支持以 ZFS、XFS 和 LVM 为代表的本地存储，还提供了对 FC、iSCSI 和 NFS 等共享存储的支持，以及对 Ceph RBD、Sheepdog 和 GlusterFS 等分布式存储的支持。通过不同的存储类型，Proxmox VE 实现了各类容器和虚拟机的全备份和快照备份功能，同时支持定期备份和存储备份。还可以生成虚拟机模板，以便快速地部署虚拟机，也可以进行连接克隆和完整克隆。

7.6.2　OpenNebula 简述

OpenNebula 是一款开源的数据中心虚拟化和云端解决方案的引擎，用来在一群实体资源上动态部署虚拟机，其最大的特色在于将虚拟平台从单一实体机器到扩展到一群实体资源。

OpenNebula 是 Reservoir Project 的一项技术，属于由欧洲研究学会发起的虚拟基础设备和云端运算的一个开源计划。它支持 XEN、KVM 和 VMware 三种虚拟机技术，可实时存取 EC2，也支持镜像文件的传输、复制和创建、管理虚拟网络管理网络。OpenNebula 的主要功能包括管理虚拟网络、创建虚拟机、部署虚拟机、管理虚拟机镜像、管理运行的虚拟机等。

OpenNebula 可以用于构建私有云、公有云和混合云。由 OpenNebula 构建的私有云由一系列虚拟基础设施构成，拥有虚拟化、网络、图像和物理资源配置、管理、监督等功能的接口。公有云是私有云的一个扩展，任何公有云都是建立在一个可靠的本地云计算解决方案的基础上的。

在构架上，OpenNebula 包括 3 个部分：驱动层、核心层和工具层。驱动层直接与操作系统打交道，负责虚拟机的创建、启动和关闭，同时也为虚拟机分配存储，监控其运行状况。核心层则负责对虚拟机、存储以及虚拟网络设备等资源进行管理。工具层顾名思义提供用户交互以及程序调用接口，前者通过命令行界面/浏览器界面方式实现，后者以 API 的形式提供。

OpenNebula 使用共享存储设备（如 NFS）来提供虚拟机镜像服务，使每一个计算节点都能够访问到相同的虚拟机镜像资源。当用户需要启动或者关闭某个虚拟机时，OpenNebula 通过 SSH 登录到计算节点，在计算节点上直接运行相应的虚拟化管理命令。这种模式也称为无代理模式，由于不需要在计算节点上安装额外的软件（或者服务），所以系统的复杂度也相对降低了。

7.6.3　Hadoop 简述

Apache Hadoop 是一款用于分布式存储以及 Map/Reduce 编程模型处理大数据的开源软件框架，

能够方便地在通用商业硬件上构建计算机集群，其核心由 HDFS 存储部分和 Map/Reduce 编程模型处理部分构成，前者为海量的数据提供了存储，后者则提供了计算框架。

HDFS、Map/Reduce 以及 Hadoop 在本书后面的章节有详细介绍。

7.6.4　OpenStack 简述

OpenStack 是一个由 NASA（美国国家航空航天局）和 Rackspace 合作研发并发起的，以 Apache 许可证授权的自由软件和开放源代码云计算管理平台项目，其项目目标是提供实施简单、可大规模扩展、丰富、标准统一的云计算管理平台。根据其模块化的设计，OpenStack 由几个主要的组件组合起来完成具体工作。它支持几乎所有类型的云环境，OpenStack 通过各种互补的服务提供了基础设施即服务（IaaS）的解决方案，每个服务提供 API 以进行集成。

作为一个旨在为公共及私有云的建设与管理提供软件的开源项目，OpenStack 的社区目前拥有超过 130 家企业及 1 350 位开发者，这些机构与个人都将 OpenStack 作为基础设施即服务（IaaS）资源的通用前端，在服务商和企业内部实现类似 Amazon EC2 和 S3 的云基础架构服务。

OpenStack 包含两个主要模块：Nova 和 Swift。Nova 是 NASA 开发的虚拟服务器部署和业务计算模块；Swift 是 Rackspace 开发的分布式云存储模块，两者可以一起使用，也可以分开单独使用。

OpenStack 覆盖了网络、虚拟化、操作系统、服务器等各个方面。在每个方面均由与之相关的项目模块负责，这些项目根据它们的成熟度和重要程度的不同，被分解为核心项目、孵化项目、支持项目和相关项目。由它们各自的委员会和项目技术主管负责，孵化项目可以根据其发展成熟度和重要性转变为核心项目。目前的版本，OpenStack 有 10 个核心项目，分别负责其计算、对象存储、镜像服务、身份服务、网络、块存储、用户界面以及数据库服务等各项核心的功能，其中最主要的两个项目便是管理计算的 Nova 和负责对象存储管理的 Swift。

Nova 用于为单个用户或使用群组管理虚拟机实例的整个生命周期，根据用户的需求提供虚拟服务，它负责虚拟机的创建、开机、关机、挂起、暂停、调整、迁移、重启、销毁等一系列操作。Swift 用于在大规模的可扩展系统中通过内置冗余及高容错机制实现对象存储，从而允许进行存储和检索文件。

本 章 习 题

习题 7.1　选择一款你感兴趣的商业云计算方案，针对其中的某一部分进行调研，并书写调研报告指出其优缺点。

习题 7.2　除了本书提到的云计算解决方案外，还有哪些比较出名和流行的云计算方案？它们各自有什么特点？

第8章 云计算与移动互联网、物联网

8.1 云计算与移动互联网

8.1.1 移动互联网的发展概况

移动互联网是指以宽带 IP 为技术核心，可同时提供语音、数据、多媒体等业务服务的开放式基础电信网络。从用户行为角度来看，移动互联网广义上是指用户可以使用手机、笔记本电脑等移动终端，通过无线移动网络和 HTTP 接入互联网。狭义上是指用户使用手机终端，通过无线通信方式访问网站。总而言之，移动互联网就是将移动通信和互联网二者结合在一起，同时具有互联网和移动通信两者的特点。

在全球信息产业中，移动通信和互联网是发展最为迅速和最具增长潜力的两大领域。随着技术的演进发展，移动通信与互联网呈现融合趋势，极大地促进了移动互联网的快速发展，产生了巨大的价值空间。移动互联网的主要应用包括手机游戏、移动搜索、移动即时通信、移动电子邮件、社区网络应用、定位导航、人工智能助手等。目前，在移动互联网领域，以顺风车类服务以及共享单车为代表的共享互联网经济最为火热。云计算的提出和发展为这些移动应用提供了良好的平台。

目前，移动互联网的发展速度远远超过了固定互联网（以固定个人计算机为终端的传统互联网）。一方面是固定互联网的发展已经饱和，另一方面是由移动互联网的特点决定的。2014 年 7 月，中国互联网络信息中心（CNNIC）发布的第 34 次《中国互联网络发展状况统计报告》显示，手机上网比例首次超过传统 PC，使用率达到了 83.4%。2018 年 7 月发布的该报告显示，截至 2017 年 12 月，我国手机网民规模已达到 7.52 亿，占网民总人数的 97.5%。随着 4G 的进一步普及和移动智能终端的快速发展，手机上网的 Web 方式已经彻底取代了 2G 时代的 WAP 方式，从而保持了固定互联网到移动互联网的连续性和一致性，为用户带来更好的体验。同时这意味着，移动互联网与固定互联网的界线正在一点点地消失。

不只是终端和浏览器，移动互联网在商业模式也迅速向固定互联网靠拢。目前，移动互联网的 3 种商业模式都源自于门户模式的成功实践：一是"平台+服务"模式，定位于价值链控制力；二是"终端+应用"模式，定位于用户需求整体解决方案；三是"软件+门户"模式，定位于最佳产品服务。门户模式已成为运营商、终端厂商、信息服务提供商的战略选择。不同领域的企业均在基于自身业务体系和竞争优势构建上具有主导权的商业模式，以应对网络融合趋势给移动互联网发展带来的不确定性和竞争。

实际上，移动互联网并非独立于现有互联网之外的一种新的互联网，其产业链要素与传统互联网没有太大区别。但是移动互联网也不是简单的"移动+互联网"，由于网络接入方式的不同，原有的硬件、软件、服务、内容等的提供者将通过新的排列组合，形成新的产业发展形态。我们看到了苹果、微软、谷歌、腾讯等非传统电信行业竞争者依托在原有市场领域形成的先发优势和积累的用户资源，加紧在移动互联网领域进行渗透和战略布局，正在对运营商的传统核心地位发起有力的挑战。移动互联网的发展使运营商与许多原本看似无关的企业意外地成为竞争对手，遭遇战发生的次数将会越来越多。

从互联网商业模式的演变来看，互联网企业不断追寻用户的"足迹"，通过搜集和挖掘用户在应用过程中的行为，互联网将更为准确地理解用户，从而引导和创造客户需求，以源源不断地获得收益。由于移动终端与客户绑定，移动应用具有随身性、可鉴权、可身份识别等独特优势，可运营、可管理的用户群是移动通信业，同时也是移动互联网发展拥有的基础资源。移动互联网在向可运营、可管理的发展过程中，将不断开辟新的发展空间。这就需要通过"云"来追踪用户的足迹，分析用户的行为，从而将用户的选择反作用于服务提供者，促使服务提供更具针对性，同时也更有效率，更能激发新的市场机会。

随着移动通信带宽的增加和移动终端功能的增强，移动互联网将提供给用户更丰富的数字内容和更多样的业务种类，用户需求也呈现出商务活动、互动交流和多媒体服务等齐头并进的多元化形式。持续增长的用户数量和日趋多元的用户需求构成了移动互联网的发展基础，也对移动互联网提出了更高的要求。为此，运营商需要加快转型的步伐，将手中的用户资源优势及对终端的掌控能力尽快转化为移动互联网竞争中的筹码，加速移动通信与互联网的融合进程，借助云计算把握住移动互联网发展的主导权。

8.1.2　云计算助力移动互联网发展

1. 云计算与移动互联网概况

IT 和电信技术将加快融合的进程，云计算就是一个契机，移动互联网则是一个重要的领域。据报道，移动设备将成为不断扩展的云服务的远程控制器，以云为基础的移动连接设备无论是数量还是类型，都在快速增长。

云计算将为移动互联网的发展注入强大的动力。移动终端设备一般说来存储容量较小、计算能力不强，云计算将应用的"计算"与大规模的数据存储从终端转移到服务器端，从而降低了对移动终端设备的处理需求。这样移动终端主要承担与用户交互的功能，复杂的计算交由云端（服务器端）处理，终端不需要强大的运算能力即可响应用户操作，保证用户的良好使用体验，从而实现云计算支持下的 SaaS。

云计算降低了对网络的要求，例如，用户需要查看某个文件时，不需要将整个文件传送给用户，而只需根据需求发送用户需要查看部分的内容。由于终端不感知应用的具体实现，扩展应用变得更加容易，应用在强大的服务器端实现和部署，并以统一的方式（如通过浏览器）在终端实现与用户的交互，因此为用户扩展更多的应用形式变得更为容易。

无论是苹果公司的 iCloud、微软公司的 OneDrive 服务，还是 Google 公司的移动搜索，以云计算为基础的移动互联网应用和服务都具有信息存储的同步性和应用的一致性，进而保证了用户业务体验的无缝衔接。

尽管由于存在种种障碍，"云计算"目前尚未成为主流服务，但它已经让我们看到了移动互联网更为广阔的应用前景。

2. 移动互联网的"端""管""云"

云生态系统主要从"端""管""云"3 个层面展开。"端"是指接入终端设备，"管"是指信息传输管道，"云"是指服务提供网络。具体到移动互联网而言，"端"是指手机、MID 等移动接入终端设备，"管"是指（宽带）无线网络，"云"是指提供各种服务和应用的内容网络。

电信运营商和网络设备制造商在"管"的方面优势明显，终端制造商对"端"的掌控力度最强，IT 和互联网企业则对"云"最为熟悉。参与移动互联网的企业要想在未来的竞争中处于有利甚至是主导地位，就必须依托已有基础延伸价值链，争取贯通"端""管""云"的产业价值链条。

尽管 IT 企业率先提出了云计算这一概念并暂时处于领先位置，但是拥有庞大网络和用户资源的移动运营商正在加速追赶，先期通过模仿与合作不断推出基于云的服务，未来则力图通过技术和业务创新重新获得竞争优势。但即使移动运营商能够占据主导地位，移动互联网市场也不再是一个封闭的圈子，而是成为开放式的"大花园"。也只有如此，移动互联网才能良性发展，实现企业与用户双赢。

从用户的角度来看，复杂的技术名词难以理解，需求被满足才是最实在的东西。用户只关心应用的功能，而不关心应用的实现方式，因此，以"云"+"端"的方式向用户提供移动互联网服务既可以满足用户的随需而选，又可以实现处理器和存储设备的共享利用，对用户和应用提供商来说都是经济的。移动互联网在未来几年需要解决的主要问题就是要在不改变用户互联网业务使用习惯的前提下，保证移动终端设备毫无障碍、随时随地以较高速度接入已经发展成熟的传统互联网业务与应用。只有这样，移动互联网才能真正成熟与良性发展。因此，终端、带宽和应用就成为移动互联网发展成功的 3 个关键因素。

3. 移动互联网云计算的挑战

由于自身特性和无线网络和设备的限制，移动互联网云计算的实现给人们带来了挑战，尤其是在多媒体互联网应用和身临其境的移动环境中。例如，在线游戏和 Augmented Reality 都需要较高的处理能力和最小的网络延迟。这些都很可能将继续由强大的智能终端和本地化处理。一个给定的应用要运行在云端，宽带无线网络一般需要更长的执行时间，而且网络延迟的难题可能会让人们觉得某些应用和服务不适合通过移动云计算来完成。总体而言，较为突出的挑战如下。

（1）可靠的无线连接

移动云计算将被部署在具有多种不同的无线电访问方式的环境中，如 GPRS、LTE、WLAN 等接入技术。无论何种接入技术，移动云计算都要求无线连接具有以下特点。

① 需要一个"永远在线"的连接保证云端控制信令通道的低速率传输。

② 需要一个"按需"可扩展链路带宽的无线连接。

③ 需要考虑能源效率和成本来选择网络。

移动云计算最严峻的挑战可能是如何一直保证无线连接，以满足移动云计算在可扩展性、可用性、能源和成本效益方面的要求。因此，接入管理是移动云计算非常关键的一个方面。

（2）弹性的移动业务

对最终用户而言，怎样提供服务并不重要。移动用户需要的是云移动应用商店。但是和下载到最终用户手机上的应用程序不同，这些应用程序需要在设备上或云端启动，并根据动态变化的计算环境或使用者的喜好在终端和云之间实现迁移。用户可以使用手机浏览器接入服务。总之，由于较低的 CPU 频率、小内存和低供电的计算环境，这些应用程序有很多限制。

（3）标准化工作

尽管云计算有很多优势，包括无限的可扩展性、总成本的降低、投资的减少、用户使用风险的减少和系统的自动化，但还是没有公认的开放标准可用于云计算。不同的云计算服务提供商之间仍不能实现可移植性和互操作性，这阻碍了云计算的广泛部署和快速发展。客户不愿意以云计算平台代替目前的数据中心和 IT 资源，因为云计算平台依然存在一系列未解决的技术问题。

由于缺乏开放的标准，云计算领域存在如下问题。

① 有限的可扩展性。大多数云计算服务提供商（Cloud Computing Service Provider，CCSP）声称它们可以为客户提供无限的可扩展性，但实际上随着云计算的广泛使用和用户的快速增长，CCSP 很难满足所有用户的要求。

② 有限的可用性。其实，服务关闭的事件在云计算服务提供商中近来经常发生，包括 Amazon、Google 和微软。对一个 CCSP 服务的依赖会导致服务发生故障时遇到瓶颈障碍，因为一个 CCSP 的应用程序不能迁移到另一个 CCSP 上。

③ 服务提供者的锁定。便携性的缺失使 CCSP 之间的数据和应用程序传输变得不可能，因此，客户通常会锁定在某个 CCSP 的服务。而开放云计算联盟（Open Cloud Computing Federation，OCCF）将使整个云计算市场公平化，允许小规模竞争者进入市场，从而促进创新和活力。

④ 封闭的部署环境服务。目前，应用程序无法扩展到多个 CCSP，因为两个 CCSP 之间没有互操作性。

8.1.3 移动互联网云计算产业链分析

移动互联网是移动通信宽带化和宽带互联网移动化交互发展的产物，它从一开始就打破了以电信运营商为主导和核心的产业链结构，终端厂商、互联网巨头、软件开发商等多元化价值主体加入移动互联网产业链，使整个价值链不断裂变、细分。移动互联网的产业链构成如图 8-1 所示。价值链中的高利润区由中间（电信运营商）向两端（需求识别与产品创意、用户获取与服务）转移，产业链上各方都积极向两端发展，希望占据高利润区域。

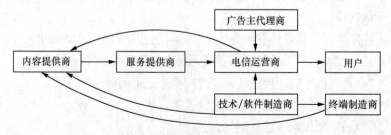

图 8-1 移动互联网的产业链构成

具体来说，内容提供商/服务提供商（CP/SP）发展迅速，但尚未具备掌控产业链的能力；互联网和 IT 巨头以手机操作系统为切入点，联合终端厂商，高调进入移动互联网产业；终端厂商通过"终端+服务"的方式强势介入并积极布局移动互联网产业链，力图掌控产业链；运营商由封闭到开放，积极维护对产业链的掌控。所以，CP/SP 虽然对产业链运营有很大的影响，但目前真正有实力对电信运营商主导地位构成威胁的却是传统互联网企业和终端厂商。运营商必须直面这样一个事实，即没有一个主体能主导移动互联网整个产业链，运营商真正要做且可以做的是扬长避短。

移动云计算的产业链主要由以下几种实体构成。

1. 云计算基础设施供应商

云计算基础设施供应商提供硬件和软件的基础设施，或应用程序和服务，如 Amazon、Google 和 Rackspace，其中后者偏重基础设施的硬件方面，而 Amazon 则兼而有之。

从供应商角度看，一般是通过提供有竞争力的定价模式，使其吸引消费者。能吸引消费者的业务通常是便宜且质量可靠，这时可以通过 hosted/SaaS/云基础的办法来部署自己的基础设施或利用他人资源来实现。

2. 云计算中的应用程序/服务供应商（第一层消费者）

第一层消费者一般指云计算基础设施供应商或/和应用服务供应商。例如，Google 就是云计算基础设施和应用程序及服务的供应商。但大多数应用程序和服务都是运行在他人提供的基础设施之上。

从第一层消费者的角度来看就是将资本支出转移到运营支出上来减少 IT 资本支出。这些客户依据设备数量寻找定价模式，同时尽量减少其昂贵的硬件和软件支出，帮助它们最大限度地降低未知风险。这增加了对供应商在网络可扩展性、可用性、多租户和安全方面的要求。

3. 云计算中的开发者（第二层消费者）

第二层消费者就是应用程序和服务的开发者。尽管基于客户端而利用云端服务的应用程序越来越多，但典型的应用程序通常在云之上运行。

尽管一些应用很难建立，但开发者还是期望开发出简单、便宜的应用服务为用户提供更加丰富的操作体验，包括地图与定位、图片与存储等。这些开发商一般通过 SaaS 提供网络应用与服务。

4. 云计算中的最终用户（第三层消费者）

第三层消费者是典型的应用程序的最终用户。他们不直接消费服务，但消费应用，从而反过来消耗云服务。这些消费者不在乎应用程序托管与否，他们只关心应用程序是否运行良好，如安全性、高可用性和良好的使用体验等。

不同角色以不同的方式推动发展云计算，但最后，云计算主要与经济效益有关，由云计算网络的第一层客户推动，应用程序和服务提供商则由最终用户和开发人员驱动。总之，这是应用/服务供应商通过多种基础设施消费其他应用/服务的网络。

移动运营商的基于云或托管方式正变得越来越重要，尤其在做新技术的最初部署时，因为它有助于减少未知的风险。从开发者的角度来看，他们越来越依赖于网络上的服务（即应用程序），甚至他们的本地/本机连接的应用程序就是 Web 服务的大用户。从整体来看，集中应用（移动网络）和服务（包括移动网络和本地应用程序）的消费将成为软件服务的消费趋势，运营商将在移动互联网云计算产业链中处于有利的位置。

8.1.4 移动互联网云计算技术的现状

云计算的发展并不局限于个人计算机，随着移动互联网的蓬勃发展，基于手机等移动终端的云计算服务已经出现。基于云计算的定义，移动互联网云计算是指通过移动网络以按需、易扩展的方式获得所需的基础设施、平台、软件（或应用）等 IT 资源或（信息）服务的交付与使用模式。

经过几年的高速发展，移动互联网云计算已经达到了相当大的规模。随着越来越多的移动运营商通过与 IT 企业的合作进入移动云计算领域，加上用户对云计算的认知程度和信任感逐步增强，移动互联网云计算将实现更加快速的发展，固定与移动融合的云计算解决方案也将获得有力的推动。

移动互联网云计算的优势如下。

1. 突破终端硬件限制

虽然一些高端智能手机的主频已经达到甚至超过了一般的台式计算机，但是由于能耗、散热等原因，和传统的个人计算机相比还是相距甚远。单纯依靠手机终端处理大量数据时，硬件就成了最大的瓶颈。而在云计算中，由于运算能力及数据的存储都是来自于移动网络中的"云"。所以，移动设备本身的运算能力就不再重要。通过云计算可以有效突破手机终端的硬件瓶颈。

2. 便捷的数据存取

由于云计算技术中的数据是存储在"云"上的，一方面为用户提供了较大的数据存储空间；另一方面为用户提供便捷的存取机制，对云端的数据访问完全可以达到本地访问速度，也方便了不同用户之间的数据分享。

3. 智能均衡负载

针对负载变化较大的应用，采用云计算可以弹性地为用户提供资源，有效利用多个应用之间周期的变化，智能均衡应用负载可提高资源利用率，从而保证每个应用的服务质量。

4. 降低管理成本

当需要管理的资源越来越多时，管理的成本也会越来越高。通过云计算来标准化和自动化管理流程，可简化管理任务，降低管理的成本。

5. 按需服务，降低成本

在互联网业务中，不同客户的需求是不同的，通过个性化和定制化服务可以满足不同用户的需求，但是往往会造成服务负载过大。而通过云计算技术可以共享各个服务之间的资源，从而有效降低服务的成本。

目前主要有电信运营商和服务提供商在提供移动互联网云计算服务。

表 8-1 为电信运营商提供的移动互联网云计算服务，可以看到，在移动云计算发展的初期，运营商基于虚拟化及分布式计算等技术，提供 CaaS、云存储、在线备份等 IaaS 服务。

表 8-1　电信运营商提供的移动云计算服务

厂　　　家	CaaS	云　存　储	在线备份	移动式服务
AT&T	√	√	—	
Verizon	√	√	√	
Vodafone			√	√
O2			√	

厂　　家	CaaS	云 存 储	在线备份	移动式服务
NTT				√
中国移动	√	√		
中国电信	√		√	√
中国联通	√	√		

表 8-2 为服务提供商目前提供的移动互联网云计算服务，大部分都针对自己的终端研发了在线同步功能，实现"云+端"的互连互通。

表 8-2　服务提供商提供的移动云计算服务

厂　　家	服 务 名 称	服 务 内 容
微软	OneDrive、Office 365	在线同步存储、在线办公套件
Google	Android、Google Drive	手机操作系统、在线同步存储
苹果	iCloud	在线同步存储
百度	百度网盘	个人在线存储

8.2　云计算与物联网

2005 年，国际电信联盟（ITU）首次提出"物联网"（Internet of Things）的概念，到现在物联网已经取得了一定范围内的成功，它的出现已经或者即将极大地改变我们的生活。

物联网与云计算是近年来兴起的两个不同的概念。它们互不隶属，但它们之间却有着千丝万缕的联系。

物联网与云计算都是基于互联网的，可以说互联网就是它们相互连接的纽带。人类是从对信息积累搜索的互联网方式逐步向对信息智能判断的物联网方式前进，而且这样的信息智能是结合不同的信息载体进行的。互联网教会人们怎么看信息，物联网则教会人们怎么用信息，更具智慧性是物联网的特点。由于把信息的载体扩充到"物"，因此，物联网必然是一个大规模的信息计算系统。

物联网就是互联网通过传感网络向物理世界的延伸，它的最终目标就是对物理世界进行智能化管理。物联网的这一使命也决定了它必然要由一个大规模的计算平台作为支撑。

同时，从结构上，物联网和云计算在很多方面有对等的可比性。例如，云计算有 SPI（即 SaaS、PaaS、IaaS）的三层划分，物联网也有 DCM（即感知层、传输层、应用层）的三层划分。美国国家标准技术研究院（NIST）把云计算的部署模式分为公有云、私有云、社区云和混合云，物联网的存在方式分为内网、专网和外网；也可和云计算一样，把物联网的部署模式分为公有物联网（Public IoT）、私有物联网（Private IoT）、社区物联网（Community IoT）和混合物联网（Hybrid IoT）。

由于云计算从本质上来说就是一个用于海量数据处理的计算平台，因此，云计算技术是物联网涵盖的技术范畴之一。随着物联网的发展，未来物联网将势必产生海量数据，而传统的硬件架构服务器将很难满足数据管理和处理的要求。如果将云计算运用到物联网的传输层与应用层，采用云计算的物联网将会在很大程度上提高运行效率。本节简要介绍物联网，并关注物联网与云计算的关系、基于云计算的物联网环境及云计算在典型物联网应用行业应用中的作用。

8.2.1 物联网概述

1. 物联网的概念

物联网是指无处不在的末端设备和设施，包括具有"内在智能"的设备，如传感器、移动终端、工业系统、楼控系统、家庭智能设施、视频监控系统等，以及具有"外在使能"的物品，如贴上RFID的各种资产、携带无线终端的个人或车辆等"智能化物件或动物"、通过各种无线和/或有线的长距离和/或短距离通信网络实现互连互通（M2M）、应用大集成（Grand Integration）。物联网可以基于云计算的SaaS等营运模式，在内网（Intranet）、专网（Extranet/VPN）或互联网环境下，采用适当的信息安全保障机制，提供安全可控（隐私保护）乃至个性化的实时在线监测、定位追踪、报警联动、调度指挥、预案管理、进程控制、远程维护、在线升级、统计报表、决策支持、领导桌面（Dashboard）等管理和服务功能，实现对"万物"的"高效、节能、安全、环保"的"管、控、营"一体化服务。

由此概念可以看出，物联网的核心和基础仍然是互联网，是对互联网的延伸和扩展；其用户端延伸和扩展到了任何物品与物品之间进行的信息交换和通信。

物联网概念的问世，打破了之前的传统思维。过去的思路一直是将物理基础设施和IT基础设施分开，一方面是机场、公路、建筑物等；另一方面是数据中心、个人计算机、宽带等。而在物联网时代，钢筋混凝土、电缆将与芯片、宽带整合为统一的基础设施，在此意义上，基础设施更像是一块新的地球。

2. 物联网的网络架构

物联网的网络架构由感知层、网络层和应用层组成，如图8-2所示。

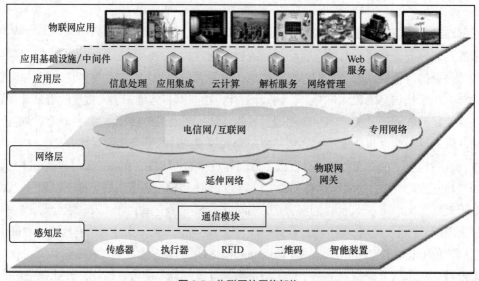

图8-2　物联网的网络架构

（1）感知层实现对物理世界的智能感知识别、信息采集处理和自动控制，并通过通信模块将物理实体连接到网络层和应用层。

（2）网络层主要实现信息的传递、路由和控制，包括延伸网、接入网和核心网，网络层可依托公众电信网和互联网，也可以依托行业专用通信网络。

（3）应用层包括应用基础设施/中间件和各种物联网应用。应用基础设施/中间件为物联网应用提供信息处理、计算等通用基础服务设施、能力及资源调用接口，以此为基础实现物联网在众多领域的各种应用。

3. 物联网的技术体系

物联网涉及感知、控制、网络通信、微电子、计算机、软件、嵌入式系统、微机电等技术领域，因此，物联网涵盖的关键技术也非常多，为了系统分析物联网的技术体系，本书将物联网技术体系划分为感知关键技术、网络通信关键技术、应用关键技术、支撑技术和共性技术，如图 8-3 所示。

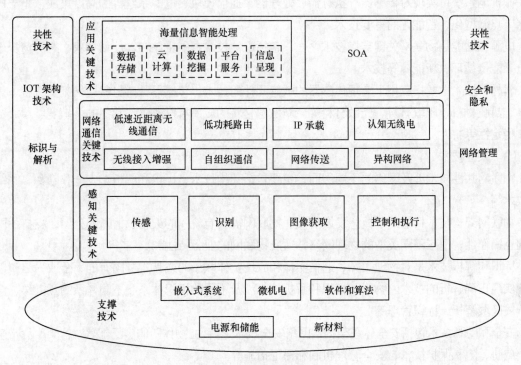

图 8-3　物联网技术体系

（1）感知、网络通信和应用关键技术

感知关键技术是物联网感知物理世界、获取信息和实现物体控制的首要环节。传感器将物理世界中的物理量、化学量、生物量转化成可供处理的数字信号。识别技术用于获取物联网中物体的标识和位置信息。

网络通信关键技术主要实现物联网数据信息和控制信息的双向传递、路由和控制，重点包括低速近距离无线通信技术、低功耗路由、自组织通信、无线接入通信增强、IP 承载技术、网络传送技术、异构网络融合接入技术及认知无线电技术。

海量信息智能处理综合运用高性能计算、人工智能、数据库和模糊计算等技术，对收集的感知数据进行通用处理，重点涉及数据存储、并行计算、数据挖掘、平台服务、信息呈现等。

面向服务的体系架构（Service Oriented Architecture，SOA）是一种松耦合的软件组件技术，它将应用程序的不同功能模块化，并通过标准化的接口和调用方式联系起来，实现快速可重用的系统开发和部署。SOA 可提高物联网架构的扩展性，提升应用开发效率，充分整合和复用信息资源。

（2）支撑技术

物联网支撑技术包括嵌入式系统、微机电系统（Micro Electro Mechanical Systems，MEMS）、软件和算法、电源和储能、新材料技术等。

嵌入式系统是满足物联网对设备功能、可靠性、成本、体积、功耗等的综合要求，可以按照不同应用定制裁剪的嵌入式计算机技术，是实现物体智能的重要基础。软件和算法是实现物联网功能、决定物联网行为的主要技术，重点包括各种物联网计算系统的感知信息处理、交互与优化、软件与算法、物联网计算系统体系结构与软件平台研发等。

微机电系统可实现对传感器、执行器、处理器、通信模块、电源系统等的高度集成，是支撑传感器节点微型化、智能化的重要技术。

电源和储能是物联网关键支撑技术之一，包括电池技术、能量储存、能量捕获、恶劣情况下的发电、能量循环、新能源等技术。

新材料技术主要指应用于实现传感器的敏感元件的技术。传感器敏感材料包括湿敏材料、气敏材料、热敏材料、压敏材料、光敏材料等。新敏感材料的应用可以改善传感器的灵敏度、尺寸、精度、稳定性等特性。

（3）共性技术

物联网共性技术涉及网络的不同层面，主要包括架构技术、标识和解析、安全和隐私、网络管理技术等。

物联网架构技术目前处于概念发展阶段。物联网需具有统一的架构、清晰的分层，支持不同系统的互操作性，适应不同类型的物理网络，适应物联网的业务特性。

标识和解析技术是对物理实体、通信实体和应用实体赋予的或其本身固有的一个或一组属性，并能实现正确解析的技术。物联网标识和解析技术涉及不同的标识体系、不同体系的互操作、全球解析或区域解析、标识管理等。

安全和隐私技术包括安全体系架构、网络安全技术、"智能物体"的广泛部署对社会生活带来的安全威胁、隐私保护技术、安全管理机制和保证措施等。

网络管理技术的重点包括管理需求、管理模型、管理功能、管理协议等。为实现对物联网广泛部署的"智能物体"的管理，需要进行网络功能和适用性分析，开发适合的管理协议。

4. 标准化

物联网标准是国际物联网技术竞争的制高点。由于物联网涉及不同的专业技术领域和不同的行业应用部门，物联网的标准既要涵盖面向不同应用的基础公共技术，也要涵盖满足行业特定需求的技术标准；既包括国家标准，也包括行业标准。

物联网标准体系相对庞杂，从物联网总体、感知层、网络层、应用层、共性关键技术标准体系等 5 个层次可初步构建标准体系。物联网标准体系涵盖架构标准、应用需求标准、通信协议、标识标准、安全标准、应用标准、数据标准、信息处理标准、公共服务平台类标准，每类标准还可能会涉及技术标准、协议标准、接口标准、设备标准、测试标准、互通标准等方面。

（1）物联网总体性标准包括物联网导则、物联网总体架构、物联网业务需求等。

（2）感知层标准体系主要涉及传感器等各类信息获取设备的电气和数据接口、感知数据模型、描述语言和数据结构的通用技术标准、RFID 标签和读写器接口与协议标准、特定行业和应用相关的感知层技术标准等。

（3）网络层标准体系主要涉及物联网网关、短距离无线通信、自组织网络、简化 IPv6 协议、低功耗路由、增强的机器对机器（Machine to Machine，M2M）无线接入和核心网标准、M2M 模组与平台、网络资源虚拟化标准、异构融合的网络标准等。

（4）应用层标准体系包括应用层架构、信息智能处理技术及行业、公众应用类标准。应用层架构重点面向对象的服务架构，包括 SOA 体系架构、面向上层业务应用的流程管理、业务流程之间的通信协议、元数据标准及 SOA 安全架构标准。信息智能处理类技术标准包括云计算、数据存储、数据挖掘、海量智能信息处理和呈现等。云计算技术标准重点包括开放云计算接口、云计算开放式虚拟化架构（资源管理与控制）、云计算互操作、云计算安全架构等。

（5）共性关键技术标准体系包括标识和解析、服务质量（Quality of Service，QoS）、安全、网络管理技术标准。标识和解析标准体系包括编码、解析、认证、加密、隐私保护、管理，以及多标识互通标准。安全标准重点包括安全体系架构、安全协议、支持多种网络融合的认证和加密技术、用户和应用隐私保护、虚拟化和匿名化、面向服务的自适应安全技术标准等。

8.2.2 物联网与云计算的关系

如果把物联网当成一台主机的话，云计算就是它的 CPU。云计算和物联网结合的方式有如下 3 种。

1. 单中心、多终端

单中心、多终端方式的云中心大部分由私有云构成，可提供统一的界面，具备海量存储能力与分级管理功能，如图 8-4 所示。

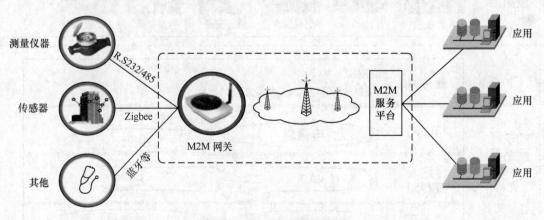

图 8-4　单中心、多终端方式

2. 多中心、大量终端

多中心、大量终端方式的云中心由公有云和私有云构成，两者可以实现互连，如图 8-5 所示。

3. 信息应用分层处理、海量终端

信息应用分层处理、海量终端方式的云中心同样由公有云和私有云构成，它的特点是用户的范围广、信息及数据种类多、安全性能高，如图 8-6 所示。

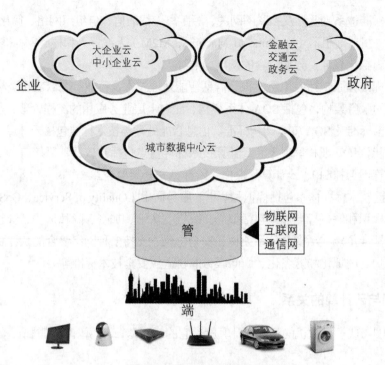

图 8-5　多中心、大量终端方式

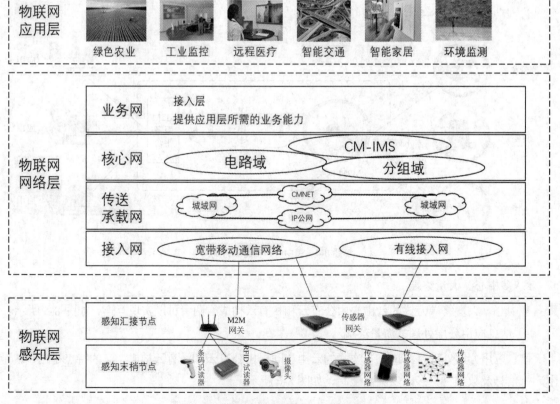

图 8-6　信息应用分层处理、海量终端方式

8.2.3　云计算在典型物联网行业中的应用

1．智能电网云

随着智能电网技术的发展和全国性互连电网的形成，未来电力系统中的数据和信息将变得更加复杂，数据和信息量将呈几何级数增长，各类信息间的关联度也将更加紧密。同时，电力系统在线动态分析和控制要求的计算能力也将大幅提高，当前电力系统的计算能力已难以适应新应用的需求。日益增长的数据量对电网公司信息系统的数据处理能力提出了新的要求。在这种情况下，电网企业已经不可能采用传统的投资方式，靠更换大量的计算设备和存储设备来解决问题，而是必须采用新技术，充分挖掘出现有电力系统硬件设施的潜力，提高其适用性和利用率。

基于上述构想，可以将云计算引入电力系统，构建面向智能电网的云计算体系，形成电力系统的私有云——智能电网云。智能电网云充分利用电力系统自身的物理网络，整合现有的计算能力和存储资源，以满足日益增长的数据处理能力、电网实时控制和高级分析应用的计算需求。智能电网云以透明的方式向用户和电力系统应用提供各种服务，它是对虚拟化的计算和存储资源池进行动态部署、动态分配/重分配、实时监控的云计算系统，从而向用户或电力系统应用提供满足 QoS 要求的计算服务、数据存储服务及平台服务。

智能电网云计算环境可以分为 3 个基本层次，即物理资源层、平台层和应用层。物理资源层包括各种计算资源和存储资源，整个物理资源层也可以作为一种服务向用户提供，即 IaaS。IaaS 向用户提供的不仅包括虚拟化的计算资源、存储，还要保证用户访问时的网络带宽等。

平台层是智能电网云计算环境中最关键的一层。作为连接上层应用和下层资源的纽带，其功能是屏蔽物理资源层中各种分布资源的异质特性并对它们进行有效管理，以向应用层提供一致、透明的接口。

作为整个智能电网云计算系统的核心层，平台层主要包括智能电网高级应用和实时控制程序设计及开发环境、海量数据的存储管理系统、海量数据的文件系统及实现智能电网云计算的其他系统管理工具，如智能电网云计算系统中资源的部署、分配、监控管理、安全管理、分布式并发控制等。平台层主要为应用程序开发者设计，开发者不用担心应用运行时需要的资源，平台层提供应用程序运行及维护需要的一切平台资源。平台层体现了平台即服务，即 PaaS。

应用层是用户需求的具体体现，是通过各种工具和环境开发的特定智能电网应用系统。它是面向用户提供的软件应用服务及用户交互接口等，即 SaaS。

在智能电网云计算环境中，资源负载在不同时间的差别可能很大，而智能电网应用服务数量的巨大导致出现故障的概率也随之增长，资源状态总是处于不断变化中。此外，由于资源的所有权也是分散的，各级电网都拥有一定的计算资源和存储资源，不同的资源提供者可以按各自的需要对资源施加不同的约束，从而导致整个环境很难采用统一的管理策略。因此，若采用集中式的体系结构，即在整个智能电网云环境中只设置一个资源管理系统，那么很容易造成瓶颈并导致单故障点，从而使整个环境在可伸缩性、可靠性和灵活性方面都存在一定的问题，这并不适合大规模的智能电网云计算环境。

解决此问题的思路是引入分布式的资源管理体系结构，采用域模型。采用该模型后，整个智能电网云计算环境分为两级：第一级是若干逻辑上的单元，我们称其为管理域，它是由某级电网拥有的若干资源，如高性能计算机、海量数据库等构成的一个自治系统，每个管理域拥有自己的本地资源管理系统，负责管理本域内的各种资源；第二级则是这些管理域相互连接而构成的整个智能电网云计算环境。

管理域代表了集中式资源管理的最大范围和分布式资源管理的基本单位，体现了两种机制的良好融合。每个域范围内的本地资源管理系统集中组织和管理该域内的资源信息，保证在域内的系统行为和管理策略是一致的。多个管理域通过相互协作以服务的形式提供可供整个智能电网云计算环境中的资源使用者访问的全局资源，每个域的内部结构对资源使用者而言则是透明的。引入管理域后的智能电网云组成如图 8-7 所示。

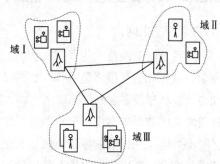

图 8-7 基于资源管理域的智能电网云组成

云计算是分布式计算、并行处理和网格计算的进一步发展，是基于互联网的计算，是能够向各种网络应用提供硬件服务、基础架构服务、平台服务、软件服务、存储服务的系统。智能电网将先进的网络通信技术、信息处理技术和现代电网技术进行了融合，代表了未来电力工业发展的趋势。因此，将云计算技术引入智能电网领域，充分挖掘现有电力系统计算能力和存储设施，以提高其适用性和利用率，无疑具有极其重要的研究价值和意义。

尽管智能电网云概念的提出较好地利用了电力系统现有的硬件资源，但在解决资源调度、可靠性及域间交互等方面的问题时，仍面临许多挑战。对这些问题进行广泛而深入的研究，无疑会对智能电网云计算技术的发展产生深远的影响。

2. 智能交通云

交通信息服务是智能交通系统（Intelligent Transportation System，ITS）建设的重点内容，目前，我国省会级城市交通信息服务系统的基础建设已初步形成，但普遍面临着整合利用交通信息来服务于交通管理和出行者的问题。如何对海量的交通信息进行处理、分析、挖掘和利用，将是未来交通信息服务的关键问题，而云计算技术以其自动化 IT 资源调度、快速部署及优异的扩展性等优势，将成为解决这一问题的重要技术手段。

（1）国内外智能交通的发展状况

近年来，随着我国城市化进程的加快和社会经济的快速发展，各类机动车的保有量急剧增多，传统的依靠加大基础设施投入的方法已经不能解决人们日益增长的交通出行需求，以深圳市为例，至 2016 年年底，机动车的保有量就已突破 340 万辆，每月新增机动车约 4 万辆。城市交通面临运输效率低、安全形势突出、能源消耗高、环境污染严重等问题，各类道路交通出行的需求已经接近现有设施通行能力的极限，交通运输问题成为制约我国国民经济发展的重要因素，智能交通是改善和提高交通运输系统这一现状的重要手段。2002 年，科技部正式确定 10 个城市为首批全国智能交通系统应用示范工程试点城市，包括北京、广州、中山、深圳、上海、天津、重庆、济南、青岛、杭州，其中，北京、上海、广州分别结合奥运会、世博和亚运会等大型赛事活动进行了智能系统的建设，取得显著成效。

日本是世界上率先展开 ITS 研究的国家之一，1973 年，日本通产省开始开发汽车综合控制系统（Comprehensive Automobile Control System，CASC），目前日本 ITS 研究与应用开发工作主要围绕 3 个方面进行，即提供实时道路交通信息的汽车信息和通信系统（Vehicle Information Communication System，VICS）、电子不停车收费系统（Electronic Toll Collection，ETC）和先进的公路系统（Advanced

Highway System，AHS）。新加坡在 ITS 的发展方面已经走到了世界的前列，其智能交通信号控制系统实现了自适应和整体协调。韩国的智能公交调度及信息服务系统 TAGO，让首尔市的交通井然有序。首尔市的智能交通在交通管理、交通监测和公共交通等领域都得到了充分的应用和发展，交通服务水平属于亚洲高水平。

（2）交通数据的特点

交通数据有以下特点。

① 数据量大。交通服务要提供全面的路况，需组成多维、立体的交通综合监测网络，实现对城市道路交通状况、交通流信息、交通违法行为等的全面监测，特别是在交通高峰期需要采集、处理及分析大量的实时监测数据。

② 应用负载波动大。随着城市机动车水平的不断提高，城市道路交通状况日趋复杂，交通流特性呈现随时间变化大、区域关联性强的特点，需要根据实时的交通流数据及时、全面地采集、处理和分析。

③ 信息实时处理要求高。市民对公众出行服务的主要需求之一就是对交通信息发布的时效性要求高，需将准确的信息及时提供给不同需求的主体。

④ 有数据共享需求。交通行业信息资源的全面整合与共享是智能交通系统高效运行的基本前提，智能交通相关子系统的信息处理、决策分析和信息服务是建立在全面、准确、及时的信息资源基础之上的。

⑤ 有高可用性、高稳定性要求。交通数据需面向政府、社会和公众提供交通服务，为出行者提供安全、畅通、高品质的行程服务，充分利用智能交通手段，以保障交通运输的高安全、高时效和高准确性，这势必要求 ITS 应用系统具有高可用性和高稳定性。

如果交通数据系统采用烟筒式系统建设方式，将产生建设成本较高、建设周期较长、IT 管理效率较低、管理人员工作量繁重等问题。随着 ITS 应用的发展，服务器规模日益庞大，将带来高能耗、数据中心空间紧张、服务器利用率低或者利用率不均衡等状况，造成资源浪费，还会造成 IT 基础架构对业务需求反应不够灵敏，不能有效调配系统资源适应业务需求等问题。

云计算通过虚拟化等技术，整合服务器、存储、网络等硬件资源，优化系统资源配置比例，实现应用的灵活性，同时提升资源利用率，降低总能耗，降低运维成本。因此，在智能交通系统中引入云计算有助于系统实施（见图 8-8）。

（3）智能交通的数据中心云计算化（私有云）

交通云专网中的智能交通数据中心的主要任务是为智能交通各个业务系统提供数据接收、存储、处理、交换、分析等服务，不同的业务系统随着交通数据流的压力而使应用负载波动大，智能交通数据交换平台中的各子系统也会有相应的波动，为了提高智能交通数据中心硬件资源的利用率，并保障系统的高可用性及稳定性，可在智能交通数据中心采用私有基础设施云平台。交通私有云平台主要提供以下服务。

① 基础架构虚拟化，提供服务器、存储设备虚拟化服务。

② 虚拟架构查看及监控，查看虚拟资源使用状况及远程控制（如远程启动、远程关闭等）。

③ 统计和计量。

④ 服务品质协议（Service Level Agreement，SLA）服务，如可靠性、负载均衡、弹性扩容、数据备份等。

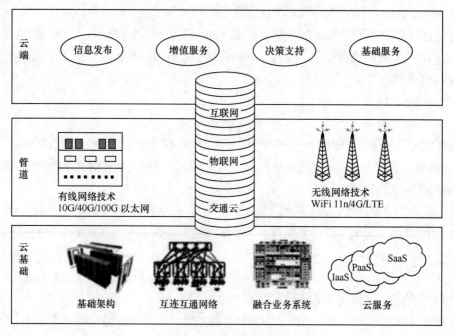

图 8-8　云计算与物联网

（4）智能交通的公共信息服务平台、地理信息系统云计算化（公共云）

在智能交通业务系统中，有一部分互动信息系统、公众发布系统及交通地理信息系统运行在互联网上，以公众出行信息需求为中心，整合各类位置及交通信息资源和服务，形成统一的交通信息来源，为公众提供多种形式、便捷、实时的出行信息服务。该系统还为企业提供相关的服务接口，补充公众之间及公众与企业、交通相关部门、政府的互动方式，以更好地服务于大众用户。

公众出行信息系统主要提供常规信息、基础信息、出行信息等的动态查询服务及智能出行分析服务。该服务不但要直接为大众用户所使用，也为运营企业提供服务。

基于交通的地理信息系统（GIS-T）也可以作为主要服务通过公共云平台，向广大市民提供交通常用信息、地理基础信息、出行地理信息导航等的智能导航服务。该服务直接为大众市民所用，也同时为交通运营企业对针对 GIS-T 的二次开发提供丰富的接口调用服务。

所有在互联网上的应用都属于公共云平台，智能交通把信息查询服务及智能分析服务作为一个平台服务提供给其他用户使用，不但可以标准化服务访问接口，也可以随负载压力动态调整 IT 资源，提高资源的利用率和保障系统的高可用性及稳定性。交通公共云平台主要提供以下服务。

① 提供基于平台的 PaaS 服务。

② 资源服务部署，申请、分配、动态调整、释放资源。

③ SLA 服务，如可靠性、负载均衡、弹性扩容、数据备份等。

④ 其他软件应用服务（SaaS），如地理信息服务、信息发布服务、互动信息服务、出行诱导服务等。

（5）关于智能交通云的争议

有专家认为，数据安全是全球对云计算最大的质疑，例如，智能交通领域的城市轨道交通，传统安防服务的主体是地铁运营和地铁安防，其监控覆盖范围是地铁运营涵盖的有限站点和区域，录像资料保密性和安全性要求高，且不接入公共网络，其服务对象是地铁运营人员和公安。同时，由于其安全级别要求更高，如信号系统对安防系统有特殊要求，使安防系统在设计时就必须特别考虑。系统即使扩容，也受制于地铁站点的数量，不会无限制地扩容。对这种相对封闭的系统来说，"云计算"显然没有太多的价值。

这些专家还认为其他如城市治安监控、金融、高速公路等传统的安防行业，由于整个系统的建设和设计初衷会考虑到保障整体系统的可控性、稳定性及系统间的联动、封闭的反馈环自动化控制等要求，注定会融入一个相对封闭的大系统而非"云"系统，因此也不适合采用"云计算"的模式。

总之，对于智能交通，无可否认的是云计算会在其中扮演重要的角色，但如何扮演，是第一主角还是重要配角，这些都是值得探讨和研究的问题。

3. 医疗健康云

云计算在医疗健康领域的应用也被寄予厚望，产生了"医疗健康云"的概念。医疗健康云是在云计算、物联网、无线通信及多媒体等新技术基础上，结合医疗技术，旨在提高医疗水平和效率、降低医疗开支、实现医疗资源共享、扩大医疗范围，以满足广大人民群众日益提升的健康需求的一项全新的医疗服务。云医疗目前也是国内外云计算落地行业应用中最为热门的领域之一。

（1）医疗健康云的优势

① 数据安全。利用云医疗健康信息平台中心的网络安全措施，断绝了数据被盗走的风险；利用存储安全措施，使医疗信息数据定期进行本地及异地备份，提高了数据的冗余度，使数据的安全性大幅提升。

② 信息共享。将多个省市的信息整合到一个环境中，有利于各个部门的信息共享，提升服务质量。

③ 动态扩展。利用云医疗中心的云环境，可对云医疗系统的访问性能、存储性能、灾备性能等进行无缝扩展升级。

④ 布局全国。借助云医疗的远程可操控性，可形成覆盖全国的云医疗健康信息平台，医疗信息在整个云内共享，惠及更多的群众。

⑤ 前期费用较低。因为几乎不需要在医疗机构内部部署技术（即"可负担"）。

（2）医疗健康云需要考虑的问题

将云计算用于医疗机构时，必须考虑以下问题。

① 系统必须能够适应各部门的需要和组织的规模。

② 架构必须鼓励以更开放的方式共享信息和数据源。

③ 因为资本预算紧张，所以任何技术更新都不能给原本就不堪重负的预算环境带来过大的负担。

④ 随着更多的病人进入系统，更多的数据变得数字化，可扩展性必不可少。

⑤ 由于医生和病人将得益于远程访问系统和数据的功能，可移植性不可或缺。

⑥ 安全和数据保护至关重要。

纵观所有医疗信息技术，采用云计算面临的最大阻力也许来自对病人信息的安全和隐私方面的担心。医疗行业在数据隐私方面有一些具体的要求，已成为《健康保险可携性及责任性法案》（HIPAA）的隐私条例，政府通过这些条例为个人健康信息提供保护。

同样，许多医疗信息技术系统处理的是生死攸关的流程和规程（如急诊室筛查决策支持系统或药物相互作用数据库）。面向医疗行业的云计算必须拥有最高级别的可用性，并提供万无一失的安全性，这样才能得到医疗市场的认可。

因此，一般的 IT 云计算环境可能不适合许多医疗应用。随着私有云计算的概念流行起来，医疗行业必须更进一步：建立专门满足医疗行业安全性和可用性要求的医疗云环境。

目前可以观察到两类医疗健康云，一类是面向医疗服务提供者的，如 IBM 和 Active Health 合作的 Collaborative Care，可以称为医疗云；另一类是面向患者的，如 Google Health、Microsoft HealthVault 及美国政府面向退伍军人提供的 Blue Button，暂且称其为健康云。

除了将现有的 IT 服务搬到云上外，将来更大的机会在于方便了医疗机构之间、医疗机构和患者之间的信息分享和服务的互操作，以及在此基础上开放给第三方的新业务。对于像过渡期护理（Transitional Care）、慢性病预防与管理、临床科研等涉及多家医疗医药机构的合作、患者积极参与的情形，在医疗健康云上进行将如虎添翼。

本 章 习 题

习题 8.1　你认为结合云计算，移动互联网未来可以朝着什么方向发展？其前景怎样？

习题 8.2　云计算和物联网还可以怎样进行融合？说出你的想法。

第9章 云计算与大数据

9.1 概述

大数据（Big Data），或称海量数据，是指涉及的资料量规模巨大到无法透过目前主流软件工具，在合理时间内达到撷取、管理、处理并整理成为帮助用户经营决策更积极目的的信息。

我国的"十三五"规划提出实施国家大数据战略，推进数据资源开放共享，在"十三五"期间，大数据领域必将迎来建设高峰和投资良机。

从技术上看，大数据与云计算的关系就像一枚硬币的正反面一样密不可分。大数据必然无法用单台的计算机进行处理，必须采用分布式计算架构并行处理，才能完成其巨大的工作量。它的特色在于对海量数据的挖掘，但它必须依托云计算的分布式处理、分布式数据库、云存储和虚拟化技术。

9.1.1 大数据的概念

2009 年，"大数据"概念逐渐开始在社会上传播。而"大数据"概念真正变得火爆，是因为美国政府在 2012 年高调宣布了其"大数据研究和开发计划"。"数据"（Data）这个词在拉丁文里是"已知"的意思，也可以理解为"事实"。这标志着"大数据"时代真正开始进入社会经济生活中来了。当然，大数据并不等同于目前的海量数据。目前全球均比较认可 IDC 对"大数据"的定义：为了更经济地从高频率获取的、大容量的、不同结构和类型的数据中获取价值，而设计的新一代架构和技术。它指的是需要新处理模式才能具有更强的决策力、洞察力和流程优化能力的海量、高增长率和多样化的信息资产。它能处理几乎各种类型的海量数据，无论是文章、微博、电子邮件、文档、音频、视频，还是其他形态的数据。大数据处理技术正在改变目前计算机的运行模式，正在改变着这个世界。

有一个非常生动的解释："我们每个人乘飞机时，都是自己选择航线，这是人的智慧，但当这反映到具体的一些航程中来，就会有大量的数据记录下来。我们就可以从这些原始的航程记录中获取一些航程的最优设计方案。这就是大数据的方法。"

通俗地理解，大数据其实就是一个体量特别大、数据类别特别大的数据集，并且这样的数据集无法用传统数据库工具对其内容进行抓取、管理和处理。这些数据本质上和传统的数据并无差异，它们大多是结构化、半结构化或者非结构化的数据，如用户上网日志、通话记录、商品订单等，只是因为它们的数量级增长太快，我们需要用全新的方式来计算这些数据。比如借助特定的大数据平台来进行数据挖掘，或者通过机器学习相关算法来获取这些海量数据潜在的价值和意义。从数据的类别上看，大数据指的是无法使用传统流程或工具处理或分析的信息。它定义了那些超出正常处理范围和大小、迫使用户采用非传统处理方法的数据集。

在维克托·迈尔-舍恩伯格及肯尼斯·库克耶编写的《大数据时代》中，大数据不用随机分析法（抽样调查）这样的捷径，而是对所有数据进行分析处理。大数据具有"4V"的特点：Volume（大量）、Variety（多样）、Velocity（高速）、Veracity（真实）。所以可以用这几个关键词对大数据进行界定。

① 规模大（Volumes）。这种规模可以从两个维度来衡量，一是从时间序列累积大量的数据，二是在深度上更加细化的数据。

② 多样化（Variety）。可以是不同的数据格式，如文字、图片、视频等；可以是不同的数据类别，如人口数据、经济数据等；还可以有不同的数据来源，如互联网、传感器等。

③ 动态化（Velocity）。数据是不停变化的，可以随着时间快速增加大量数据，也可以是在空间上不断移动变化的数据。

④ 真实性（Veracity）。也就是价值密度低。大数据本身也具有一些问题，如高噪声、缺失值等问题，因此需要更加精细化地分析处理，才能取得更好的效果。

9.1.2 大数据发展概况

大数据是我国"十三五"规划期间的重要发展战略之一。为更好地凝聚区域发展优势，推动大数据的应用创新和落地，我国大数据产业生态联盟 2017 年全面启动"数据中国城市行"系列活动，2017 年 4 月 26 日首站落址青岛，联盟内大数据产业生态链的近 150 位专家和企业领袖深度对接青岛的大数据产业发展需求，深入探讨大数据在青岛的创新应用之道。

我国大数据仍处于起步发展阶段，各地发展大数据积极性较高，行业应用得到快速推广，市场规模增速明显。2015 年，我国大数据市场规模为 115.9 亿元，增速达 53.10%。百度、阿里巴巴、腾讯、京东等互联网企业抓紧布局大数据领域，纷纷推出大数据产品和服务，抢占数据资源；传统 IT 企业开始尝试涉足大数据领域，其产品和服务多是基于原有业务开展，未能撼动互联网公司的领先地位。初创企业受限于数据资源和商业模式，还要面对互联网企业的并购行为，竞争实力尚显不足。由于我国大数据领域的产业供给远小于市场需求，且已经出现的产品和服务在思路、内容、应用、效果等方面的差异化程度不高，加之缺乏成熟的商业模式，导致大数据市场竞争不够充分。在国内企业考虑如何提升服务能力时，国外企业已经悄然进入我国市场，未来，国内大数据市场竞争格局将会发生重大转变。同时我国大数据产业的集聚发展效应开始显现，出现京津冀区域、长三角地区、珠三角地区和中西部 4 个集聚发展区，各具发展特色，此外大数据的基础研究受到重视，专业人才培养加速。

在全球七大重点领域内（包括教育、交通、消费、电力、能源、大健康及金融），大数据应用潜在价值预计在 32 200 亿～53 900 亿美元之间，如图 9-1 所示。

当然大数据也面临一些挑战：随着大数据产业的快速发展，大数据产业的各种不足之处开始显现，企业无法及时、准确地为业务提供正确的信息，企业数据架构无法适应数据量和复杂性增长的需求，数据过于复杂、数据无效等问题突出。大数据一个最显著的特点就是：59% 的数据是无效数据，70%～85% 的数据过于复杂，85% 的企业数据架构无法适应数据量和复杂性增长的需求，98% 的企业无法及时、准确地为业务提供正确的信息。当然随着技术的不断发展，这些难点都会被克服，挑战也将变成机遇。

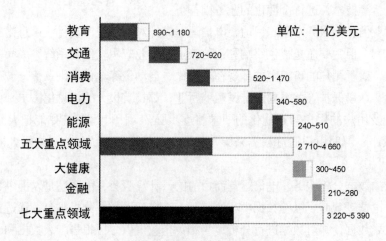

图 9-1　全球七大重点领域大数据应用潜在价值

9.1.3　大数据发展趋势

大数据和云计算的应用范围不断拓展，逐渐被市场认可。从行业领域来看，大数据在互联网领域中也得到广泛应用，目前我国大部分移动应用、网站、游戏服务、视频服务和电子商务的后台均架设在云平台上。从用户群体来看，云计算的用户群体正在从中小企业向大型企业、政府机构、金融机构快速拓展。从互联网行业向制造、政府、金融、交通、医疗健康等各个行业延伸拓展，加快了服务优化、业务创新和产业转型升级步伐。其次云计算、大数据的出现降低了创业门槛。支持了数百万计中小开发者创新创业，已成为我国创业创新的重要基础支撑平台，聚集大量新模式、新业态、新应用，带动就业能力明显。众多中、小、微型企业使用云服务。还有一点是，云计算大数据的发展催生了分享经济等新型经济模式，带动个人和广大企业分享资源，创造了多元化增值业务。在"一带一路"等国家战略部署的推动下，大数据、云计算厂商加速了国际化步伐，积极开拓海外市场，实现业务全球化。

1.　大数据发展的领域

大数据与云计算的结合释放出的巨大能量，几乎波及所有的行业，而互联网、信息和通信产业将首当其冲。特别是通信业，在传统话音业务低值化、增值业务互联网化的趋势中，大数据与云计算有望成为其加速转型的途径和动力，将在五大领域带来新的机会。

（1）提高网络服务质量。随着移动互联网和互联网的发展，用于监测网络状态的信令数据会快速增长，运营商的网络将也会更加繁忙。通过大数据的海量分布式存储技术，可以更好地满足存储需求；通过智能分析技术，能够提高网络维护的实时性，预警异常流量，预测网络流量峰值，有效防止网络堵塞和宕机，为网络优化、改造提供参考，从而提高网络服务质量，提升用户体验。

（2）更加精准的客户洞察。客户洞察是指在企业或部门层面对客户数据的全面掌握并在市场营销、客户联系等环节的有效应用。使用数据挖掘、大数据分析等工具和方法，电信运营商能够整合来自服务部门、销售部门、市场部门的数据，从各种不同的角度全面了解自己的客户，对客户形象进行精准刻画，以寻找目标客户，制订有针对性的营销计划、产品组合和商业决策，提升客户价值。判断客户对企业产品、服务的感知，有针对性地改进和完善。可以针对客户的情绪、喜好，通过情感分析、语义分析等技术，进行个性化的业务推荐。

（3）提升行业信息化服务水平。目前，电信运营商针对智慧城市及行业信息化服务虽然能够提供一揽子解决方案，但主要还是提供终端和通信管道，行业应用软件和系统集成尚需要整合外部的应用软件提供商，对于用户的价值主要体现在网络化、自动化等较低水平。智慧城市的发展以及教育、医疗、交通、环境保护等关系到国计民生的行业，都具有极大的信息化需求。而随着社会、经济的发展，用户及用户的用户对智能化的要求将逐步强烈，因此运营商如能把大数据技术整合到行业信息化方案中，帮助用户通过数据采集、存储和分析更好地决策，将能极大提升信息化服务的价值。

（4）基于云的数据分析服务。电信运营商目前的云计算服务，主要还是以提供数据中心等资源为主。下一步，电信运营商可以在数据中心的基础上，搭建大数据分析平台，通过自己采集、第三方提供等方式汇聚数据，并对数据进行分析，为相关企业提供分析报告。大数据和云计算相结合，使数据分析也可以作为一种服务来提供。

（5）保障数据安全。大数据也有大风险，其中之一就是用户隐私泄露及数据安全风险。云计算大数据时代的到来使全社会日益成为一个整体，在这一体系中，个人隐私的保护已经成为社会信用体系建设的重要基础。由于大量的数据产生、存储和分析，数据保密和隐私问题将在未来几年内成为一个更大的问题，企业必须尽快开始研究新的数据保护措施。而电信运营商在网络安全、数据中心安全等方面具有优势，如能以此为基础，建立整个大数据领域的安全保障优势，必将从大数据的发展中获益匪浅。我们在保护个人隐私方面所做的努力不仅是对每个社会成员的保护，更是对国家安全和社会长期持续健康发展的保护。我们在鼓励创新和进步的同时，必须清醒地看到，任何国家对云计算和大数据的使用与公开都是有选择、有目的的，不是无原则地开放，这不仅受到法律和规则的限制，也与一个国家的整体发展规划和全球战略密切相关。

从整体来看，大数据未来的发展趋势是实时交互式的查询效率和分析能力。云计算作为计算资源的底层，支撑着上层的大数据处理。借用 Google 一篇技术论文中的话，"动一下鼠标就可以在秒级操作 PB 级别的数据"。

对大数据进行分析处理要消耗大量的计算资源，这对计算的成本和速度都提出了更高要求。采用并行计算是应对大计算量的普遍作法。但传统的并行计算系统一般由专用的性能强大的硬件构成，造价昂贵，若想提高系统性能，需要采取纵向扩展的方式，即通过提升单机 CPU 性能、扩展磁盘、增加内存等来提升性能。这种扩展成本很高，难以支撑持续的计算能力扩展，而且容易达到瓶颈。总结起来，下一步大数据计算技术的主要方向将集中在研发实时性高的大规模并行处理技术上，以支撑超大规模流量计算、超大规模机器学习等实时分析需求。当前大数据分析技术面临的挑战，一方面是要深度分析半结构化和结构化数据，另一方面是要开发非结构化数据的宝藏，从而将海量复杂多源的数据转化为有用的知识。

2. 大数据发展的特点

大数据的发展具有以下特点。

（1）机器学习算法越来越重要。随着当下人工智能和机器学习的流行，机器学习将成为企业的核心，更加突出挖掘非结构化的数据价值，未来大数据将在非结构化中日益增加，非结构化数据将要凸显占领结构化高度。

（2）在分析领域内存计算的应用更普遍。数据量将持续增长，内存技术将数据存储在内存中，减少了处理数据时频繁访问外存的开销，大大提高了数据处理的速度。

（3）Hadoop 的应用领域将更加广泛。将会有越来越多的企业选择采用 Hadoop 和其他类型的大数据存储架构，相应地，分包商们也将为业主提供更加有创新功能的 Hadoop 解决方案。当 Hadoop 架构占据有利地位时，企业使用高级分析方法处理大量数据可以为盈利决策找到宝贵信息。

（4）预测分析业务激增。预测分析会更进一步发展，使用大数据分析预测未来会发生什么。大数据预测分析可以精准地预测未来可能发生的行为和事件，这可以提高企业的利润并降低成本。

（5）数据可视化技术让隐藏在大数据资源背后的真相呈现在众人面前。无论数据怎样形成，无论数据资源在哪里，图形数据可视化可以让企业组织在业务繁忙的同时对数据进行检索与处理。

（6）物联网、云技术、大数据和网络安全深层融合。数据管理技术，如数据质量控制、数据准备、数据分析以及数据整合等方面的融合程度将达到新的高度。当我们对智能设备的依赖程度增加时，互通性以及机器学习将会成为保护资产免遭网络安全危害的重要手段。

（7）边缘计算技术兴起。边缘计算是一种可以帮助公司处理物联网大数据的新技术。在边缘计算中，大数据分析非常接近于物联网设备和传感器，而不是数据中心或云。这种方式的优点显而易见，因为在网络上流动的数据较少，可以提高网络性能并节省云计算成本。它还允许删除过期的和无价值的物联网数据，从而降低存储和基础架构成本。边缘计算还可以加快分析过程，使决策者能够更快地洞察情况并采取行动。

9.1.4　云计算与大数据的关系

当云计算遇上了新潮的大数据，于是关于云计算与大数据直接的关系众说纷纭。简单来说，云计算是硬件资源的虚拟化，而大数据是海量数据的高效处理。当然，如果解释更形象一点的话，云计算相当于我们的计算机和操作系统，将大量的硬件资源虚拟化后再进行分配使用，大数据相当于海量数据的"数据库"。

大数据需要特殊的技术，以有效处理大量的数据。适用于大数据的技术包括大规模并行处理（MPP）数据库、数据挖掘、分布式文件系统、分布式数据库、云计算平台、互联网和可扩展的存储系统。大数据的总体架构包括三层：数据存储、数据处理和数据分析。数据先要通过存储层存储下来，然后根据数据需求和目标来建立相应的数据模型和数据分析指标体系，对数据进行分析产生价值。而中间的时效性又通过中间数据处理层提供的强大并行计算和分布式计算能力来完成。三者相互配合，让大数据产生最终价值。一个典型的云计算与大数据架构如图 9-2 所示。

从技术上看，大数据与云计算的关系就像一枚硬币的正反面一样密不可分。大数据必然无法用单台的计算机进行处理，必须采用分布式架构。它的特色在于对海量数据进行分布式数据挖掘。但它必须依托云计算的分布式处理、分布式数据库和云存储、虚拟化技术。自从有了云计算服务器，"大数据"才有了可以运行的轨道，才可以实现其真正的价值。有人就形象地将各种"大数据"的应用比作一辆辆"汽车"，支撑起这些"汽车"运行的"高速公路"就是云计算。最著名的实例就是 Google 搜索引擎。面对海量 Web 数据，Google 首先提出"云计算"的概念。支撑 Google 内部各种"大数据"应用的，正是 Google 公司自行研发的云计算服务器。

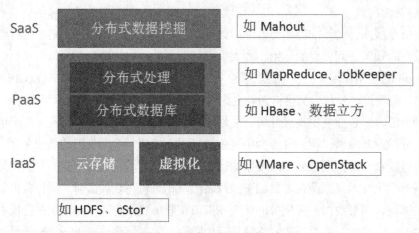

图 9-2　云计算与大数据架构

从整体上看，大数据着眼于"数据"，关注实际业务，提供数据采集分析挖掘，看重信息积淀，即数据存储能力。云计算着眼于"计算"，关注 IT 解决方案，提供 IT 基础架构，看重计算能力，即数据处理能力。没有大数据的信息积淀，云计算的计算能力再强大，也难有用武之地；没有云计算的处理能力，大数据的信息积淀再丰富，也终究只不过镜花水月。大数据根植于云计算。云计算关键技术中的海量数据存储技术、海量数据管理技术、MapReduce 编程模型，都是大数据技术的基础。

从本质上，大数据与云计算的关系是动与静的关系；数据是计算的对象，是静的概念；云计算则强调的是计算，这是动的概念。如果结合实际的应用，前者强调的是存储能力，后者看重的是计算能力。但是这样说，并不意味着两个概念就如此泾渭分明。大数据需要处理大数据的能力（数据获取、清洁、转换、统计等能力），其实就是强大的计算能力；另一方面，云计算的动也是相对而言的，比如基础设施，即服务中的存储设备提供的主要是数据存储能力，所以可谓是动中有静。如果数据是财富，那么大数据就是宝藏，而云计算就是挖掘和利用宝藏的利器！

（1）云计算与大数据之间是相辅相成、相得益彰的关系。从技术上看，大数据与云计算的关系就像一枚硬币的正反面一样密不可分。云计算将计算资源作为服务支撑大数据的挖掘，而大数据的发展趋势是为实时交互的海量数据查询、分析提供了各自需要的价值信息。云计算是大数据的实现工具之一，大数据是云计算的应用案例之一，大数据挖掘处理需要云计算作为平台，而大数据涵盖的价值和规律则能够使云计算更好地与行业应用结合并发挥更大的作用。

（2）云计算与大数据的结合将可能成为人类认识事物的新工具。实践证明人类对客观世界的认识是随着技术的进步以及认识世界的工具更新而逐步深入的。过去人类首先认识是通过因果关系由表及里，是事物的表面，由对个体认识进而找到共性规律。现在将云计算和大数据相结合，人们就可以利用低成本、高效的计算资源分析海量数据的相关性，快速找到共性规律，加速人们对客观世界有关规律的认识。

（3）大数据的信息隐私保护是云计算大数据快速发展和运用的重要前提。没有信息安全也就没有云服务的安全。产业及服务要健康、快速发展，就需要得到用户的信赖，就需要科技界和产业界更加重视云计算的安全问题，更加注意大数据挖掘中的隐私保护问题。从技术层面进行深度研发，严防和打击病毒和黑客攻击，同时加快立法的进度，维护良好的信息服务的环境。

9.2 大数据的应用

大数据的应用其实早已渗透到人们生活的方方面面: 淘宝网运用大数据为客户推荐商品信息, 阿里巴巴用大数据成立了小微金融服务集团, 而谷歌更是计划用大数据来接管世界。当下, 很多行业都开始增加对大数据的需求。大数据时代不仅处理着海量的数据, 同时也加工、传播、分享它们。在不知不觉中, 数据可视化已经遍布我们生活的每一个角落, 毕竟普通用户往往更关心结果的展示。百度地图采用 LBS 定位春运的可视化大数据, 就引起了各界对新闻创新和大数据可视化的热议。

大数据的应用可以概括为两个方向, 一是精准化定制, 如智能化的搜索引擎、精准营销、选址定位等; 二是预测, 如决策支持、风险预警、实时优化等。

1. 精准化定制

主要是针对供需两方的, 获取需方的个性化需求, 帮助供方定准目标, 然后依据需求提供产品, 最终实现供需双方的最佳匹配。具体应用举例, 也可以归纳为 3 类。

(1) 个性化产品。例如智能化的搜索引擎, 搜索同样的内容, 每个人的结果都不同。或者是一些定制化的新闻服务、网游等。

(2) 精准营销。现在比较常见的互联网营销、百度的推广、淘宝的网页推广等, 或者是基于地理位置的信息推送, 当人到达某个地方, 会自动推送周边的消费设施等。

(3) 选址定位。包括零售店面和公共基础设施的选址。

2. 预测

预测主要是围绕目标对象, 基于它过去、未来的一些相关因素和数据分析, 从而提前做出预警, 或者是实时动态地优化。从具体的应用上, 也大概可以分为 3 类。

(1) 决策支持类。例如企业的运营决策、证券投资决策、医疗行业的临床诊疗支持和电子政务等。

(2) 风险预警类。例如疫情预测、日常健康管理的疾病预测、设备设施的运营维护、公共安全和金融业的信用风险管理等。

(3) 实时优化类。例如智能线路规划、实时定价等。

9.2.1 大数据产业链

大数据的应用实际上是在一个产业链中完成的, 其价值是由有机相连的多个环节共同实现的, 即数据从采集到存储, 再到经过处理提取价值, 最后被应用的整个过程, 具体而言, 大数据产业链主要包括数据采集、数据存储、数据处理和数据应用等环节。

(1) 数据采集。数据采集环节是指对企业的内部经营数据、企业的内部管理数据和企业外部的用户行为数据等进行挖掘、整合的过程。

(2) 数据存储。数据存储环节是指将采集到的数据纳入数据聚合平台中, 方便数据输入和输出。

(3) 数据处理。数据处理环节是指利用大数据技术对数据进行加工和分析, 挖掘潜藏在数据中的深度信息, 实现数据增值。

(4) 数据应用。数据应用环节是指将处理好的数据产品应用到行业中, 为企业提供决策支持, 从而提高运营效率。

如果把经过数据采集和数据存储后的数据看成数据资源，那么大数据产业链由以数据产品为中心的纵向结构与以大数据技术为中心的横向结构结成一个 T 形价值链结构，如图 9-3 所示。

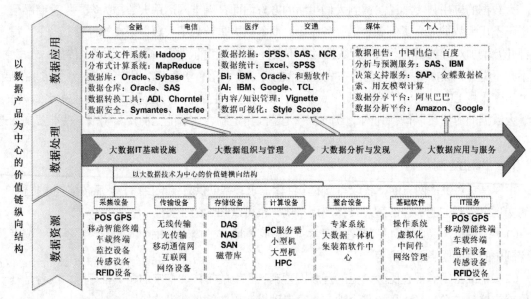

图 9-3　大数据 T 形价值链结构

这 4 个环节层层递进，贯穿整个数据生命周期过程。大数据产业能够催生更大的市场和利润空间，将构建数据行业应用新体系。在这个产业链中，不同环节的商业需求正在催生新的运作方式和盈利方法，从而引发新的商业模式。

9.2.2　大数据处理核心技术

大数据处理关键技术一般包括：大数据采集、大数据预处理、大数据存储及管理、大数据分析及挖掘、大数据展现和应用（大数据检索、大数据可视化、大数据应用、大数据安全等）。大数据技术按照层级可以作如图 9-4 所示的划分。

1. 大数据采集技术

数据采集是大数据生命周期的第一个环节，是指通过 RFID 射频数据、传感器数据、社交网络交互数据及移动互联网数据等方式获得的各种类型的结构化、半结构化（或称之为弱结构化）及非结构化的海量数据，是大数据知识服务模型的根本。由于可能有成千上万的用户同时进行并发访问和操作，因此，必须采用专门针对大数据的采集方法，其主要包括以下 3 种。

（1）数据库采集

一些企业会使用传统的关系型数据库 MySQL 和 Oracle 等来存储数据。使用比较多的工具有 Sqoop 和结构化数据库间的 ETL 工具，当前开源的 Kettle 和 Talend 本身也集成了大数据内容，可以实现与 HDFS、HBase 和主流 NoSQL 数据库之间的数据同步和集成。

（2）网络采集

网络采集主要是借助网络爬虫或网站公开 API 等方式，从网站上获取数据信息的过程。通过这种途径可将网络上的非结构化数据、半结构化数据从网页中提取出来，并以结构化的方式将其存储为统一的本地数据文件。

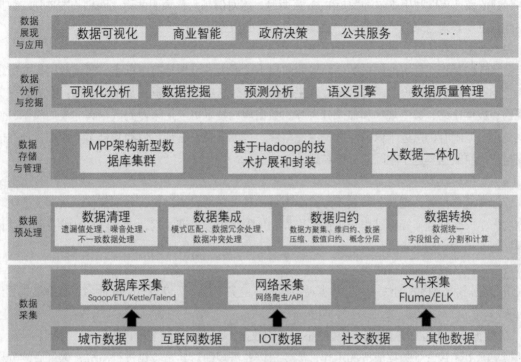

图 9-4　大数据层级划分

（3）文件采集

文件采集使用较多的还是 flume 进行实时的文件采集和处理，当然对于 ELK（ElasTIcsearch、Logstash、Kibana 三者的组合）虽然是处理日志，但是也有基于模板配置的完整增量实时文件采集实现。如果仅仅是做日志的采集和分析，ELK 解决方案就完全够用了。

2. 大数据预处理技术

在现实世界中，大型数据库和数据仓库的共同特点是不正确、不完整和不一致的，因为数据极易受噪声、缺失值和不一致数据的侵扰，所以要对数据进行预处理。数据预处理的主要步骤为：数据清理、数据集成、数据规约和数据转换。

（1）数据清理

数据清理主要包含遗漏值处理（缺少感兴趣的属性）、噪声数据处理（数据中存在错误或偏离期望值的数据）、不一致数据处理。主要的清洗工具是 ETL（ExtracTIon/TransformaTIon/Loading）和 Potter's Wheel。

遗漏数据可用全局常量、属性均值、可能值填充或者直接忽略该数据等方法处理；噪声数据可用分箱（对原始数据进行分组，然后对每一组内的数据进行平滑处理）、聚类、计算机人工检查和回归等方法去除噪声；对不一致数据可手动更正。

（2）数据集成

数据集成是指将多个数据源中的数据合并存放到一个一致的数据存储库中。这一过程着重解决 3 个问题：模式匹配、数据冗余、数据值冲突检测与处理。

来自多个数据集合的数据会因为命名的差异导致对应的实体名称不同，通常涉及实体识别需要利用元数据来区分，匹配来源不同的实体。数据冗余可能来源于数据属性命名的不一致，在解决过程中，数值属性可以利用皮尔逊积矩 Ra,b 来衡量，绝对值越大，表明两者之间相关性越强。数据值冲突问题主要表现为来源不同的统一实体具有不同的数据值。

（3）数据归约

数据归约是指在尽可能保持数据原貌的前提下，最大限度地精简数据量，得到数据集的简化表示，它小得多，但能够产生同样的（或几乎同样的）分析结果。数据归约主要包括：数据方聚集、维规约、数据压缩、数值规约和概念分层等。数据规约技术可以用来得到数据集的规约表示，使数据集变小，但同时仍然近于保持原数据的完整性。也就是说，在规约后的数据集上挖掘，依然能够得到与使用原数据集近乎相同的分析结果。

（4）数据转换

数据转换是指将数据从一种表示形式变为另一种表现形式的过程，如规范化、数据离散化和概念分层产生。数据变换操作是引导挖掘过程成功地附加的预处理过程，这可以提高涉及距离度量的挖掘算法的精确率和效率。

数据转换一般包括以下两类。

① 数据名称及格式的统一，即数据粒度转换、商务规则计算以及统一的命名、数据格式、计量单位等。

② 数据仓库中存在源数据库中可能不存在的数据，因此需要对字段进行组合、分割和计算。数据转换实际上还包含了数据清洗的工作，需要根据业务规则对异常数据进行清洗，保证后续分析结果的准确性。

3. 大数据存储及管理技术

大数据存储与管理要用存储器把采集的数据存储起来，建立相应的数据库，并进行管理和调用。典型的大数据存储技术路线有以下 3 种。

（1）采用 MPP 架构的新型数据库集群

采用 MPP 架构的新型数据库集群重点面向行业大数据，采用 Shared Nothing 架构，通过列存储、粗粒度索引等多项大数据处理技术，再结合 MPP 架构高效的分布式计算模式，完成对分析类应用的支撑，运行环境多为低成本 PC Server，具有高性能和高扩展性的特点，在企业分析类应用领域获得极其广泛的应用。这类 MPP 产品可以有效支撑 PB 级别的结构化数据分析，这是传统数据库技术无法胜任的。对于企业的新一代的数据仓库和结构化数据分析，目前最佳选择是 MPP 数据库。

（2）基于 Hadoop 的技术扩展和封装

基于 Hadoop 的技术扩展和封装，围绕 Hadoop 衍生出相关的大数据技术，应对传统关系型数据库较难处理的数据和场景，例如针对非结构化数据的存储和计算等，充分利用 Hadoop 开源的优势，伴随相关技术的不断进步，其应用场景也将逐步扩大，目前最为典型的应用场景就是通过扩展和封装 Hadoop 来实现对互联网大数据存储、分析的支撑。Hadoop 平台更擅长处理非结构、半结构化数据，复杂的 ETL 流程，复杂的数据挖掘和计算模型。

（3）大数据一体机

这是一种专为大数据的分析处理而设计的软、硬件结合的产品，由一组集成的服务器、存储设备、操作系统、数据库管理系统以及为数据查询、处理、分析用途而预先安装及优化的软件组成。高性能大数据一体机具有良好的稳定性和纵向扩展性。

4. 大数据分析及挖掘技术

数据挖掘就是从大量的、不完全的、有噪声的、模糊的、随机的实际应用数据中，提取隐含在其中的、人们事先不知道的、但又是潜在有用的信息和知识的过程。数据的分析与挖掘的主要目的是把隐藏在一大批看来杂乱无章的数据中的信息集中起来，进行萃取、提炼，以找出潜在有用的信息和所研究对象的内在规律的过程，主要从可视化分析、数据挖掘、预测分析、语义引擎以及数据质量和数据管理五大方面着重分析。大数据分析的基本方面如图 9-5 所示。

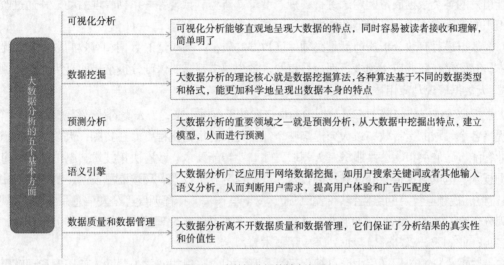

图 9-5　大数据分析的基本方面

（1）可视化分析

数据可视化主要是借助于图形化手段，清晰有效地传达与沟通信息，主要应用于海量数据关联分析。由于数据可视化涉及的信息比较分散、数据结构有可能不统一，借助功能强大的可视化数据分析平台，可辅助人工操作将数据进行关联分析，并做出完整的分析图表，简单明了、清晰直观，更易于接受。

（2）数据挖掘算法

数据挖掘算法是根据数据创建数据挖掘模型的一组试探法和计算。为了创建该模型，算法将首先分析用户提供的数据，针对特定类型的模式和趋势进行查找，并使用分析结果定义创建挖掘模型的最佳参数，将这些参数应用于整个数据集，以便提取可行模式和详细统计信息。

大数据分析的理论核心就是数据挖掘算法。数据挖掘的算法多种多样，不同的算法基于不同的数据类型和格式会呈现出数据具备的不同特点。各类统计方法都能深入数据内部，挖掘出数据的价值。

（3）预测分析

大数据分析最重要的应用领域之一就是预测分析，预测分析结合了多种高级分析功能，包括特别统计分析、预测建模、数据挖掘、文本分析、实体分析、优化、实时评分、机器学习等，从而对未来，或其他不确定的事件进行预测。

从纷繁的数据中挖掘出其特点，可以帮助我们了解目前状况以及确定下一步的行动方案，从依靠猜测进行决策转变为依靠预测进行决策。它可帮助分析用户的结构化和非结构化数据中的趋势、模式和关系，运用这些指标来洞察预测将来事件，并制订相应的措施。

（4）语义引擎

语义引擎是把已有的数据加上语义，可以把它想象成在现有结构化或者非结构化的数据库上的一个语义叠加层。语义技术最直接的应用，可以将人们从烦琐的搜索条目中解放出来，让用户更快、更准确、更全面地获得所需信息，提高用户的互联网体验。

（5）数据质量管理

数据质量管理是指对数据从计划、获取、存储、共享、维护、应用、消亡生命周期的每个阶段中可能引发的各类数据质量问题，进行识别、度量、监控、预警等一系列管理活动，并通过改善和提高组织的管理水平进一步提高数据质量。

对大数据进行有效分析的前提是必须保证数据的质量，高质量的数据和有效的数据管理无论是在学术研究还是在商业应用领域，都极其重要，各个领域都需要保证分析结果的真实性和价值性。

5. 大数据展现与应用技术

大数据技术能够将隐藏于海量数据中的信息和知识挖掘出来，为人类的社会经济活动提供依据，从而提高各个领域的运行效率，大大提高整个社会经济的集约化程度。在我国，大数据将重点应用于商业智能、政府决策、公共服务三大领域，如商业智能技术、政府决策技术、电信数据信息处理与挖掘技术、电网数据信息处理与挖掘技术、气象信息分析技术、环境监测技术、警务云应用系统（道路监控、视频监控、网络监控、智能交通、反电信诈骗、指挥调度等公安信息系统）、大规模基因序列分析比对技术、Web 信息挖掘技术、多媒体数据并行化处理技术、影视制作渲染技术，以及其他各种行业的云计算和海量数据处理应用技术等。

在大数据分析的应用过程中，可视化通过交互式视觉表现的方式来帮助人们探索和理解复杂的数据。可视化与可视分析能够迅速和有效地简化与提炼数据流，帮助用户交互筛选大量的数据，有助于用户更快更好地从复杂数据中得到新的发现，成为用户了解复杂数据、开展深入分析不可或缺的手段。大规模数据的可视化主要是基于并行算法设计的技术，合理利用有限的计算资源，高效地处理和分析特定数据集的特性。在通常情况下，大规模数据可视化的技术会结合多分辨率表示等方法，以获得足够的互动性能。在科学大规模数据的并行可视化工作中，主要涉及数据流线化、任务并行化、管道并行化和数据并行化 4 种基本技术。微软公司在其云计算平台 Azure 上开发了大规模机器学习可视化平台（Azure Machine Learning），将大数据分析任务以数据流图的方式向用户展示，取得了比较好的效果。在国内，阿里巴巴旗下的大数据分析平台"御膳房"也采用了类似的方式，为业务人员提供互动式大数据分析平台。

9.2.3 大数据应用领域

大数据的应用领域十分宽广，涉及金融、旅游、通信、零售、互联网、教育、政府、医疗等多个行业，应用场景几乎覆盖整个社会的生产生活。

1. 金融行业大数据场景应用

金融行业（如银行、证券、保险等）拥有丰富的数据，并且数据维度和数据质量也很好，可以开发出很多应用场景。如果考虑引入外部数据，可以加快数据价值的变现，市场上较好的数据有社交数据、电商交易数据、移动大数据、运营商数据、工商司法数据、公安数据、教育数据、银联交易数据等。

大数据在金融行业应用范围较广，典型的案例有花旗银行利用 IBM 公司的"沃森"超级计算机为财富管理客户推荐产品，并预测未来计算机推荐理财的市场将超过银行专业理财师；摩根大通银行利用决策树技术，降低了不良贷款率、转化了提前还款客户，一年为摩根大通银行增加了 6 亿美元的利润；VISA 公司利用 Hadoop 平台将 730 亿条交易数据的处理时间从一个月缩短到 13 分钟。

2. 地产行业大数据场景应用

一些地产公司和大数据公司正在寻找大数据在地产行业的应用场景，并且已经取得了阶段性成果。移动大数据正在帮助地产行业在土地开发、小区规划、商铺规划、地产 O2O，甚至地产金融等方面发挥作用。地产大数据商业应用场景被逐渐挖掘出来，大数据技术在资源配置和客户分析等方面发挥了过去想象不到的作用，移动大数据正在帮助房地产公司实施数字化运营，获得新的业务收入。TalkingData 作为一个领先的移动大数据公司，在土地规划、客户经营、打通 O2O 等方面帮助很多房地产商实现数字化经营，并取得了一些成绩。数据商业应用给地产商带来了过去不存在的商业价值，移动大数据技术在商业地产的应用，正在成为很多房地产公司重点关注的领域。

例如移动大数据在商业地块定价策略方面的应用，客观精确地估计其开发的土地价值，降低土地投资费用。在商铺地产规划上的应用，依据客户行为数据、消费爱好数据和消费需求来规划商铺，最大化商铺的利用率和客流量，合理配置商铺资源。

3. 零售行业大数据场景应用

零售行业比较有名气的大数据案例就是沃尔玛的啤酒和尿布的故事，以及 Target 通过向年轻女孩寄送尿布广告而告知其父亲这个女孩怀孕的故事。沃尔玛是大数据分析应用的先锋，其拥有全世界第二大规模的数据仓库，第一大规模数据仓库的拥有者是美国政府。

零售行业可以通过客户购买记录，了解客户关联产品购买喜好，将相关的产品放到一起来增加产品销售额。例如，将与洗衣服相关的化工产品，如洗衣粉、消毒液、衣领净等放到一起进行销售。根据客户相关产品购买记录而重新摆放的货物将会给零售企业增加 30% 以上的产品销售额。

零售行业还可以记录客户购买习惯，将一些日常需要的必备生活用品，在客户即将用完之前，通过精准广告的方式提醒客户购买。或者定期通过网上商城送货，既帮助客户解决了问题，又提高了客户体验。

电商（如天猫和京东）是最早利用大数据进行精准营销的行业，电商网站内的推荐引擎将会依据客户历史购买行为和同类人群购买行为来推荐产品。电商的数据量足够大，数据较为集中，数据种类较多，其商业应用具有较大的想象空间。包括预测流行趋势，消费趋势、地域消费特点、客户消费习惯、消费行为的相关度、消费热点等。依托大数据分析，电商可帮助企业进行产品设计、库存管理、计划生产、资源配置等，有利于精细化大生产，提高生产效率，优化资源配置。

4. 医疗行业大数据场景应用

医疗行业拥有大量病例、病理报告、医疗方案、药物报告等。对这些数据进行整理和分析，将会极大地帮助医生和病人。在未来，借助于大数据平台，可以收集疾病的基本特征、病例和治疗方案，建立针对疾病的数据库，帮助医生诊断疾病。

IBM 花了 10 亿美元收购了一家公司，获得了这家公司的 10 万份病人档案，IBM 的人工智能"沃森"学习了这些医疗档案，依据过去的数据和诊断建立了疾病诊断模型，并向医生推荐治疗方案。IBM 的"沃森"背后支撑的系统是 DeepQA，它是专注文本分析、基于概率的大规模并行分析系统。医生们用来诊断和治疗的医学知识中，只有 20% 具有实证基础，每 5 年，相关的医学知识就会翻一倍，医生们根本没有时间来查阅所有文献，实时更新其知识储备。IBM 的"沃森"具有这样的学习和更新能力，可以帮助医生诊断和提出治疗方案。美国的安德森癌症医疗中心正在使用 IBM 的"沃森"帮助医生进行诊断和制订治疗方案。

基因技术发展成熟后，可以根据病人的基因序列特点进行分类，建立医疗行业的病人分类数据库。在医生诊断病人时，可以参考病人的疾病特征、化验报告、检测报告和疾病数据库来快速帮助病人确诊。在制订治疗方案时，医生可以依据病人的基因特点，调取相似基因、年龄、人种、身体情况相同的有效治疗方案，制订出适合病人的治疗方案，帮助更多的人及时治疗。这些数据也有利于医药行业开发出更加有效的药物和医疗器械。

5. 移动互联网广告

过去广告投放都是以好的广告渠道+广播式投放为主，广告主将广告交给广告公司，由广告公司安排投放，其中 SEM 广告的市场最大，其次为展示广告，精准品牌推广广告很少，多是广播式广告投放。广播式投放的弊端是投入资金大，没有针对目标客户，面对所有客户展示，广告的 TA（目标客户）响应较低，并存在数字广告营销陷阱等问题。

大数据技术可以将客户在互联网上的行为记录下来，分析客户的行为，打上标签并进行用户画像。特别是进入移动互联网时代之后，客户主要的访问方式转向了智能手机和平板电脑，移动互联网的数据包含了个人行为数据，可以用于 360°用户画像，更加接近真实人群。

移动大数据的用户画像可以帮助广告主进行精准营销，将广告直接投放到用户的移动设备，其广告的目标客户覆盖率可以大幅度提高。一般情况下提升的效果在 30%以上，广告主品牌广告曝光费用下降，用较少的数据投入费用获得了较高的曝光率。

6. 农业大数据场景应用

农产品不容易保存，合理种植和养殖农产品对农民非常重要。借助于大数据提供的消费能力和趋势报告，政府将为农牧业生产进行合理引导，依据需求进行生产，避免产能过剩，造成不必要的资源和社会财富浪费。大数据技术可以帮助政府实现农业的精细化管理，实现科学决策。在数据驱动下，结合无人机技术，农民可以采集农产品生长信息和病虫害信息。

农业生产面临的危险因素很多，但这些危险因素很大程度上可以通过除草剂、杀菌剂、杀虫剂等技术产品消除。天气成了影响农业非常大的决定因素。过去的天气预报仅仅能提供当地的降雨量，但农民更关心有多少水分可以留在他们的土地上，这些是受降雨量和土质决定的。

Climate 公司利用政府开放的气象站的数据和土地数据建立了模型，他们告诉农民可以在哪些土地上耕种，哪些土地今天需要喷雾并完成耕种，哪些正处于生长期的土地需要施肥，哪些土地需要 5天后才可以耕种等。大数据技术可以帮助农业创造巨大的商业价值。

7. 物流行业

我国的物流产业规模大约有 5 万亿元，其中公路物流市场大约有 3 万亿元。物流行业的整体净利润从过去的 30%以上降低到 20%左右，下降趋势明显。物流行业很多的运力浪费在返程空载、重复运输、小规模运输等方面。我国最大的物流公司所占的市场份额不到 1%。因此资源需要整合，运送效率需要提高。

物流行业借助于大数据，可以建立全国物流网络，了解各个节点的运货需求和运力，合理配置资源，降低货车的返程空载率，降低超载率，减少重复路线运输，降低小规模运输比例。通过大数据技术，及时了解各个路线货物运送需求，同时建立基于地理位置和产业链的物流港口，实现货物和运力的实时配比，提高物流行业的运输效率。借助大数据技术对物流行业进行优化资源配置，至少可以增加物流行业 10%左右的收入，其市场价值将在 5 000 亿元左右。

8. 智慧城市管理

如今，世界超过一半的人口生活在城市里，到 2050 年城市人口的比例会增长到 75%。政府需要利用一些技术手段来管理好城市，使城市里的资源得到良好配置。既不出现由于资源配置不平衡而导致的效率低下以及骚乱，又要避免不必要的资源浪费而导致财政支出过大。大数据作为其中的一项技术，可以有效帮助政府实现资源科学配置，精细化运营城市，打造智慧城市。

城市的道路交通完全可以利用 GPS 数据和摄像头数据来规划，包括道路红绿灯时间间隔和关联控制，包括直行和左右转弯车道的规划、单行道的设置。利用大数据技术实施的城市交通智能规划，至少能够提高 30%左右的道路运输能力，并能够降低交通事故率。在美国，政府依据某一路段的交通事故信息来增设信号灯，交通事故率降低了 50%以上。机场的航班起降依靠大数据将会提高航班管理的效率，航空公司利用大数据可以提高上座率，降低运行成本。铁路利用大数据可以有效安排客运和货运列车，提高效率、降低成本。城市公共交通规划、教育资源配置、医疗资源配置、商业中心建设、房地产规划、产业规划、城市建设等都可以借助于大数据技术进行良好规划和动态调整。

大数据技术可以了解经济发展情况，各产业发展情况，消费支出和产品销售情况，依据分析结果，科学地制定宏观政策，平衡各产业发展，避免产能过剩，有效利用自然资源和社会资源，提高社会生产效率。大数据技术也能帮助政府进行支出管理，透明合理的财政支出将有利于提高公信力和监督财政支出。大数据及大数据技术带给政府的不仅仅是效率提升、科学决策、精细管理，更重要的是数据治国、科学管理的意识改变，未来大数据将会从各个方面来帮助政府实施高效和精细化管理。

本 章 习 题

習题 9.1　什么是大数据？大数据有哪些特点？

習题 9.2　大数据和云计算有什么关系？

習题 9.3　大数据的关键技术有哪些？

習题 9.4　大数据的应用场景有哪些？

第四篇　实践篇

　　基础篇、技术篇和应用篇对当前的云环境进行了较深入的探讨，接下来将从个人和小型企业实践角度介绍云计算是如何进行的。本篇首先从第 10 章的高性能计算开始，详细介绍在开源环境下如何搭建一个高性能计算用的集群系统，需要哪些软件环境来支撑其运行和管理，又如何使用 MPICH 和 OpenMP 环境进行并行计算。第 11 章介绍当前主流的虚拟化技术的基础安装配置方法，主要涉及 VMware、VirtualBox、Xen、KVM 和 QEMU 等虚拟化软件和环境。第 12 章从云存储角度介绍了在云环境下如何构建一个稳定的存储系统，仍然以开源环境下常用的技术为主，如 HDFS、GlusterFS、NFS、LVM 等。在第 13 章介绍目前常见的开源管理平台 Libvirt、Promox 和 OpenStack 等。最后在第 14 章详细介绍了 Hadoop 的基础技术和安装配置方法，并通过实例来说明 Hadoop 提供的服务。

10 第10章 从高性能计算开始

10.1 对称多处理

对称多处理（Symmetrical Multi-Processing，SMP）是指在一台计算机上汇集了一组处理器（多 CPU），各 CPU 之间共享内存子系统及总线结构。它是相对非对称多处理技术而言的、应用十分广泛的并行技术。在这种架构中，一台计算机不再由单个 CPU 组成，而同时由多个处理器运行操作系统的单一复本，并共享内存和一台计算机的其他资源。虽然同时使用多个 CPU，但是从管理的角度来看，它们的表现就像一台单机一样。系统将任务队列对称地分布于多个 CPU 之上，从而极大地提高了整个系统的数据处理能力。所有的处理器都可以平等地访问内存、I/O 和外部中断。在对称多处理系统中，系统资源被系统中的所有 CPU 共享，工作负载能够均匀地分配到所有可用处理器之上。

我们平时所说的双 CPU 系统，实际上是对称多处理系统中最常见的一种，通常称为"2 路对称多处理"，它在普通的商业、家庭应用之中并没有太多实际用途，但在专业制作，如 3D Studio Max、Photoshop 等软件应用中获得了良好的性能表现，是组建廉价工作站的不二选择。随着用户应用水平的提高，只使用单个处理器确实已经很难满足实际应用的需求，因而各服务器厂商纷纷采用对称多处理系统来解决这一矛盾。在国内市场上这类机型的处理器一般以 4 个或 8 个为主，有少数是 16 个处理器。但是一般来讲，SMP 结构的机器可扩展性较差，很难做到 100 个以上的多处理器，常规的是 8～16 个。这种机器的好处在于它的使用方式和微机或工作站的区别不大，编程的变化相对来说比较小，原来用微机工作站编写的程序移植到 SMP 机器上使用，改动起来也相对比较容易。SMP 结构的机型可用性比较差。因为 4 个或 8 个处理器共享一个操作系统和一个存储器，一旦操作系统出现问题，整个机器就完全瘫痪了，而且这个机器的可扩展性较差，不容易保护用户的投资。但是这类机型技术比较成熟，相应的软件也比较多，因此现在国内市场上推出的大量并行机都是这一种。个人计算机服务器中最常见的对称多处理系统，通常采用 2 路、4 路、6 路或 8 路处理器。目前 UNIX 服务器可支持最多 64 个 CPU 的系统。

10.2 大规模并行处理机

大规模并行处理机（Massively Parallel Processor，MPP）是指由几百或几千台处理机组成的大规模并行计算机系统。MPP 系统中处理器数目巨大，整个系统规模庞大，许多硬件设备是专门设计制造的，开发起来比较困难，通常被视为国家综合实力的象征。同时，MPP 能够提供其他并行计算机不能达到的计算能力，达到 T 级别性能目标和解决重大挑战性课题都寄希望于 MPP。但是，目前性能最好的 MPP 的水平与实际的需求之间还有不小的差距。MPP 系统过去主要用于科学计算、工程模拟等以计算为主的场合。目前，MPP 也广泛应用于商业和网络应用中，如数据仓库、决策支持系统和数字图书馆等。MPP 的规模庞大且价格昂贵，在日常生活中几乎很难接触到，通常只有石油、气象等需要进行大规模运算的部门配备了 MPP。

10.3　集群系统

集群（Cluster，也译为机群）是目前实现高性能计算的一种新主流技术，是由两台或多台节点机构成的一种松散耦合的计算节点集合，为用户提供网络服务或应用程序（包括数据库、Web 服务和文件服务等）的单一客户视图，同时提供接近容错机的故障恢复能力。集群系统一般通过两台或多台节点服务器系统通过相应的硬件及软件互连，每个集群节点都是运行自己进程的独立服务器。这些进程可以彼此通信，对网络客户机来说就像是形成了一个单一的系统，协同起来向用户提供应用程序、系统资源和数据。除了作为单一系统提供服务外，集群系统还具有恢复服务器级故障的能力。集群系统可以通过在集群中继续增加服务器的方式，从内部增加服务器的处理能力，并通过系统级的冗余提供固有的可靠性和可用性。按照应用目的可以分成高性能计算科学集群、负载均衡集群、高可用性集群。

1.　高性能计算科学集群

高性能计算科学集群是以解决复杂的科学计算问题为目的的集群系统。它是并行计算的基础，可以不使用专门的由上万个独立处理器组成的并行超级计算机，而是采用通过高速连接的一组 1/2/4 CPU 服务器，并且在公共消息传递层上进行通信，以运行并行应用程序。这样的计算集群的处理能力与真正的超级并行机相等，并且具有优良的性价比。

2.　负载均衡集群

负载均衡集群为企业需求提供更实用的系统。该系统使各节点的负载流量可以在服务器集群中尽可能平均、合理地分摊处理。该负载需要均衡计算的应用程序处理端口负载或网络流量负载。这样的系统非常适合运行同一组应用程序的大量用户。每个节点都可以处理一部分负载，并且可以在节点之间动态分配负载，以实现平衡。对于网络流量也是如此。通常，网络服务器应用程序接受了大量入网流量，无法迅速处理，这就需要将流量发送给其他节点。负载均衡算法还可以根据每个节点不同的可用资源或网络的特殊环境来优化。

3.　高可用性集群

为保证集群整体服务的高可用性，就要考虑计算硬件和软件的容错性。如果高可用性集群中的某个节点发生了故障，那么将由另外的节点代替它。整个系统环境对于用户是一致的。

集群系统在出现之后发展得十分迅猛，已成为目前研究的热点，集群受到广泛关注的原因是多方面的，与 SMP 和 MPP 相比，集群系统具有如下优势。

（1）编程方便。用户无须学用新的并行程序设计语言（如并行 C、并行 C++、并行 Fortran 等），只要利用提供的并行程序设计环境，在常规的 C、C++和 Fortran 等程序中相应地插入少量几条原语，即可使这些程序在集群上运行，这一点是最受用户欢迎的。

（2）投资风险小。用户在购置传统的巨型机或 MPP 系统时，总是担心使用效率发挥得不好，如果购置后在一定程度上出现效率发挥不好的问题，就相当于搁置或浪费了大批资金，而集群不存在这个问题。

（3）性价比高。一般一台巨型机或 MPP 都很昂贵，费用常以几百万元、几千万元计，而一台高性能工作站相对便宜，费用仅几万元或十几万元。在浮点运算能力方面，虽然一个高性能计算集群系统每台工作站只有几 MFLOPS 到几十 MFLOPS，但一群工作站的总体运算性能可高达 GFLOPS 的量级，能接近一些巨型机的性能，价格却低了很多。

（4）系统结构灵活。用户将不同性能的工作站使用不同的体系结构和各种互连网络构成同构或异构的工作站集群，从而弥补单一体系结构适应面窄的缺点，可更充分地满足各类应用要求。

（5）可扩放性好。用户可根据需要增加工作站的数目，以高带宽和低延迟的网络技术获得高的加速比，从而获得应用问题的高可扩放性。

（6）能充分利用分散的计算资源。当工作站处于空闲状态时，集群可在空闲时间内给这些工作站加载并行计算任务，充分利用工作站资源。

4. 高性能计算图解

高性能计算的系统组成如图 10-1 所示。

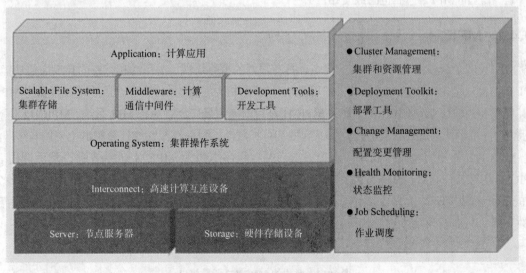

图 10-1　高性能计算的系统组成图

从图 10-1 中可以看到，高性能计算集群系统主要由硬件层、平台层和应用层 3 个部分组成。

其中最底层的是硬件层，主要由服务器、存储和高速互连设备构成。其中服务器（Server）主要用来作为计算和管理节点，存储（Storage）设备用来存放计算目标/中间/结果数据，而高速计算互连（Interconnect）设备用来完成节点之间的数据交换和并行计算通信。

中间层是计算平台层：主要包括集群操作系统（Operating System）、计算专用中间件（Middleware）、集群存储文件系统、并行环境和工具，以及对整个平台进行计算作业调度，资源管理，集群部署、配置、监控等的集群管理软件。

最上层是应用层，这些应用一般由专业的厂商针对行业应用的特点，通过并行计算开发环境进行开发。

10.4 消息传递接口

消息传递接口（Message Passing Interface，MPI）是目前应用较广泛的一种并行计算软件环境，是在集群系统上实现并行计算的软件接口。为了统一互不兼容的用户界面，1992 年成立了 MPI 委员会，负责制订 MPI 的新标准，支持最佳的可移植平台。

MPI 不是一门新的语言，确切地说它是一个 C 和 Fortran 的函数库，用户调用这些函数接口并采用并行编译器编译源代码就可以生成可并行运行的代码。MPI 的目标是开发一个广泛用于编写消息传递程序的标准，要求用户界面实用、可移植，并且高效、灵活，能广泛应用于各类并行机，特别是分布式存储的计算机。每个计算机厂商都在开发标准平台上做了大量的工作，出现了一批可移植的消息传递环境。MPI 吸收了它们的经验，同时从句法和语法方面确定核心库函数，使之能适用于更多的并行机。

MPI 在标准化过程中吸收了许多代表参加，包括研制并行计算机的大多数厂商，以及来自大学、实验室与工业界的研究人员。1992 年开始正式标准化 MPI，1994 年发布了 MPI 的定义与实验标准 MPI 1，相应的 MPI 2 标准也已经发布。

10.4.1 MPICH

MPI 吸取了众多消息传递系统的优点，具有很好的可移植性、易用性和完备的异步通信功能等。MPI 事实上只是一个消息传递标准，并不是软件实现并行执行的具体实现，目前比较著名的 MPI 具体实现有 MPICH、LAM MPI 等，其中 MPICH 是目前使用最广泛的免费 MPI 系统，MPICH2 是 MPI 2 标准的一个具体实现，它具有较好的兼容性和可扩展性，目前在高性能计算集群上使用非常广泛。

MPICH2 的使用也非常简单，用户只需在并行程序中包含 MPICH 的头文件，然后调用一些 MPICH2 函数接口将计算任务分发到其他计算节点即可。MPICH2 为并行计算用户提供了 100 多个 C 和 Fortran 函数接口，表 10-1 列出了一些常用的 MPICH2 的 C 语言函数接口，用户可以像调用普通函数一样，只需要改动少量的代码，就可以实现程序的并行运行。MPICH 并行代码结构如图 10-2 所示。

表 10-1 常用的 MPICH2 函数接口

编 号	函 数 名 称	功 能 描 述
01	MPI_Init	初始化 MPI 接口
02	MPI_Comm_size	通信器的进程数
03	MPI_Comm_rank	当前进程的进程号
04	MPI_Bcast	以广播方式发送数据
05	MPI_Reduce	将数据组合到主进程
06	MPI_Finalize	终止 MPI

```
(1) #include "mpi.h"  //包含MPICH的头文件
(2) ······ //其他代码
(3) MPI lnit();  //初始化MPI
(4) MPL_Comm_rank（MPL_COMM_WORLD，&rank）当前进程标识号
(5) MPL_Comm_size（MPL_COMM_WORLD，&siz）;  //参加运算的进程个数
(6) MPI_Bcast();  //广播发送任务
(7) ······ //发送的计算任务
(8) MPI_Reduce();  //聚集各节点运算结果
(9) MPI_Finalize();  //结束MPI
```

图 10-2　MPICH 并行代码结构

在 Linux 集群环境下，MPICH2 运行并行程序需要借助于网络文件系统（Network File System，NFS）共享工作区和使用 SSH（Secure SHELL）通过网络发送共享工作区中的并行可执行代码，其中 NFS 需要编译内核使 Linux 支持网络文件系统。NFS 的内核选项在 File Systems→Network File Systems 下，服务器端要编译 NFS Server Support，客户端编译 NFS Client Support。下面以在 Red Hat Enterprise Linux 5 上安装 MPICH2 为例，简述在 IBM Blade 集群环境下搭建 MPI 并行运行环境的过程。

1. 服务端的配置

（1）编译安装 MPICH2

MPICH2 的安装可以使用 root 用户安装，也可以使用普通用户权限安装，这里以 root 用户安装为例。首先创建 MPICH2 的安装目录，如/usr/local/mpich2-install，然后解开 mpich2-1.1.0a1. tar.gz 安装包，切换到该目录下，运行./configure-prefix=/usr/local/mpich2-install，指定 MPICH2 安装目录，执行命令 make && make install，将 MPICH2 的可执行程序及库文件安装到/usr/local/mpich2- install 目录下。

（2）设置 NFS 服务器端

修改/etc/exports，在文件中加入/usr/local/mpich2-install*（rw,no_root_squash, sync），指定 MPCH2 的安装目录（这里将 MPICH2 的安装目录作为工作区），通过 NFS 服务器共享给所有客户机。

（3）设置 SSH

更改/etc/hosts 文件，添加主机名和 IP 地址，例如：

```
127.0.0.1 localhost.localdomain localhost
192.168.0.1 bc1n1
192.168.0.2 bc1n2
192.168.0.3 bc1n3
……
```

host.conf 文件配置完成后，为了使节点相互通信不需要输入密码，还要配置安全验证，使用 ssh-keygen-trsa 命令生成 SSH 密钥对。切换到/root 目录下，cp id_rsa.pub authorize_keys 将公钥复制为授权钥匙，并将在/root 目录下生成的.ssh 文件夹复制到所有节点。这里使用 IBM 集群管理软件 XCAT 的并行复制命令 pscp–r /root/.ssh bc1n1-bc1n14:/root/一次性将.ssh 目录并行复制到所有的计算节点上，避免了重复多次运行 scp 命令的麻烦。

（4）修改环境变量 profile

在 /etc/profile 中加入 MPICH2 可执行文件的环境变量 export PATH="$PATH:/usr/MPICH-install/bin"，用命令 source /etc/profie 使新增加的环境变量生效。

（5）添加 mpd.conf 文件

```
#echo "secretword=myword" >/etc/mpd.conf
#touch /etc/mpd.conf
#chmod 600 /etc/mpd.conf
```

（6）添加主机名称集合文件 mpd.hosts 文件

在 mpd.hosts 文件中加入如下主机名。

```
bc1n1
bc1n2
......
```

2. 客户端的配置

（1）挂载网络文件系统

在/usr/local 目录下创建 mpich2-install 文件夹，然后在/etc/fstab 中加入需要挂载的网络文件系统，将服务器端共享的工作区挂载到本地，内容如下。

```
server:/usr/local/mpich2-install /usr/local/mpich2-install nfs defaults      0 0
```

（2）添加环境变量

类似在服务器端，在/etc/profile 中加入 MPICH2 可执行文件的环境变量 export PATH="$PATH:/usr/MPICH-install/bin"，使用命令 source /etc/profie 使新增加的环境变量生效。

3. MPICH2 测试

切换到工作区，运行 mpdboot–n <number of hosts> -f mpd.conf，启动 mpi 的守护程序，该守护程序通知所有参与并行计算的计算节点，接下来运行 mpiexec–n <number of procesess> cpi 命令，测试由 MPICH2 提供的计算圆周率的并行程序，若运行完毕未出现错误提示，则表示 MPICH2 的环境配置成功。

10.4.2　OpenMP

OpenMP 是一种针对共享内存的多线程编程技术（SMP 是配合 OpenMP 进行多线程编程的最佳硬件架构），是由一些具有国际影响力的大规模软件和硬件厂商共同定义的标准。它是一种编译指导语句，是指导多线程、共享内存并行的应用程序编程接口（API）。OpenMP 是一种面向共享内存及分布式共享内存的多处理器多线程并行编程语言，是一种编程接口，可用于指导多线程、共享内存并行的应用程序，其规范由 SGI 发起。OpenMP 具有良好的可移植性，支持多种编程语言。OpenMP 能够支持多种平台，包括大多数的类 UNIX 及 Windows NT 系统。OpenMP 最初是为了共享内存多处理的系统结构而设计的并行编程方法，与通过消息传递进行并行编程的模型有很大的区别。这是用来处理多处理器共享一个内存设备的情况的。多个处理器在访问内存时使用的是相同的内存编址空间。SMP 是一种共享内存的体系结构，同时分布式共享内存的系统也属于共享内存多处理器结构，分布式共享内存将多机的内存资源通过虚拟化的方式形成一个统一的内存空间提供给多个机器上的处理器使用，OpenMP 对这样的机器也提供了一定的支持。

OpenMP 的编程模型以线程为基础，通过编译指导语句来显式地指导并行化，为编程人员提供了对并行化的完整控制。OpenMP 使用 Fork-Join（派生-连接，见图 10-3）并行执行模型。一个 OpenMP 程序从一个单个线程开始执行，在程序某点需要并行时，程序派生（Fork）出一些额外的（可能为 0 个）线程组成线程组，被派生出来的线程称为组的从属线程，并行区域中的代码在不同的线程中并行执行，程序执行到并行区域末尾，线程将会等待直到整个线程组到达，然后将它们连接（Join）在一起。在该点处线程组中的从属线程终止，而初始主线程继续执行，直到下一个并行区域到来。在一个程序中可以定义任意数目的并行块，因此，在一个程序的执行中可 Fork-Join 若干次。

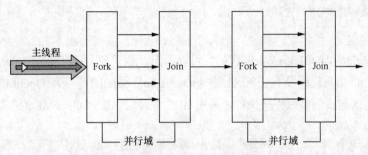

图 10-3　OpenMP 的工作原理

使用 OpenMP 在编译器编译程序时，会识别特定的注释，而这些特定的注释就包含 OpenMP 程序的一些语句。在 C/C++程序中，OpenMP 以#pragma omp 开始，后面跟具体的功能指令。

在 OpenMP 中，编译指导语句是用来表示开始并行运算的特定注释，在编译器编译程序时，编译指导语句能够被并行编译程序识别，串行编译程序则忽略这些语句。并行编译程序根据这些指导语句将相关代码转换成在并行计算机中运行的代码。一条编译指导语句由 directive（命令/指令）和 clause 1ist（子句列表）组成。OpenMP 的编译指导语句格式如下。

```
#pragma omp directive-name[clause[[, ]Clause]…]new-1ine
Structured-block
```

OpenMP 的所有编译指导语句以#pragma omp 开始，其中 directive 部分包含 OpenMP 的主要命令，包括 parallel、for、parallel for、section、sections、single、master、critical、flush、ordered、barrier 和 atomic。这些指令用来分配任务或同步。后面的可选子句 clause 给出了相应的编译指导语句的参数，子句可以影响编译指导语句的具体行为，每一个编译指导语句都有一系列适合它的子句，其中有 6 个指令（master、critical、flush、ordered、atomic、barrier）不能跟相应的子句。new-line 为换行符，表示一条编译指导语句的终止。编译指令不能嵌入 C、C++、Fortran 语句，C、C++、Fortran 语句也不能嵌入编译指令。

OpenMP 运行时库函数原本用来设置和获取执行环境相关的信息也包含一系列用以同步的 API。要使用运行时函数库包含的函数，应该在相应的源文件中包含 OpenMP 头文件，即 omp.h。OpenMP 运行时库函数的使用类似于相应编程语言内部的函数调用。

由编译指导语句和运行库函数可见，OpenMP 同时结合了两种并行编程的方式，通过编译指导语句，可以将串行的程序逐步改造成一个并行程序，达到增量更新程序的目的，从而在一定程度上减少程序编写人员的负担。同时，这样的方式也能将串行程序和并行程序保存在同一个源代码文件中，减少了维护的负担。在运行时，OpenMP 需要运行函数库的支持，并会获取一些环境变量来控制运行的过程。这里提到的环境变量是动态函数库中用来控制函数运行的一些参数。

OpenMP 的配置非常简单，GCC 4.2 以上版本的编译器都自带 OpenMP 的头文件和库，几乎不需要再做修改和配置就能使用 OpenMP 实现共享内存并行运行。下面通过一个实例来阐述在 Linux 下如何配置 OpenMP。

```
#include <opm.h>
```

```
int main( argc, argv)
int argc;
char **argv;
{
#pragma omp parallel
  printf( "Hello world!\n" );
    return 0;
}
```

考察上面这段最简单的 Hello World 代码，可以看出，除了多了一行#pragma omp parallel 以外，这段代码和普通的 C 语言代码没有任何区别，#pragma omp parallel 是一条 OpenMP 标准的语句，它的含义是让后面的语句按照多线程来执行。采用 GCC 编译时，加入 OpenMP 的参数-fopenmp，即可将程序并行化，命令如下。

```
[root@localhost ~]# gcc -fopenmp helloworld.c
[root@localhost ~]# ./a.out
Hello world!
```

编译、执行程序，屏幕上打印出了一遍"Hello world!"。

-fopenmp 是 GCC 编译支持 OpenMP 程序的参数，GCC4.2 以上版本默认支持 OpenMP。

由于系统环境变量中的 NUM_OMP_THREADS 的值默认为 1，所以程序只使用一个线程来执行。如果要使用多个线程执行程序，可以修改环境变量 NUM_OMP_THREADS，命令如下。

```
[root@localhost ~]# NUM_OMP_THREADS=5
[root@localhost ~]# export NUM_OMP_THREADS
[root@localhost ~]# ./a.out
Hello world!
Hello world!
Hello world!
Hello world!
Hello world!
```

以上命令表示给线程数量的环境变量 NUM_OMP_THREADS 赋值为 5 并导出，再执行程序，得到 5 遍的"Hello world!"，说明程序将打印语句用 5 个线程分别执行了一遍。如果不希望受到运行系统环境变量的限制，也可以将代码#pragma omp parallel 替换为#pragma omp parallel num_threads(10)，编译之后再执行程序，得到 10 遍的"Hello world!"，这时无论环境变量 NUM_OMP_THREADS 的值为多少，都只能得到 10 遍的"Hello world!"。

10.5 集群系统的管理与任务

10.5.1 XCAT 简介

一个普通的小规模集群系统（节点小于 10）在没有集群管理软件管理的情况下，通过手动安装、配置每台计算节点，其工作量之大是可想而知的。以一个包含 10 个节点的集群系统为例，在每一台计算节点上安装操作系统、配置并行计算环境、同步集群用户，在保证不出错的情况下，花费的时间大约是 2 小时，10 个计算节点一共需要 20 小时左右，这还是一个比较小的集群系统，如果像石油勘探、天气预报等使用的动辄几百个节点的集群系统，照这种方法逐个配置计算节点，显然耗费的时间更多，而且重启计算节点也必须逐个进行，操作极其烦琐，因此需要集群管理软件来管理集群系统，提高工作效率。

XCAT（Extreme Cluster Administration Toolkit）是由大型计算设备提供商 IBM 开发的一套集群管理套件，在 IBM 的刀片箱上集成了一个 KVM 的硬件模块，该模块控制箱内的所有刀片，包括电源开关、启动顺序等，XCAT 可以控制 KVM 模块，用户可以通过该套件实现对集群计算节点的管理，使集群管理更容易，用户只需要安装好管理节点，配置好 XCAT 的相关参数，就可以执行通过 XCAT 控制计算节点的安装（使用 PXE 网络启动和 KickStart）、配置、重启等操作，特别是使用 XCAT 安装计算节点，在管理节点上设置要安装源以后，运行发送命令，计算节点就会自动从管理节点同步安装文件，自动将管理员设置好的软件包等安装到计算节点上，无须管理员逐个安装和配置每台计算节点，为集群管理员节省了大量时间。

10.5.2　XCAT 的配置

XCAT 能帮助管理员有效管理集群，避免了手动管理每个集群计算节点的麻烦。只需要在管理节点上安装和配置好 XCAT 的运行环境，就能使集群的管理更加简单。

XCAT 安装的前提条件是，管理节点上至少要有两个网卡，一个对内部的计算节点进行管理，一个对外提供计算应用，除此之外，还需要如下 4 个 XCAT 的软件包。

```
xcat-dist-core-1.2.0-RC3.tgz
xcat-dist-doc-1.2.0-RC3.tgz
xcat-dist-ibm-1.2.0-RC3.tgz
xcat-dist-oss-1.2.0-RC3.tgz
```

10.5.3　使用 XCAT 安装计算节点

10.5.2 节介绍了安装 XCAT 所需的安装包，待安装配置完成后，就可以通过 XCAT 安装计算节点。在安装计算节点前，还需要设置系统安装镜像及 NFS、TFTP 服务等，接下来将介绍安装计算节点的过程。

首先要利用 Linux 的安装光盘建立安装计算节点需要的操作系统下载源，这样当所有的计算节点开始安装系统时会自动到管理节点上下载安装包到本地执行安装。这需要在管理节点上打开 TFTP 服务，XCAT 整合了这些烦琐的操作，只需要运行一个命令 copycds 就可以实现。运行完这个命令后，会在根目录下生成 install 文件夹，在这个文件夹下生成系统的安装源文件。以 64 位的 Red Hat Enterprise Linux 为例，生成目录为/install/rhel-SERVER5.3/x86_64，复制安装源文件这个过程会耗费约 10 分钟，具体时间根据管理节点的性能而有差异。复制完安装源文件，接下来再复制 XCAT 目录下保存的系统安装完成后额外需要安装的软件，命令如下。

```
#cd /opt/xcat
#find post -print | cpio -dump /install
```

安装源和额外安装的软件配置完成后，需要建立计算节点启动的镜像文件，以便于计算节点从网卡启动时，自动从管理节点上下载启动镜像文件，命令如下。

```
#cd /opt/xcat/stage
#./mkstage
```

完成上面的设置以后，为确保 XCAT 正常控制计算节点，可以先测试电源管理命令，以查看 XCAT 是否正常检测计算节点的状态，在管理节点的终端输入如下命令。

```
#rpower compute stat
```

若返回如下计算节点的状态信息，则表示 XCAT 已能正常控制计算节点，否则应根据错误提示，重新配置 XCAT。

```
Bc1n1: on
Bc1n2: on
Bc1n3: on
Bc1n4: on
......
Bc1n12: on
Bc1n13: on
Bc1n14: on
```

　　XCAT 的所有配置完成以后，接下来要进行计算节点的系统安装，前面提到，采用 XCAT 来安装计算节点不仅能节省大量的时间，而且所有计算节点的环境都是一样的，XCAT 安装计算节点非常简单，只需要运行几个命令即可，剩下的事交给 XCAT 处理就可以了。首先要通过 XCAT 设置计算节点的启动顺序，由于计算节点是采用网卡引导安装的，因此需要将网卡的启动顺序设置在最前面，命令如下。

```
#rbootseq compute n,c,f,h
```

　　该命令的作用是设置计算节点的启动顺序为 network、cdrom、floppy、harddisk。

　　接下来执行节点的安装命令。

```
#nodeset blade install
```

　　其中 blade 为计算节点所属的组，安装的目标为 blade 组中的所有计算节点，也可以用范围来表示，如要安装 bc1n1 至 bc1n14 的计算节点，可以用命令 nodeset bc1n1-bc1n14 install，执行完 nodeset 命令后，XCAT 中的 nodelist 表的状态会发生改变，该表中的 status 列显示为 installing，表示 XCAT 已经将计算节点的状态置于待安装状态，只要重启计算节点，从网卡启动计算节点，就可以开始安装计算节点，可以用 tabdump nodelist 命令来查看该状态，nodelist 表的内容如下。

```
#node,groups,status,appstatus,comments,disable
"unknown","compute,mm,maths,blade,all ",,,,"1"
"bc1","mm,all","alive",,,
"bc1n8","compute,blade,all ","installing",,,
"bc1n4","compute,maths,blade,all ","installing",,,
"bc1n7","compute,blade,all ","installing",,,
"bc1n12","compute,blade,all ","installing",,,
"bc1n2","compute,maths,blade,all","installing",,,
"bc1n14","compute,blade,all ","installing",,,
"bc1n9","compute,blade,all ","installing",,,
"bc1n13","compute,blade,all ","installing",,,
"bc1n1","compute,blade,all ","installing",,,
"bc1n6","compute,blade,all ","installing",,,
"bc1n10","compute,blade,all ","installing",,,
"bc1n3","compute,maths,blade,all ","installing",,,
"bc1n5","compute,maths,blade,all ","installing",,,
"bc1n11","compute,blade,all ","installing",,,
```

　　然后重新启动所有的计算节点，剩下的工作就是等待 XCAT 控制所有计算节点完成系统的安装。重启计算节点的命令如下。

```
#rpower blade reset
```

　　安装完所有计算节点以后，需要配置管理节点上的资源，包括生成 SSH 密钥、建立 NFS 服务等，具体步骤如下。

① 生成 root 的 SSH keys。

```
#gensshkeys root
在/opt/xcat/etc/下将生成一个 gkh 文件
```

② 更新/etc/exports 文件。

```
#vi /etc/exports
/opt/xcat *(ro,no_root_squash,sync)
/usr/local *(ro,no_root_squash,sync)
/install *(ro,async,no_root_squash)
/home    *(rw,no_root_squash,sync)
```

③ 启动 NFS 服务或使用 exportfs。

```
#service nfs start
```

或

```
#exportfs-rv
exporting *:/xcatdata/install
exporting *:/xcatdata/local
exporting *:/xcatdata/home
exporting *:/xcatdata/xcat
```

④ 安装结束后，收集 SSH host keys。

```
#makesshgkh compute
```

⑤ 测试 psh，查看各节点时间是否正常。

```
#psh compute date; date
```

10.5.4　使用 XCAT 管理计算节点

XCAT 安装配置完成计算节点的安装后，需要添加集群的用户，与单独的服务器不同，这不仅需要在管理节点上建立集群用户，管理节点上的用户还必须在计算节点上存储一份镜像，以便于集群用户能使用所有的节点。

首先在管理节点添加集群用户和用户组。

```
[root]# groupadd ibm
[root]# addclusteruser
Enter username: hpcuser
Enter group: hpcuser
Enter UID (return for next): 501
Enter absolute home directory root: /home
Enter passwd (blank for random): redbook
Changing password for user ibm.
passwd: all authentication tokens updated successfully.
```

在集群管理节点上完成用户和组的建立后，将所有集群用户同步到所有计算节点上，利用命令 pushuser 执行。

```
[root]# pushuser all hpcuser
```

在没有安装 XCAT 的集群上，计算节点间的文件复制是比较费力的，必须重复使用 scp 命令将文件复制到各个计算节点上，虽然可以使用脚本编程语言用循环来实现，但其工作量也不小，另外，有些需要在每个计算节点上依次执行的命令，如果按照传统的方式登录到计算节点上执行，工作难度可想而知。针对节点间文件复制和命令执行不方便这两个问题，XCAT 提供了 pscp 和 psh 命令，使用它们可以实现计算节点文件的并行复制和命令的并行执行，只需一个命令就可以向所有的节点复制文件或执行命令。另外，XCAT 还提供了并行网络检测命令 pping、节点电源控制命令 rpower 等，大大减轻了管理员的工作负担。

① 并行执行 psh 命令可以在管理节点上并行执行计算节点上的命令。

```
[root]# psh bc1n1-bc1n3 uname -r
Bc1n2: 2.6.9-34.EL
Bc1n1: 2.6.9-34.EL
Bc1n3: 2.6.9-34.EL
```

② 并行远程复制命令 pscp 可以并行复制文件到计算节点上。

```
[root]# pscp -r /usr/local bc1n1,bc1n3:/usr/local
[root]# pscp passwd group all:/etc
```

③ 并行网络连接测试命令 pping 可以并行测试集群计算节点的网络状态。

```
[root]# pping bc1n4-bc1n6
Bc1n4: ping
Bc1n6: ping
Bc1n5: noping    //表示网络不能到达
```

④ 远程电源控制命令 rpower 控制电源。

```
rpower [noderange] [on|off|stat|state|reset|boot|cycle]
[root]# rpower bc1n4,bc1n5 stat
Bcn14: on
Bc1n5: off
[root]# rpower  bc1n5 on
Bc1n5: on
```

10.6 PBS

PBS（Portable Batch System）最初由 NASA 的 Ames 研究中心开发，目的是提供一个能满足异构计算网络需要的软件包，特别是满足高性能计算的需要。它力求提供对批处理的初始化和调度执行的控制，允许作业在不同主机间路由。PBS 独立的调度模块允许系统管理员定义资源和每个作业可使用的数量。调度模块存有各个可用的排队作业、运行作业和系统资源使用状况信息，系统管理员可以使用 PBS 提供的 TCL、BACL、C 过程语言。PBS 的调度策略很容易修改，以适应不同的计算需要和目标。

1. PBS 的结构及功能

PBS 主要由 4 个部分组成：控制台、服务进程、调度进程和执行进程。控制台实质上由 PBS 提供的一系列命令构成，PBS 还提供了图形化界面 XPBS，实现图形界面与 PBS 命令的映射；服务进程即 pbs_server（简称 server），是 PBS 运行的核心，它集中控制整个集群上的作业运作。调度进程即 pbs_sched，它包含了作业运行及运行地点和时间的站点控制策略。执行进程即 pbs_mom，实际上由它产生所有正在执行的作业。

2. 调度策略

PBS 为了调度那些应该放到执行队列的作业，提供了一个单独的进程。这是一个灵活的机制，可以实现大量的策略。这个调度程序使用标准的 PBS API 来和服务器通信，使用一个额外的 API 来和 PBS 执行进程通信。使用一些额外提供的 API，可以增强调度的策略，进而实现一个可替换的调度程序。第一代批处理系统和许多其他的批处理系统都使用大量基于限制作业或控制调度作业的队列。为了按照时间来控制作业的排序，队列会被打开或关闭，或者限制在队列里运行作业的数量；而 PBS 支持多重队列，并且这些队列有很多其他批处理系统使用的作业调度属性，PBS 服务器本身并不运行作业，也不添加任何限制，这些都是由队列属性实现的。事实上，调度程序仅仅拥有不超过一个有管理员特权的客户端。

控制调度的服务器和队列属性可以通过拥有特权的客户端来调整，这些特权命令是 qmgr。然而，这些控制通常驻留在调度程序上，而不是服务器上。这些调度程序必须检查服务器、队列和作业的状态，决定服务器和队列属性的设置。在之后的决策中，调度程序必须使用这些设置。

另一个方法就是 whole pool 方法，所有的作业都放在一个单独的队列中，调度程序评估每个作业的特点并且决定运行哪一个作业。这些策略能很容易地包括一些因素，如每天的运行时间、系统的装载、作业的大小等。队列里作业的排序不需要考虑。这个方法的主要优势在于用户可以根据自己的主要需求来产生策略，通过调度，使当前的作业更好地适应当前可用的资源。

3. PBS 系统中的作业执行

PBS 系统中的作业执行主要依靠服务进程、调度进程、执行进程等部分，如图 10-4 所示，简单的执行过程如下。

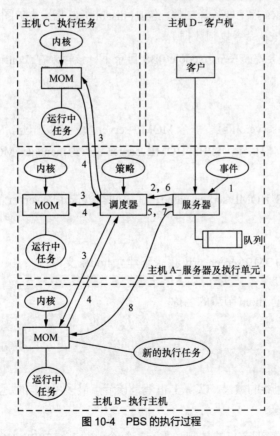

图 10-4　PBS 的执行过程

① 由客户产生事件，事件通知服务进程开始一个调度周期。

② 服务进程发送一个调度命令给作业调度器。

③ 作业调度器向执行进程请求可利用的资源信息。

④ 执行进程返回给作业调度器一个资源信息。

⑤ 得到资源信息后，调度器向服务进程请求作业信息。

⑥ 服务进程接受请求，并发送作业信息至作业调度器，产生执行作业的策略。

⑦ 作业调度器发送执行作业请求至服务进程。

⑧ 服务进程接受请求后，发送作业至执行进程执行作业。

10.6.1 PBS 的安装

PBS 的安装比较简单，应该说是一个标准的 Linux 的 tarball 安装方式。安装过程主要有如下几个步骤。

（1）下载 PBS 的源码包。

```
OpenPBS-2.3.12sc2.tar
```

（2）解压缩软件包。

```
#tar zxvpf OpenPBS-2.3.12sc2.tar
```

（3）进入相应的目录，配置、编译。

```
#cd SPBS-1.0.0$./configure --enable-docs --disable-gui$make
#make install
```

其中，选项--enable-docs 指定要编译文档，选项--disable-gui 指定去掉图形界面，选项--enable- scp 先使用 scp 命令，再使用 rcp 命令复制数据。

在默认情况下，PBS 会安装在/usr/spoole/PBS 目录下，该目录在./configure 时指定–prefix。

10.6.2 PBS 的配置

PBS 系统必须有一个 server 和至少一个 MOM，server 负责提交作业，MOM 接受 server 的控制，负责执行作业。假设 PBS 的根目录为$PBS_HOME，server 节点为 manager，MOM 节点为 bc1n1-bc1n14。

1. 配置 server_name

编辑所有节点的$PBS_HOME/server_name，在里面写入选定的 server 的主机名，例如：

```
manager
```

2. 配置管理节点

在 manager 的$PBS_HOME/server_priv 目录下建立 nodes 文件。

```
#touch nodes
```

在 nodes 文件写入所有 mom 节点的名称。

```
bc1n1 np = 4
bc1n2 np = 4
......
bc1n14 np = 4
```

其中 np 表示虚拟处理器的数量，实际上也就是该节点最多可以同时运行多少个任务。

3. 配置计算节点

为了使计算节点接受管理节点的控制，需编辑每个计算节点$PBS_HOME/mom_priv 目录下的 config 文件，写入如下信息。

```
$logevent 0x1ff$clienthost manager
```

$logevent 用于指定日志的级别，使用默认值即可，$clienthost 为指定 server 的地址。

10.6.3　PBS 的作业管理

PBS 安装配置完毕后需启动服务，可以手动执行启动，也可以在 rc.local 文件中加入启动脚本，最好按 mom、server、sched 的顺序启动命令，具体如下。

```
#/usr/local/sbin/pbs_mom
# /usr/local/sbin/pbs_server -t create
#
/usr/local/sbin /pbs_sched
```

其中-t create 在第一次启动时，用于创建一些初始化的必要环境，以后启动就不再需要了。

接下来创建作业队列，PBS 中的队列分为执行队列和路由队列两种类型。下面是创建队列的脚本。

```
#
# Create and define queue verylong
#
create queue verylong
set queue verylong queue_type = Execution
set queue verylong Priority = 40
set queue verylong max_running = 10
set queue verylong resources_max.cput = 72:00:00
set queue verylong resources_min.cput = 12:00:01
set queue verylong resources_default.cput = 72:00:00
set queue verylong enabled = True
set queue verylong started = True
#
# Create and define queue long
#
create queue long
set queue long queue_type = Execution
set queue long Priority = 60
set queue long max_running = 10
set queue long resources_max.cput = 12:00:00
set queue long resources_min.cput = 02:00:01
set queue long resources_default.cput = 12:00:00
set queue long enabled = True
set queue long started = True
#
# Create and define queue medium
#
create queue medium
set queue medium queue_type = Execution
set queue medium Priority = 80
set queue medium max_running = 10
set queue medium resources_max.cput = 02:00:00
set queue medium resources_min.cput = 00:20:01
set queue medium resources_default.cput = 02:00:00
set queue medium enabled = True
set queue medium started = True
#
# Create and define queue small
#
create queue small
set queue small queue_type = Execution
set queue small Priority = 100
```

```
set queue small max_running = 10
set queue small resources_max.cput = 00:20:00
set queue small resources_default.cput = 00:20:00
set queue small enabled = True
set queue small started = True
#
# Create and define queue default
#
create queue default
set queue default queue_type = Route
set queue default max_running = 10
set queue default route_destinations = small
set queue default route_destinations += medium
set queue default route_destinations += long
set queue default route_destinations += verylong
set queue default enabled = True
set queue default started = True
#
# Set server attributes.
#
set server scheduling = True
set server max_user_run = 6
set server acl_host_enable = True
set server acl_hosts = *
set server default_queue = default
set server log_events = 63
set server mail_from = adm
set server query_other_jobs = True
set server resources_default.cput = 01:00:00
set server resources_default.neednodes = 1
set server resources_default.nodect = 1
set server resources_default.nodes = 1
set server scheduler_iteration = 60
set server default_node = 1
#shared
```

该脚本定义了 verylong、long、medium、small 这 4 个作业队列和一个 default 路由队列，里面几个比较重要的属性如下。

① Enabled 表示作业队列可用，也就是可以往里面添加新的作业了。

② actived 指示作业队列处于活动状态，可以参与调度了。

③ server 的 scheduling 属性指示 server 开始调度。

PBS 队列创建完毕，接下来要编写 PBS 脚本，下面是 PBS 脚本的示例。

```
#!/bin/sh
#PBS -N myjob
#PBS -l ncpus=25
#PBS -l mem=213MB
#PBS -l walltime=3:20:00
#PBS -o mypath/my.out
#PBS -e mypath/my.err
#PBS -q default
mpiexec -f mpd.hosts -np 14 ./cpi
```

其中第一行表示该文件为一个 Shell 脚本，从第二行开始为 PBS 的脚本。-N myjob 表示作业的名称，即提交作业后，在作业队列中可以看到的作业名称。ncpus 表示给该作业分配多少个 CPU，这个脚本中分配了 25 个 CPU。mem 表示为作业分配的内存大小,该脚本中为作业分配了 213MB 内存。walltime 表示该作业可以执行的墙上时间。-o mypath/my.out 表示作业运行完毕后,运行输出结果的存储路径,作业完成计算后,会在 mypath/my.out 中输出计算结果。-e mypath/my.err 表示作业出现错误时输出的错误信息。-q default 表示该作业隶属于 default 队列。最后一行表示并行程序的执行,其中 -f mpd.hosts 表示该作业要用到 mpd.hosts 中列举的计算节点,-np 表示该作业使用的进程数,cpi 表示已编译好的并行程序。

编写完 PBS 作业脚本以后,就可以提交作业了,提交 PBS 作业很简单,只需要运行 qsub 命令加上作业脚本名称即可,具体如下。

```
#qsub pbs_script
```

作业提交完成后,用户可以使用 qstat 命令查询自己提交作业的状态,下面是执行 qstat 命令后系统返回的结果。其中 Job id 表示该作业在队列中的序号,Name 是作业名称,User 表示提交该作业的用户名称,Time Use 表示该作业已执行的时间,S 表示作业的状态,R 状态表示正在运行(Running),Queue 表示作业所在的队列。

```
Job id          Name            User          Time Use   S   Queue
--------------  --------------  ------------  --------   -   ----------------------
48.manager      pbstest         test1         00:00:05   R   default
```

qstat 命令的参数与操作如表 10-2 所示。

表 10–2　qstat 命令的参数

命令与参数	操　　作
qstat-q	列出系统的所有队列状态
qstat-Q	列出系统队列的限制值
qstat-a	列出系统的所有作业
qstat-au userid	列出指定用户的所有作业
qstat-B	列出 PBS Server 信息
qstat-r	列出所有正在运行的作业
qstat-f jobid	列出指定作业的信息
qstat-Qf queue	列出指定队列的信息

作业提交以后,如果用户想撤销该作业,可以使用 qstat 命令查询到该作业的 ID,然后执行 qdel 命令将作业从作业队列中删除,命令如下。

```
#qdel jobID
```

10.7　Maui

Maui 是一个高级的作业调度器,它采用积极的调度策略优化资源的利用和减少作业的响应时间。Maui 的资源和负载管理允许高级的参数配置:作业优先级(Job Priority)、调度和分配(Scheduling and Allocation)、公平性和公平共享(Fairness and Fairshare)、预留策略(Reservation Policy)。Maui 的 QoS 机制允许资源和服务的直接传递、策略解除(Policy Exemption)和指定特征的受限访问。Maui 采用高级的资源预留架构可以保证精确控制资源何时、何地、被谁、怎样使用。Maui 的预留架构完全支持非入侵式的元调度。

在集群系统中，作业管理系统是很重要的一部分。好的作业管理系统能够公平、合理地分配计算资源，杜绝资源浪费。

在小型的集群系统中，人们一般用 Torque PBS 作为作业管理系统，它本身自带一个管理工具——pbs_sched，该管理工具能够根据先进先出的原则安排作业，对一般的集群管理应该是足够了。但如果集群有几十个节点，分成若干个队列，pbs_sched 就力不从心了。

为此，Torque 推出了一个免费的管理软件 Maui，它能够实现多个队列、多个用户的作业管理，允许管理人员建立各种作业排队的规则，是一款很好的小型集群系统作业管理软件。下面是它的安装简介，前提是先安装调试好 Torque PBS 后，用 Maui 替代 pbs_sched。

（1）在管理节点上安装 Maui。

```
#  /home/tgz/torque/maui-3.2.6p21/configure --with-pbs=/usr/local
#  make
#  make install
```

（2）修改 ui 的守护程序，并修改 MAUI_PRFIX 指定 Maui 所在路径。

```
#  cp /home/tgztorque/maui-3.2.6p21 /etc/maui.d /etc/init.d/
#  vi /etc/init.d/maui.d
   MAUI_PREFIX=/usr/local/maui
```

（3）启动 Maui 的守护程序。

```
#  /etc/init.d/maui.d start
#  chkconfig --add maui.d
#  chkconfig --level 3456 maui.d on "
#  chkconfig --list maui.d
```

10.8　Ganglia

Ganglia 监控软件是用来监控系统性能的软件，如 CPU、内存、硬盘的利用率，I/O 负载，网络流量情况等，通过曲线很容易看到每个节点的工作状态，对合理调整、分配系统资源，提高系统整体性能起到重要的作用。Ganglia 由加州大学伯克利分校开发，是一个为诸如大规模集群和分布式网格等高性能计算系统开发的一个可扩展的监控系统。Ganglia 由两个 Daemon，分别是客户端 Ganglia Monitoring Daemon（ gmond ）和服务端 Ganglia Meta Daemon（ gmetad ），以及 Ganglia PHP Web Frontend（ 基于 Web 的动态访问方式 ）组成，是一个 Linux 下图形化监控系统运行性能的软件，但不能监控节点硬件技术指标。

Ganglia 系统建立在分级、联邦的基础之上，其采用树状结构，这使它有很好的可扩展性，很容易适应不同规模的集群系统。基于 XML 技术的数据传递将系统的状态数据跨越不同的系统平台进行交互。用简洁紧凑的 XDR 作为集群系统内部各节点发布数据的方式和设置阈值，使 Ganglia 具有很低的额外开销。但由于每个节点要保存所有节点的状态信息，所以单节点的资源使用量会随着节点的增多而增大。同时监控数据采用多播的数据发布方式，当性能数据量增大或性能数据变化较快时，会对网络性能有一定的影响。

10.8.1　Ganglia 的安装

RRDTool 安装完成后，可以开始安装 Ganglia，先下载 Ganglia 的安装包到/tmp/，安装命令如下。

```
cd /tmp/
tar zxvf Ganglia*gz
cd Ganglia-3.1.1/
./configure --with-gmetad
make
make install
```

10.8.2 Ganglia 的配置

对每台需要监视的客户端，即监视节点，都只需要安装 Ganglia-gmond，安装后要启动服务。

```
#service gmond start
#chkconfig gmond on
```

然后修改计算节点的配置文件。

修改/etc/gmond.conf：

```
cluster {
  name = "manager"  (本网段的名称或集群的名称，在 Ganglia 网页中显示的是每个集群系统的名称)
  owner = "HPCUSER"  (所有者)
  latlong = "unspecified"  (经纬度)
  url = "unspecified"
}
```

找到 tcp_accept_channel，在其中加入服务器的 IP 地址。

```
tcp_accept_channel {
  port = 8649
  acl {
  default = "deny"
  access {
    ip = 192.168.0.1
    mask = 32
    action = "allow"
  }
 }
 }
```

至此，Ganglia 的配置就完成了。

10.8.3 Ganglia 的资源监控

Ganglia 最主要的功能是监控集群系统中各个节点的 CPU、内存、网络吞吐量的情况。图 10-5 所示为集群系统在某个时间段内的资源总体消耗情况，100+表示集群资源占用非常高，75～100 次之，0～25 表示集群系统资源空闲。

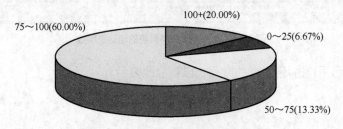

图 10-5　集群系统资源负载百分比

图 10-6 所示为集群系统在某小时内的资源使用情况，分别对应集群系统的进程数、CPU 占用百分比、内存占用总数、网络流量。

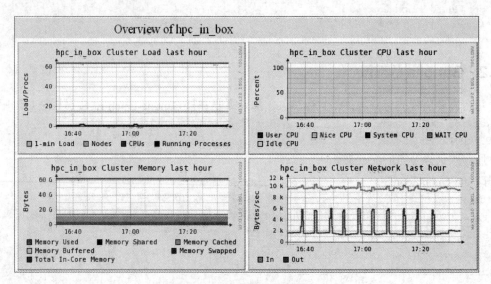

图 10-6　集群系统资源使用情况

图 10-7 所示表示集群系统中的节点数和 CPU 核心数。

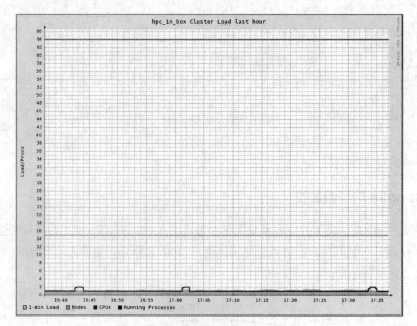

图 10-7　上一小时集群系统的活动进程数

图 10-8 所示表示用户占用 CPU 的时间，以百分比表示。

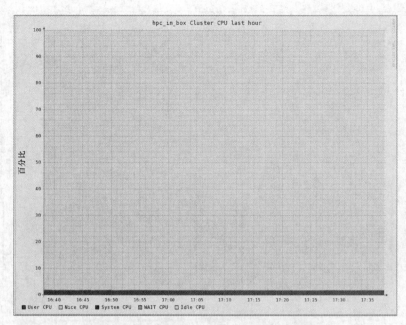

图 10-8　上一小时集群系统处理器资源的占用情况

图 10-9 表示集群系统的内存和交换内存（Swap）使用情况。

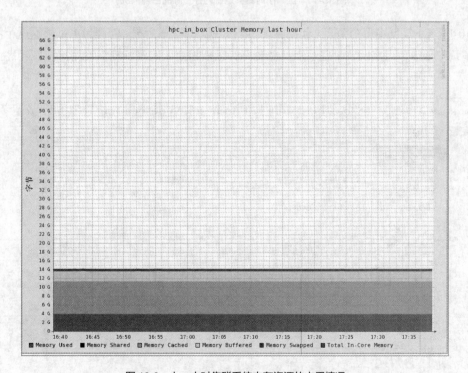

图 10-9　上一小时集群系统内存资源的占用情况

图 10-10 表示集群系统网络资源的占用情况。

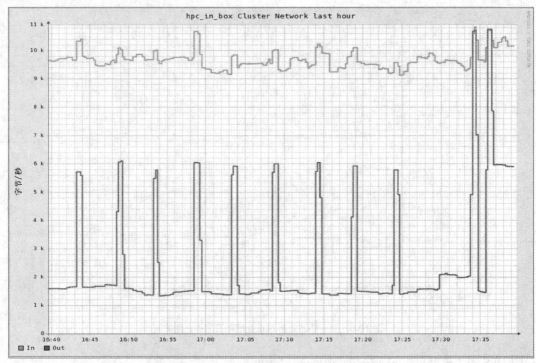

图 10-10　上一小时集群系统内存资源的占用情况

图 10-11 表示集群中每个节点（包括管理节点）资源的占用情况。管理员可以根据这个监控图查看集群系统中哪些节点空闲，哪些节点负载较高，以便将空闲的资源提供给用户和减轻高负载节点的负荷。

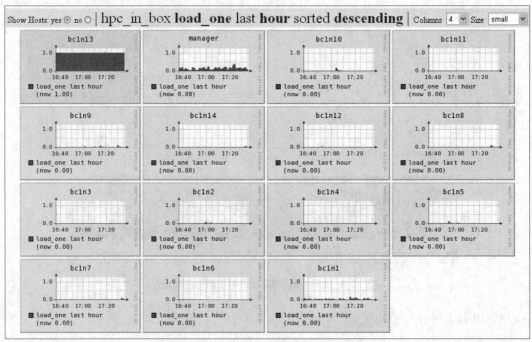

图 10-11　集群系统计算节点资源的使用情况

图 10-12 表示集群系统中某个节点的总体情况，蓝色的主机标志该集群系统节点正在运行中，且资源比较空闲，若该主机标志为橙色或者红色，则表示该节点负载较高。可以根据该概况图查看集群系统的硬件配置和系统参数，图中表示该节点有 4 个 CPU，每个 CPU 的频率为 2GHz，物理内存为 4GB，交换内存约为 10GB。该节点的操作系统为 Linux X86_64，2.6.28 内核。

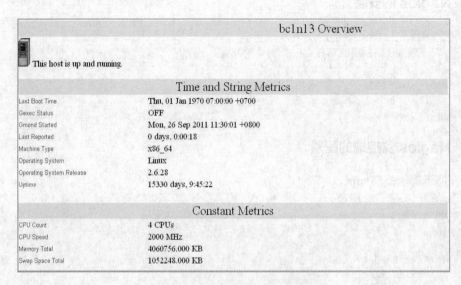

图 10-12　节点硬件与系统配置

10.9　Nagios

Nagios 是监视系统运行状态和网络信息的监视系统。Nagios 能监视指定的本地或远程主机及服务，同时提供异常通知功能等。Nagios 可运行在 Linux/UNIX 平台之上，同时提供一个可选的基于浏览器的 Web 界面，以方便系统管理人员查看网络状态、各种系统问题及日志等。Nagios 具有如下功能。

（1）网络服务监控（SMTP、POP3、HTTP、NNTP、ICMP、SNMP、FTP、SSH）。

（2）主机资源监控（CPU load、disk usage、system logs），也包括 Windows 主机（使用NSClient++plugin）。

（3）可以指定自己编写的 Plugin 通过网络收集数据来监控任何情况（如温度、警告）。

（4）可以通过配置 Nagios 远程执行插件、远程执行脚本。

（5）远程监控支持 SSH 或 SSL 加通道方式进行监控。

（6）简单的 plugin 设计允许用户很容易地开发自己需要的检查服务，支持很多开发语言（如 Shell Scripts、C++、Perl、Ruby、Python、PHP、C#等）。

（7）包含很多图形化数据 Plugins（Nagiosgraph、Nagiosgrapher、PNP4Nagios 等）。

（8）并行服务检查。

（9）能够定义网络主机的层次，允许逐级检查，就是从父主机开始向下检查。

（10）当服务或主机出现问题时发出通告，可通过 E-mail、Pager、SMN 或任意用户自定义的 plugin 通知。

（11）能够自定义事件处理机制，重新激活出问题的服务或主机。

（12）自动日志循环。

（13）支持冗余监控。

（14）包括 Web 界面可以查看当前的网络状态、通知、问题历史、日志文件等。

10.9.1 Nagios 的安装

在安装之前首先检测系统是否安装以下包。

```
httpd php gcc glibc glibc-common gd gd-devel
#rpm -qa | grep httpd
#rpm -qa | grep php
....
#rpm -qa | grep gd
```

10.9.2 Nagios 监控端的配置

（1）在服务器端安装 nrpe。

```
#tar zxvf nrpe-2.12.tar.gz
#cd nrpe-2.12
#./configure
#make all
#make install-plugin
#make install-daemon
#make install-daemon-config
# ls /usr/local/nagios/libexec/check_nrpe
/usr/local/nagios/libexec/check_nrpe
```

（2）配置 Nagios 主配置文件 nagios.cfg。

```
# cat nagios.cfg   只写出改动文件，下同
cfg_file=/usr/local/nagios/etc/objects/commands.cfg
cfg_file=/usr/local/nagios/etc/objects/contacts.cfg
cfg_file=/usr/local/nagios/etc/objects/timeperiods.cfg
cfg_file=/usr/local/nagios/etc/objects/templates.cfg
```

新添加下面 4 句，指向子文件所在的位置。

```
cfg_file=/usr/local/nagios/etc/hosts.cfg
cfg_file=/usr/local/nagios/etc/hostgroups.cfg
cfg_file=/usr/local/nagios/etc/contactgroups.cfg
cfg_file=/usr/local/nagios/etc/services.cfg
# Definitions for monitoring the local (Linux) host
#cfg_file=/usr/local/nagios/etc/objects/localhost.cfg  command_check_interval=10s
#command_check_interval=-1  #原来为-1，改成10s
```

（3）由步骤（2）新添加的 4 句，创建文件 hosts.cfg hostgroup.cfg contactgroups.cfg services.cfg。

（4）配置 hosts.cfg、hostgroup.cfg、contactgroups.cfg。

```
# cat hosts.cfg
define host {
host_name        nagios-server          #与hostgroup.cfg定义的保持一致
alias            nagios server
address          192.168.0.13           #被监控主机IP
contact_groups   sagroup                #监控用户所在的组名，在contactgroups.cfg定义
check_command    check-host-alive       #此为一个命令，在objects/commands.cfg中有定义，必须定义
max_check_attempts       5              #检测次数，一般为3~5次
```

```
notification_interval    10              #检测时间间隔，单位为分钟，根据自己的情况确定
notification_period      24x7            #代表不间断地检测，不能为*，只能为x，下同
notification_options     d,u,r           #此为状态描述 d-down,u-unreacheable,r-recovery
}
---------------------------------------------------
# cat hostgroup.cfg 定义组与组成员
define hostgroup {
hostgroup_name  sa-servers
alias           sa servers
members         nagios-server           #（如果有多用户，可以以 “，” 分隔，不能有空格）
}
# cat contactgroups.cfg
define contactgroup {
contactgroup_name    sagroup
alias                system administrator group
members              nagiosadmin
}
```

（5）配置 cgi.cfg。

```
# cat cgi.cfg
use_authentication=0                     #改成 0 表示不对用户进行 cgi 验证
authorized_for_system_information=nagiosadmin  #因为当时创建的管理用户就是 nagiosadmin，
#所以此处不用修改，如果创建用户为其他，则要修改，如果创建多个用户，可以用 “，” 分隔。
authorized_for_configuration_information=nagiosadmin
authorized_for_system_commands=nagiosadmin   # * 此处即使是其他用户，也不能改动*
authorized_for_all_services=nagiosadmin
authorized_for_all_hosts=nagiosadmin
authorized_for_all_service_commands=nagiosadmin
authorized_for_all_host_commands=nagiosadmin
```

（6）配置 nrpe.cfg。

```
# cat nrpe.cfg | sed -n '/^[^#]/p'
log_facility=daemon
pid_file=/var/run/nrpe.pid
server_port=5666         #端口号，可以改动
nrpe_user=nagios
nrpe_group=nagios
allowed_hosts=127.0.0.1,192.168.0.13     #此处是可以连接管理此主机的服务器,也就是监控服务器的 IP
 dont_blame_nrpe=0
debug=0
command_timeout=60
connection_timeout=300
#下面是定义的命令
command[check_users]=/usr/local/nagios/libexec/check_users -w 5 -c 10      #连接用户数,
#超过 5 个 warning, 10 个 Cirtical（严重）
command[check_load]=/usr/local/nagios/libexec/check_load -w 15,10,5 -c 30,25,20
#负载情况，这 3 个数表示当前、5 分钟内、15 分钟内
command[check_zombie_procs]=/usr/local/nagios/libexec/check_procs -w 5 -c 10 -s Z
#使用内存
command[check_total_procs]=/usr/local/nagios/libexec/check_procs -w 150 -c 200 #总内存
command[check_swap]=/usr/local/nagios/libexec/check_swap -w 20% -c 10%   #交换分区使用率
command[check_disk]=/usr/local/nagios/libexec/check_disk -w 20% -c 10% -p /dev/sda3
```

157

#磁盘分区使用率

（7）配置 objects/contacts.cfg。

```
# cat objects/contacts.cfg
define contact{
contact_name                        nagiosadmin
alias                               system administrator
service_notification_period    24x7
host_notification_period       24x7
service_notification_options    w,u,c,r      #代表 Warning、Unknown、Critical、recovery
host_notification_options       d,u,r
service_notification_commands
notify-service-by-fetion,notify-service-by-sms   #指明报警方式
host_notification_commands    notify-host-by-fetion,notify-host-by-sms        #同上
email                 **********@139.com
pager                 15******13
}
```

（8）配置 objects/commands.cfg。

```
# cat objects/commands.cfg
# 'check-host-alive' define command
define command{
        command_name    check-host-alive
        command_line    $USER1$/check_ping -H $HOSTADDRESS$ -w 3000.0,80% -c 5000.0,100%
-p 5
        }
# 'check_nrpe' define command   这个是要自己定义的，很重要，会影响 services.cfg 中的配置
define command{
        command_name check_nrpe
        command_line $USER1$/check_nrpe -H $HOSTADDRESS$ -c $ARG1$        # $ARG1$ 表示
check_nrpe 后面的命令，如 check_disk
        }
# 'notify-host-by-fetion' command definition   飞信报警配置
define command{
        command_name      notify-host-by-fetion
        command_line    /usr/local/fetion/fetion --mobile=152******** --pwd=******** --
to $CONTACTPAGER$ --msg-
    utf8="$HOSTNAME$ is $HOSTSTATE$" --debug
        }
# 'notify-service-by-email' command definition
define command{
        command_name      notify-service-by-fetion
        command_line    /usr/local/fetion/fetion --mobile=152******** --pwd=******** --
to $CONTACTPAGER$ --msg-
    utf8="$NOTIFICATIONTYPE$: $HOSTALIAS$/$SERVICEDESC$ IS $SERVICESTATE$" --debug
        }
# 'notify-host-by-sms' command definition         邮件报警配置
define command {
        command_name notify-host-by-sms
        command_line    /usr/bin/printf "%b" "***** Nagios *****\n\nNotification Type:
$NOTIFICATIONTYPE$\nHost:
    $HOSTNAME$\nState: $HOSTSTATE$\nAddress: $HOSTADDRESS$\nInfo: $HOSTOUTPUT$\n\nDate/
Time: $LONGDATETIME$\n" |
    /usr/local/sendEmail/sendEmail -s "** $NOTIFICATIONTYPE$ Host Alert: $HOSTNAME$ is
$HOSTSTATE$ **" $CONTACTEMAIL$
```

```
        }
   # 'notify-service-by-sms' command definition
   define command {
         command_name notify-service-bysms
         command_line  /usr/bin/printf "%b" "***** Nagios
   *****\n\nNotification Type: $NOTIFICATIONTYPE$\n\nService:
$SERVICEDESC$\nHost: $HOSTALIAS$\nAddress: $HOSTADDRESS$\nState: $SERVICESTATE$\n\
nDate/Time: $LONGDATETIME$\n\nAdditional
   Info:\n\n$SERVICEOUTPUT$" | /usr/local/sendEmail/sendEmail -s "** $NOTIFICATIONTYPE$
Service Alert: $HOSTALIAS$/
   $SERVICEDESC$ is $SERVICESTATE$ **" $CONTACTEMAIL$
         }
```

（9）配置 services.cfg。

```
#cat services.cfg
###nagios-server:services.cfg###
define service {
host_name                     nagios-server       #主机名一定要与 hosts.cfg 文件中的定义保持一致
service_description      check-host-alive
check_period             24x7
max_check_attempts       4
normal_check_interval    3
retry_check_interval     2
contact_groups           sagroup
notification_interval    10
notification_period      24x7
notification_options     w,u,c,r
check_command            check-host-alive   #命令为 objects/commands.cfg 中已经定义的
}
define service {
host_name                nagios-server
service_description      check_tcp 80
check_period             24x7
max_check_attempts       4
normal_check_interval    3
retry_check_interval     2
contact_groups           sagroup
notification_interval    10
notification_period      24x7
notification_options     w,u,c,r
check_command            check_tcp!80      #感叹号后面为参数
}
define service {
host_name                nagios-server
service_description      check_local_disk
check_period             24x7
max_check_attempts       4
normal_check_interval    3
retry_check_interval     2
contact_groups           sagroup
notification_interval    10
notification_period      24x7
notification_options     w,u,c,r
#check_command           check_local_disk!20%!10%!/
check_command            check_nrpe!check_disk
}
define service {
host_name                nagios-server
```

```
    service_description       check_load
    check_period              24x7
    max_check_attempts        4
    normal_check_interval     3
    retry_check_interval      2
    contact_groups            sagroup
    notification_interval     10
    notification_period       24x7
    notification_options      w,u,c,r
    check_command             check_nrpe!check_load
    }
    define service {
    host_name                 nagios-server
    service_description        check_total_procs
    check_period              24x7
    max_check_attempts        4
    normal_check_interval     3
    retry_check_interval      2
    contact_groups            sagroup
    notification_interval     10
    notification_period       24x7
    notification_options      w,u,c,r
    check_command             check_nrpe!check_total_procs
    }
    define service {
    host_name                 nagios-server
    service_description        check_users
    check_period              24x7
    max_check_attempts        4
    normal_check_interval     3
    retry_check_interval      2
    contact_groups            sagroup
    notification_interval     10
    notification_period       24x7
    notification_options      w,u,c,r
    check_command             check_nrpe!check_users
    }
```

10.9.3　Nagios 被监控端的配置

1. 修改配置文件 nrpe.cfg

由于服务器端都是配置好的文件，因此可以从监控端服务器上复制该文件。

```
# scp 192.168.0.13:/usr/local/nagios/etc/nrpe.cfg /usr/local/nagios/etc/nrpe.cfg
#cat /usr/local/nagios/etc/nrpe.cfg | grep allowed_hosts
allowed_hosts=127.0.0.1,192.168.0.13       #此处为监控端服务器 IP 地址
```

2. 启动客户端 nrpe

出现如下日志信息，表明启动成功。

```
# /usr/local/nagios/bin/nrpe -c /usr/local/nagios/etc/nrpe.cfg -d
Jul 22 16:41:16 localhost nrpe[14911]: Starting up daemon
Jul 22 16:41:16 localhost nrpe[14911]: Listening for connections on port 5666
Jul 22 16:41:16 localhost nrpe[14911]: Allowing connections from: 127.0.0.1,192.168.0.13
```

10.9.4　Nagios 的资源监控

图 10-13 为 Nagios 的资源监控主界面，通过该监控页面可以查看整个集群系统的工作状态（通

过 PING 检测) 及服务(如 HTTP、SSH 等服务) 的运行状态, 图 10-13 中报告了 14 个关键错误(Critical)
和一个警告（ Warning ）。

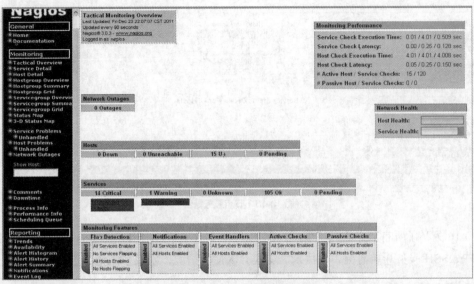

图 10-13   Nagios 的主监控界面

图 10-14 所示为监控集群系统中所有节点的服务运行状况, 根据图 10-13 显示的集群系统中的 14
个关键错误（ Critical ）, 图 10-14 可以详细地显示这 14 个关键错误的信息。这里是因为节点
bc1n1-bc1n14 均没有安装 httpd 服务, 而无法提供 HTTP 服务, 所以 Nagios 检测到 HTTP 服务没有启
动报警。

Current Network Status
Last Updated: Fri Dec 23 22:09:32 CST 2011
Updated every 90 seconds
Nagios® 3.0.3 - www.nagios.org
Logged in es nagios

View History For all hosts
View Notifications For All Hosts
View Host Status Detail For All Hosts

Host Status Totals

Up	Down	Unreachable	Pending
15	0	0	0

All Problems	All Types
0	15

Service Status Totals

Ok	Warning	Unknown	Critical	Pending
105	1	0	14	0

All Problems	All Types
15	120

Display Filters:
Host Status Types: Pending | Up
Host Properties: Any
Service Status Types: Critical
Service Properties: Not In Scheduled Downtime & Has Not Been Acknowledged & Active Checks Enabled

Service Status Details For All Hosts

Host	Service	Status	Last Check	Duration	Attempt
bc1n1	HTTP	CRITICAL	12-23-2011 22:08:37	0d 3h 38m 55s	4/4
bc1n10	HTTP	CRITICAL	12-23-2011 22:04:53	0d 3h 32m 39s	4/4
bc1n11	HTTP	CRITICAL	12-23-2011 22:04:55	0d 3h 32m 37s	4/4
bc1n12	HTTP	CRITICAL	12-23-2011 22:04:58	0d 3h 32m 34s	4/4
bc1n13	HTTP	CRITICAL	12-23-2011 22:05:00	0d 3h 32m 32s	4/4
bc1n14	HTTP	CRITICAL	12-23-2011 22:05:04	0d 3h 32m 29s	4/4
bc1n2	HTTP	CRITICAL	12-23-2011 22:05:05	0d 3h 32m 27s	4/4
bc1n3	HTTP	CRITICAL	12-23-2011 22:05:08	0d 3h 32m 24s	4/4
bc1n4	HTTP	CRITICAL	12-23-2011 22:05:10	0d 3h 32m 22s	4/4
bc1n5	HTTP	CRITICAL	12-23-2011 22:05:13	0d 3h 32m 19s	4/4
bc1n6	HTTP	CRITICAL	12-23-2011 22:05:15	0d 3h 32m 17s	4/4
bc1n7	HTTP	CRITICAL	12-23-2011 22:05:18	0d 3h 32m 14s	4/4
bc1n8	HTTP	CRITICAL	12-23-2011 22:05:20	0d 3h 32m 12s	4/4
bc1n9	HTTP	CRITICAL	12-23-2011 22:05:24	0d 3h 32m 9s	4/4

图 10-14   节点服务故障

Nagios 还可以检测报警错误，图 10-15 中节点 Manager 的 HTTP 服务存在一定的问题，虽然开启了 HTTP 服务，但是用户没有权限访问该 HTTP 服务器，所以 Nagios 给出了 Waring 信息。

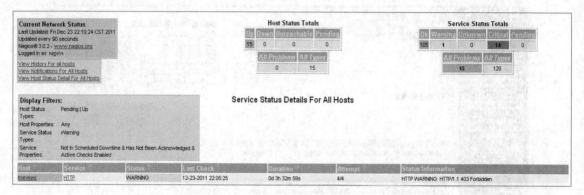

图 10-15　节点服务警告

图 10-16 列举了所有节点的运行情况，例如，图 10-16 中的 bc1n1、Nagios 分别检测了其当前用户，HTTP、SSH 服务开启情况，根目录、交换分区使用情况，以及系统全部进程运行情况。

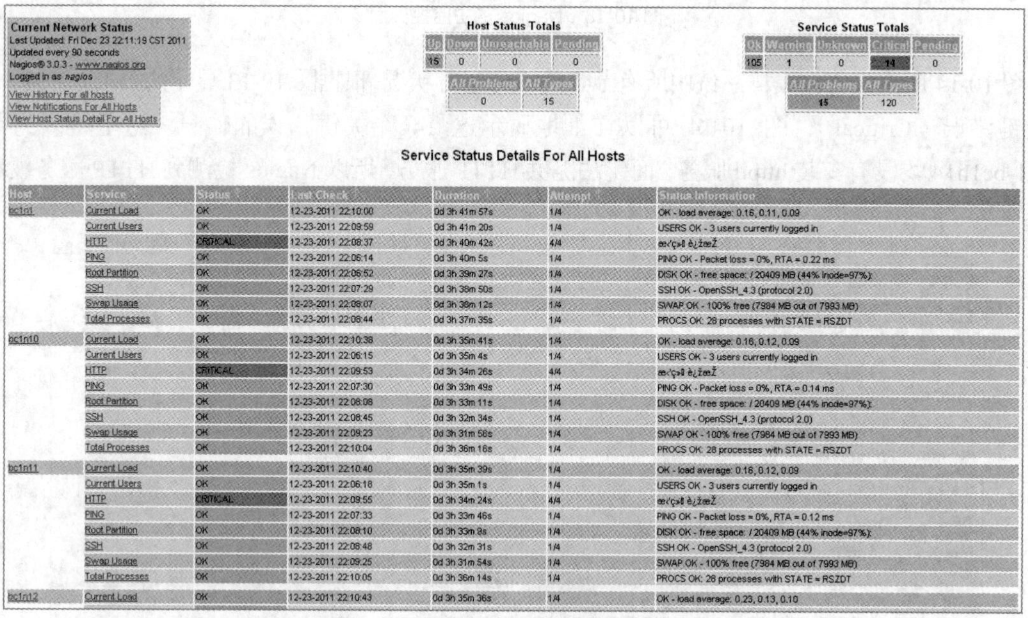

图 10-16　节点服务监控

图 10-17 所示为节点的状态信息，从图 10-17 可以看出，节点 bc1n1 当前状态为正在运行（UP），PING 的状态为 OK，说明网络连接正常，ENABLED 表示这些服务都将被允许。

图 10-18 所示是集群系统运行状态概况，可以根据该图查看集群系统中所有节点的运行概况，包括集群系统节点运行状态（UP 或者 DOWN）、节点服务状态（OK、Waring、Critical）。

图 10-19 所示监控集群系统中所有节点的运行状态，状态 UP 表示集群节点正在运行，Last Check 表示上一次检测时间，Duration 表示运行正常情况持续时间。

图 10-20 所示为集群组 Linux Server 的总体运行情况。

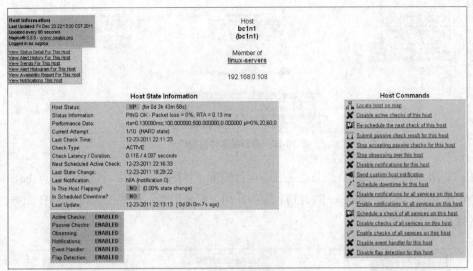

图 10-17　单个节点状态信息监控

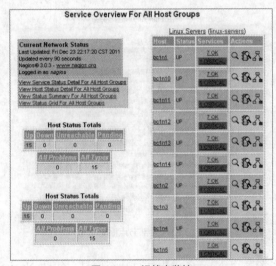

图 10-18　组状态监控

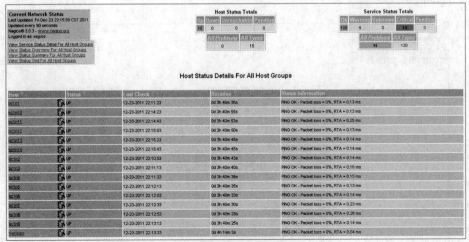

图 10-19　节点运行状态监控

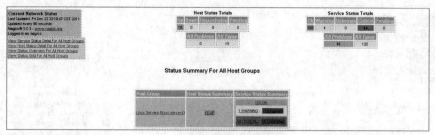

图 10-20　集群组总体监控信息

图 10-21 所示为集群系统全部节点的服务运行情况，从图 10-21 中可以看出节点 bc1n1-bc1n14 的 HTTP 均未开启，节点 Manager 的 HTTP 服务开启，但是仍然存在警告。其他 SSH 服务、用户状态、分区状态等均正常。

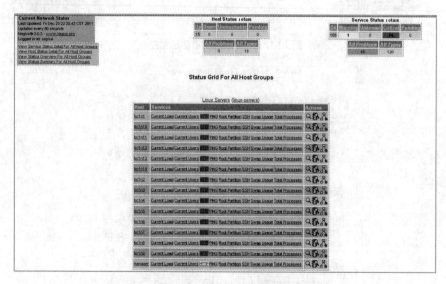

图 10-21　全部节点服务状态

图 10-22 所示为集群系统节点 Nagios 进程运行状态信息，包括 Nagios 版本、是否运行 Nagios 报警通知、性能数据获取等。

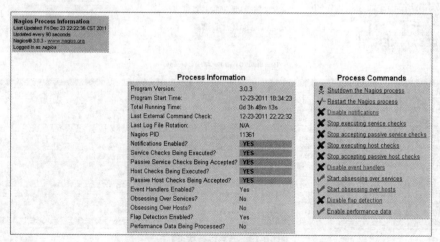

图 10-22　节点进程信息

10.10 高性能计算的应用

继理论科学和实验科学之后，高性能计算成为人类科学研究的第三大范式。作为科技创新的重要手段，高性能计算广泛应用于核爆模拟、天气预报、地震监测等众多领域，是当代科技竞争的战略制高点，集中体现一个国家的综合实力。

在地震监测方面，由于我国人口分布不均，地质情况复杂，也是地震的高危区域。因此，如何充分运用科技手段进行防灾减灾，已成为地质科学研究的工作重点。

曙光公司以其庞大服务网络的服务供应商，经过多年的行业积累与应用经验，在经过与某省地震局的沟通之后，为地震局提供了一套以 TC3600 计算集群为核心，以绿色环保管理软件为亮点的系统方案，如图 10-23 所示。

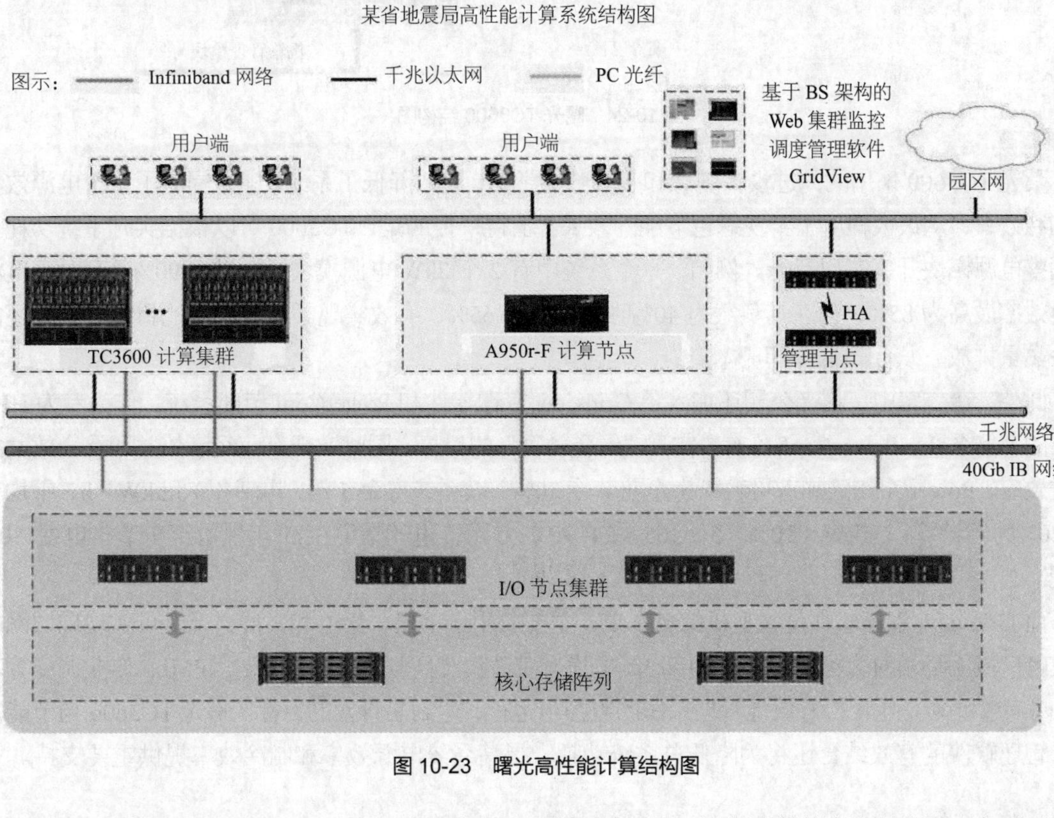

某省地震局高性能计算系统结构图

图 10-23 曙光高性能计算结构图

该方案的核心部分 TC3600 系统采用国内新一代刀片平台，是全球首款完全符合 SSI 标准的刀片系统，已经过曙光星云系统的严格考验，具有强大的计算能力以及高稳定的可靠性、可管理性。

曙光 TC3600 总共拥有 10 个计算刀片，拥有曙光自行研发的弹性存储模块，最大单刀片可以使用 12 块 2.5 寸硬盘，并且拥有 4 个大功率冗余电源，支持 N+1 和 N+N 等方式冗余。同时，该刀片系统为每个计算单元配备了两颗四核 Intel Xeon 处理器，拥有 96GB 的内存，可支持符合 SSI 标准的高速模块、低速模块、IB 子卡和管理模块，如图 10-24 所示。

在系统的关键部件和功能模块，TC3600 还采用了冗余设计，可实现企业级的 RAS 特性，满足关键应用的需求。其具备的良好的系统可伸缩性，可根据需求实现灵活的按需配置。通过 I/O Blade 实现 I/O 扩展，可为计算刀片提供更多的磁盘和标准 PCI-E 接口；系统可支持 40Gbit/s 的 Infiniband

QDR 网络，10Gbit/s 和 1Gbit/s 以太网络，4Gbit/s 和 8Gbit/s FC 网络；同时配置存储模块，可实现 10 块磁盘的扩展，并灵活分配给各个计算刀片。

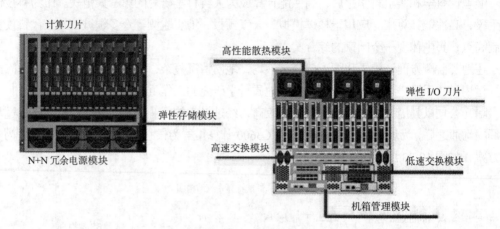

图 10-24　曙光 TC3600 结构图

曙光 TC3600 采用的先进设计理念和多级节能举措，有效降低了系统功耗，提高了系统电源效率和制冷效率，从最大程度上实现绿色节能的效果。值得一提的是，TC3600 可以根据实时系统功耗动态调整电源模块开关实现节能。例如，一个系统中有 2 个 2kW 电源模块，在最大 90%负荷时，电源转换效率最高为 85%，而在其负载为 40%时，效率为 65%，有效实现了节能 30%的目标，同时还能减少热量排放，从而降低冷却成本。

此外，在方案中，曙光公司还加入了 Gridview 管理软件和 PowerConf 节能系统。作为专为 HPC 设计的节能系统，PowerConf 可有效实现"绿色计算"的目标，同时实现企业经济效益和社会效益的双重效应。PowerConf 的加入可轻松为企业节能 20%。以系统寿命 5 年，电费 1.0 元/kW·h，平均节能 20%为例计算：35kW×20%×5×365×24=30.7 万元，也就是说在 5 年里可至少节省电费 30.7 万元。

而 Gridview 管理软件是大型机综合系统，主要应用于单机、集群和集群之上，可实现局域网内部及跨广域网环境对大型机进行集中部署、配置、监控、管理、告警、报表、IPMI、作业调度等功能，可有效助力企业轻松有效地管理系统的监控与运行，达到易管理的目标。曙光 TC3600 与节能系统、管理软件的有效结合还将为降低总系统功耗、提高系统电源效率和制冷效率提供重要支持。

本 章 习 题

习题 10.1　什么是高性能计算？它与一般的计算有什么区别？

习题 10.2　根据前面的介绍，在自己的物理机上分别安装和配置 XCAT、PBS、MAUI、Ganglia 和 Nagios。

习题 10.3　谈谈 XCAT、PBS、MAUI、Ganglia 和 Nagios 在高性能计算中的作用。

第11章　以虚拟化技术为前提

11.1　VMware 虚拟机

11.1.1　VMware 虚拟机的安装

首先下载 VMware。本书使用的是 VMware 12.5.6，安装过程为图形界面，在安装向导的指引下非常简单，这里跳过安装过程。待安装完成，下一步就是注册了。输入序列号，弹出对话框，要求重启系统，单击"立即重启"按钮。重启后，进入系统时会自动弹出对话框，选择接受协议，单击"确定"按钮。

11.1.2　虚拟机的创建

（1）打开安装好的 VMware，其工作区界面如图 11-1 所示，单击"创建新的虚拟机"按钮，弹出图 11-2 所示的界面。

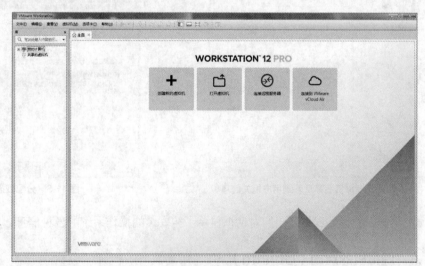

图 11-1　VMware 工作区

（2）根据用户的需要，选择典型安装还是自定义安装。若选择自定义安装，可以更改 SCSI 适配器的类型和虚拟磁盘的类型等，这里选择典型安装。

（3）选择从光驱中安装系统还是从磁盘中安装镜像文件，若选择从磁盘中安装镜像文件，则选择镜像文件路径，再进入下一步，如图 11-3 所示。下一步是设置安装虚拟机的名称和用户名、密码等，如图 11-4 所示。

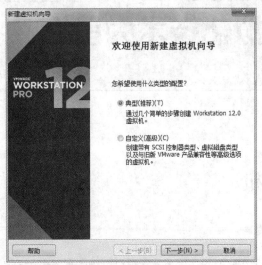
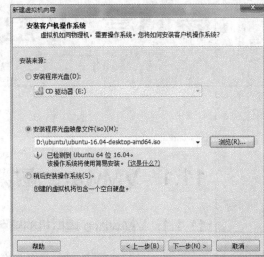

图 11-2　新建一个虚拟机　　　　　　　　　　图 11-3　ISO 镜像路径

（4）设置虚拟机的存储空间。推荐给系统所在分区预留大约 20GB 的空间。注意，因为虚拟机真正占用的磁盘空间并非是由用户定义的，所以配置虚拟机磁盘空间时不必担心机器的磁盘空间不够，如图 11-5 所示。

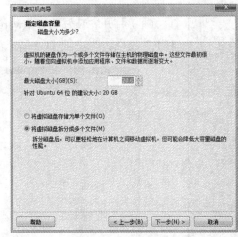

图 11-4　设置虚拟机名称及系统用户相关信息　　　图 11-5　分配磁盘空间

（5）至此，配置完成，弹出的对话框显示了待安装的操作系统的各种信息，单击"完成"按钮。

11.1.3　虚拟机的启动（Ubuntu）

打开电源，启动新建的虚拟项目即可安装系统，如图 11-6 所示。

安装过程中会提示用户选择键盘布局和配置计算机名等，虚拟机会自动安装系统，待安装完毕，系统提示需要重启虚拟机。重启之后虚拟机的环境搭建就完成了。关闭虚拟机后，在侧边栏框中会有用户新建的虚拟机，只需要选中该栏中待启动的虚拟机，单击开机按钮即可启动，如图 11-7 所示。

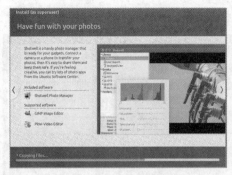
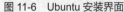

图 11-6 Ubuntu 安装界面

图 11-7 系统界面

11.1.4 ESXi 的配置与管理

下面介绍有关 ESXi 的配置与管理，首先在 VMware 的官方网站上注册后，授权直接下载镜像文件。作为一个独立操作系统，安装 VMware 时有多种方法可选，本小节采用在虚拟机中直接读取 iso 文件的方法，当然也可以烧录成光盘从物理光驱中读取或者用 USB 引导等途径，这里就不详细介绍了。

1. 环境安装的流程

（1）按照前文所述新建虚拟机，进入环境配置时，选择镜像文件。完成其他配置后，进入图 11-8 所示页面，选择第一项后确定。

（2）等待资源加载。仔细阅读产品的兼容性说明，在配置虚拟机时应该至少满足最低配置，否则装载时会出现加载某一资源错误。产品说明书详情请参阅 VMware 官网。

（3）等待内核资源加载资源成功，进入图 11-9 所示的窗口。

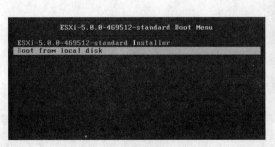

图 11-8 安装向导页面

图 11-9 等待加载资源

（4）进入欢迎界面，按回车键继续。

（5）提示接受许可协议，接受继续，如图 11-10 所示。

（6）选择安装盘，按 F5 键刷新磁盘信息，按回车键继续，如图 11-11 所示。

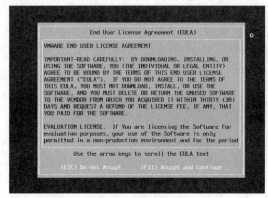

图 11-10　接受协议　　　　　　　　　　　　图 11-11　选择安装目标磁盘

（7）选择语言，推荐使用英语。

（8）设置管理员密码。

（9）按 F11 键开始安装，如图 11-12 所示。

（10）安装成功，取出镜像文件（或者从物理光驱中取出光盘），重启，如图 11-13 所示。

图 11-12　准备安装　　　　　　　　　　　　图 11-13　安装完成

（11）安装完成。完成之后，用户可以在另外一台机器上运行客户端 vSphere Client，以管理员的身份管理创建的虚拟服务器。不过在此之前，应该对其进行一些配置。

（12）登录，密码就是先前在安装时设置的密码，如图 11-14 所示。

（13）进入后，选择配置管理网络选项。选择配置 IP，选择配置静态 IP，配置之后的界面如图 11-15 所示。之后，在同一局域网中的另一机器（或者另一虚拟机）上通过此 IP 链接。

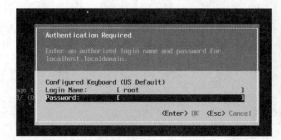

图 11-14　以管理员身份登录　　　　　　　　图 11-15　配置 IP

2．在另一台机器上管理

（1）在另一台已搭建好环境的机器上安装 vSphere Client。在官网上下载安装文件，等待资源加载，准备安装。

（2）选择语言，开始安装，同意许可，如图 11-16 所示。

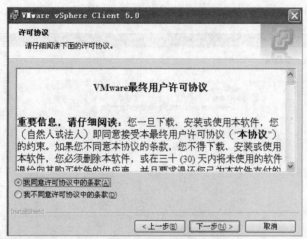

图 11-16　同意许可

（3）输入用户名和所在单位，然后选择安装路径，等待安装。

（4）安装组件。如果之前机器上没有安装.net 架构，这里就会提示用户安装该组件，如图 11-17 所示。

（5）开始安装客户端，等待完成安装。

（6）进入客户端，出现图 11-18 所示的登录页面，输入 IP 地址，用户名设为 root，密码为之前设置的密码。

（7）下面会出现证书警告，忽略。

图 11-17　.net 架构的下载与安装

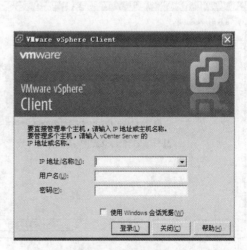

图 11-18　登录客户端

（8）进入主页面，单击清单，在摘要选项卡中显示当前服务器的信息。至此，ESXi 的安装及相应客户端的装载结束。

3. 利用客户端在 ESXi 平台上安装虚拟机

（1）单击 ESXi 服务，在弹出的菜单中选择新建一台虚拟机。

（2）根据用户的需要选择典型安装或者自定义安装，如图 11-19 所示。

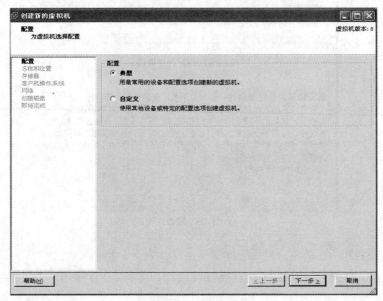

图 11-19　配置界面

（3）为虚拟机设置名称。

（4）选择待安装的操作系统，注意版本信息的匹配，一般都包含目前比较主流的系统。

（5）配置网卡，如图 11-20 所示。

（6）创建磁盘和分配空间策略，如图 11-21 所示。

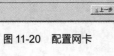

图 11-20　配置网卡

图 11-21　创建磁盘

（7）准备完成，选中左侧菜单中的新建虚拟机，开始安装之前指定系统环境。后面的动作就是将镜像文件挂到客户端所在的系统光驱中，待启动新建虚拟机后，单击主窗口上方菜单栏的"连接断开 CD/DVD 驱动"，载入镜像文件，进行系统安装，后面的内容不再赘述。

（8）安装 ESXi、客户端和在客户端配置环境完成。

11.2　VirtualBox 的安装与配置

11.2.1　VirtualBox 的安装

下面以 VirtualBox 4.0.8.0 为例，介绍 Virtual Box 的安装与配置流程。

（1）双击打开可执行文件，单击"下一步"按钮，配置安装路径，不推荐装载在当前系统所在分区。单击"下一步"按钮，对话框提示是否在桌面和快速启动栏中添加 VirtualBox，单击"下一步"按钮，对话框提示用户安装过程中会重置网络连接，单击"确定"按钮，安装开始，大约等待几分钟。

（2）在虚拟机新建之前，用户可以在管理菜单中选择全局设定，从中设定虚拟电脑硬盘的位置、软件的语言等。在页面中单击"新建"按钮，进入新建虚拟电脑向导，如图 11-22 所示。

（3）为虚拟电脑配置名称、操作系统名称及其版本信息，如图 11-23 所示。

图 11-22　新建虚拟电脑向导

图 11-23　配置名称和操作系统信息

（4）为虚拟电脑分配内存空间，内存比较大的用户可以多分配一点，推荐 256MB 以上，如图 11-24 所示。

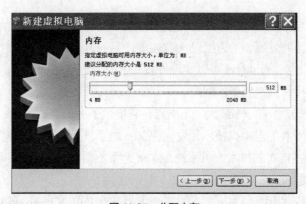

图 11-24　分配内存

（5）配置虚拟硬盘，如果之前没有新建过虚拟硬盘，就选择"新建"，进入新建虚拟硬盘向导，如图 11-25 所示。在这里根据需要，可以选择动态扩展类型或者静态扩展类型的虚拟硬盘，推荐选择动态扩展类型。

（6）配置硬盘所在位置及大小，至此完成虚拟电脑的基本配置，在 VirtualBox 的主页面上会有新建的虚拟电脑信息预览，如图 11-26 所示。

图 11-25　配置虚拟硬盘

图 11-26　信息预览

11.2.2　虚拟机的创建

首先打开 VirtualBox，为虚拟机装载操作系统，单击"新建"按钮，进入向导。为装载提供一个镜像文件位置，单击"下一步"按钮即可。

同样，在用户需要启动虚拟机时，单击左侧栏中的虚拟机项目，单击"开始"按钮即可。

11.3　Xen 的安装与配置

Xen 一开始是由英国剑桥大学的实验室催生出来的，目前已经交由 Xen 的社区管理。通常 Linux 的软件都会交由社区来协助发展，一方面是人数较多，另一方面也可以直接推广。因为社区的支持一直都是 Linux 的一项优势，通过社区可以实现许多一般公司无法轻易达到的目标，如跨国的技术支持、众多技术人员的支持和快速更新的问题。

Xen 和其他的虚拟机软件有一个最大的不同点，它提供了一项 Para Mode（Para Virtualization），只要当初系统使用 Xen 专有的虚拟机技术开发，在 Xen 之下就可以得到非常高的运行性能。其实这都与 Para 有关，代表通过特有的技术，该系统在 Xen 之下不需要仿真太多的硬件，因为仿真的硬件越多，消耗系统资源就越多。

目前，Xen 虚拟机有两种运行方式，即完全虚拟化（Full Virtualization）和半虚拟化（Para Virtualization），如图 11-27 所示。

（1）完全虚拟化提供底层物理系统的全部抽象化，且创建一个新的虚拟系统，客户机操作系统可以在里面运行。不需要修改客户机操作系统或者应用程序（客户机操作系统或者应用程序像往常一样运行，意识不到虚拟环境的存在），可以创建 Linux、FreeBSD 和 Windows 客户机。

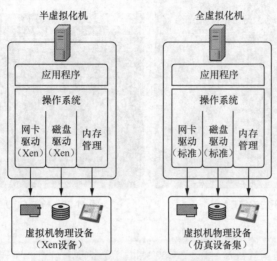

图 11-27　Xen 的两种运行方式

（2）半虚拟化需要修改运行在虚拟机上的客户机操作系统（这些客户机操作系统会意识到它们运行在虚拟环境里）并提供相近的性能，但半虚拟化的性能要比完全虚拟化更优越，支持 RHEL 4.5 以上版本的客户机。

11.3.1　Xen 的安装

Red Hat 在 RHEL 6 之后不再使用 Xen，改用 KVM 作为主要的虚拟内核。同时，Fedora 也在 Fedora 10 之后，不再直接支持 Xen，因此，如果用户需要使用 Xen，就必须额外安装 Xen Kernel 及相关套件。

1．准备工作

操作系统：Red Hat Enterprise Linux Server release 5.1。

中央处理器：Intel(R) Core(TM) i5-2410M CPU @ 2.30GHz。

内存：1GB。

用 PuTTY 工具远程登录 RHEL 5.1 服务器（实验主机 IP 为 192.168.81.134）。

如果在安装 Red Hat Enterprise Linux Server 的过程中已经选择了安装"虚拟化"，安装完成后会在 GRUB 出现 Xen 内核版本（如 2.6.18-53.el5xen），则可跳过 Xen 安装步骤，选择进入即可使用 Xen 虚拟机。如图 11-28 所示，Red Hat Enterprise Linux Server（2.6.18-53.el5xen）是为 Xen 优化的内核，而 Red Hat Enterprise Linux Server-base（2.6.18-53.el5）是普通的内核。

如果没有选择安装 Xen 虚拟化，则需要按如下步骤安装 Xen。

（1）首先查看 CPU 是否支持完全虚拟化或者半虚拟化，如图 11-29 所示。

（2）运行 cat/proc/cpuinfo | grep flags 查看 CPU 支持的功能。如果有 pae 标志出现，就表示处理器支持半虚拟化。英特尔的 CPU 如果有 vmx 标志出现，就表示处理器支持完全虚拟化。AMD 的 CPU 则是 svm 标志（有时候处理器虽然支持虚拟化技术，但是在某些 BIOS 中，该功能是被关闭的或者

BIOS 甚至不支持虚拟技术，所以不论软件多么强大，硬件配置多么高，处理器的虚拟技术仍然无法使用）。

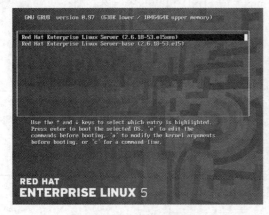

图 11-28　Xen 下的安装开始　　　　　　　　　　图 11-29　检查 CPU 是否支持虚拟化

2. Xen 的安装过程

```
#yum install xen kernel-xen
```

开始界面如图 11-30 所示。

编译安装 Xen 内核，修改/boot/grub/grub.conf。

```
#vi /boot/grub/grub.conf
```

具体参数如图 11-31 所示。

保存退出后，重启选择进入 Xen 内核。

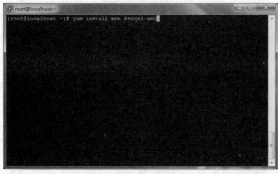

图 11-30　开始安装 Xen

图 11-31　编辑引导参数

3. 检验及相关服务

检验安装成功与否。

```
#uname -a
```

如图 11-32 所示，当前内核已是 Xen 内核，说明安装成功。

启动服务：

```
#/etc/init.d/xend start
```

停止服务，如图 11-33 所示。

```
#/etc/init.d/xend stop
```

图 11-32 检验安装成功与否

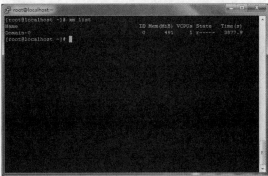

图 11-33 停止 Xen

运行命令行 xm list，出现 Domain-0、ID 及资源情况，则服务启动成功。

11.3.2 Xen 的配置

/etc/xen/xend-config.sxp 是 xend 服务的配置文件（见图 11-34），通过这个文件，可以配置 Xen 的网络配置，如启用 NAT，可以开启 Xend 的 HTTP 服务，也可配置 Xen 的缓存大小、dom0 对 CPU 和内存的使用、VNC 连接等。

以启用 NAT 为例，通过 vi /etc/xen/xend-config.sxp 这个文件，用#注释如下语句。

```
#(network-scriptnetwork-bridge)
#(vif-script      vif-bridge)
#(network-scriptnetwork-route)
#(vif-script      vif-route)
```

取消注释如下语句，如图 11-35 所示。

```
(network-script   network-nat)
(vif-script          vif-nat)
```

图 11-34 编辑 Xend 服务的配置文件

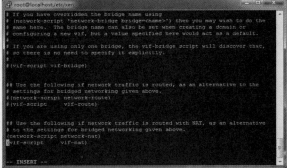

图 11-35 编辑 Xend 服务的网络

最后保存文件，重新启动 Xend 服务，再在 guest 虚拟机中对网络进行相应配置即可。

11.3.3 资源分配

虚拟机在创建前，可能没有预计到一些资源需要，或者使用过程中需要添加新的设备。重新分配资源，只要修改 "/etx/xen/" 目录下相应的虚拟机配置文件即可。如图 11-36 和图 11-37 所示，本台主机中已经安装了名为 rhel01 的虚拟机，通过 vi 修改/etc/xen 下的 rhel01 文件。

图 11-36　Xen 虚拟机的配置

图 11-37　Xen 虚拟机的配置文件

可以在这里修改虚拟机的名称、uuid、重新分配最大内存、启动内存、虚拟 CPU 数量，还可以修改、添加硬盘和网卡的参数。

修改完成后，运行 xm create rhel01，重新运行 rhel01 配置文件，通过 xm console rhel01 进入 rhel01 命令行界面。

11.3.4　虚拟机的创建与使用

Xen 的半虚拟化（PV）支持的安装方式都是以远程（如 HTTP、FTP、NFS）或 kickstart 文件为主，不接受其他通过媒介的方式安装（见光盘 ISO），而完全虚拟化（FV）只支持通过媒介方式安装，无法使用远程安装。本实验以 PV 方式为例。

（1）把系统 ISO 文件挂载到 apache 上。Host 机 eth0 上的 IP 地址为 192.168.81.134，ISO 文件所在路径为/root/data/RHEL5.1-Server-20071017.0-i386-DVD.iso，apache 网站所在目录为/var/www/html，在/var/www/html 上建立文件夹 rhel 存放安装目录。

```
#mkdir /var/www/html/rhel
#cd /root/data
#mount -o loop RHEL5.1-Server-20071017.0-i386-DVD.iso /var/www/html/rhel
```

访问服务器端（192.168.81.134/rhel）验证挂载是否成功。

如图 11-38 所示，安装目录已经成功挂载了。

（2）运行 virt-install 配置虚拟环境并创建虚拟机，逐个填写虚拟机名称、内存大小、磁盘文件、磁盘大小、是否在安装过程中有图形界面支持及挂载的安装目录等。

虚拟机名称为 rhel02；RAM 分配大小为 512，单位为 MB；虚拟磁盘的路径，可以自己指定/root/data/rhel02.img（如果不指定路径，则默认存放在/var/lib/xen 目录下）；修改虚拟磁盘所占大小为 1，单位为 GB；是否图形化界面为 no；安装目录为 192.168.81.134/rhel。

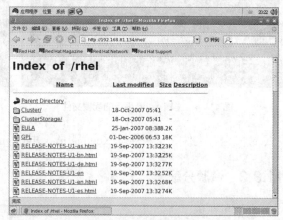

图 11-38　Xen 验证挂载

按回车键，开始安装虚拟机，如图 11-39 所示。

如果对 virt-install 命令感兴趣，可以查看 virt-install-h，直接用命令行创建，如图 11-40 所示。

```
#virt-install -n rhel01 -r 512 -f /root/data/rhel02.img -s 4 -l http://192.168.81.134/
rhel/
```

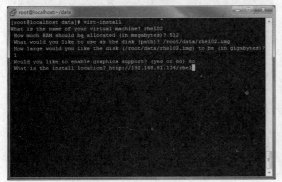

图 11-39　Xen 开始安装虚拟机

图 11-40　直接使用 virt-install 命令开始安装

选择安装时显示的语言，根据自己的习惯，选择 English，或者 Chinese（Simplified），如图 11-41 所示。

配置 TCP/IP 信息，使用默认的 IPv4 的 DHCP 方式即可，也可以自己指定 IP 地址，但是如果 IP 地址设置不正确，将无法连接到安装树，导致无法安装系统，如图 11-42 所示。

图 11-41　选择语言

图 11-42　安装时的网络配置

确认后进入了 RHEL 的 text 安装界面，此安装过程与真实硬件环境的安装过程一致（见图 11-43 和图 11-44），此处略。

图 11-43　RHEL 安装的欢迎界面

图 11-44　RHEL 安装中

安装完 reboot，配置第一次进入的系统，如图 11-45 所示。配置完成后，输入账号和密码，进入 guest 虚拟机，如图 11-46 所示。

图 11-45　RHEL 安装完成重启　　　　　　　图 11-46　进入 guest 虚拟机

退出 guest 切换回 host，按 Ctrl +]组合键即可。想再进入 rhel01，只要在 host 机输入 xm console rhel01，即可进入 guest 的 console 界面。

暂停 rhel01，只要输入 xm pause rhel01，恢复 xm unpause rhel01。

退出 rhel01，又想下次打开时恢复当前虚拟机的状态，可以使用 xm save rhel01，下次启动时只要输入 xm restore rhel01 即可。

销毁 rhel01，只要输入 xm destroy rhel01。

查看当前虚拟机资源的使用情况，可以使用 xm top 或者 xentop。

11.4　KVM 与 QEMU

内核级虚拟机（Kernel-based Virtual Machine，KVM）是开源软件，是 x86 架构，且硬件支持虚拟化技术（如 Intel VT 或 AMD-V）的 Linux 全虚拟化解决方案。它包含一个为处理器提供底层虚拟化可加载的核心模块 kvm.ko（kvm-intel.ko 或 kvm-AMD.ko）。KVM 还需要一个经过修改的 QEMU 软件（qemu-kvm）作为虚拟机的上层控制和界面。KVM 能在不改变 Linux 或 Windows 镜像的情况下，同时运行多个虚拟机，即多个虚拟机使用同一镜像，并为每一个虚拟机配置个性化硬件环境（网卡、磁盘、图形适配器等）。它使用 Linux 自身的调度器进行管理，所以与 Xen 相比，其核心源码少。KVM 目前已成为主流 VMM 之一。

最初，KVM 只支持 x86 的处理器和已被移植到 S / 390 的 Power PC 和 IA-64 系统，在后来的 3.9 内核中合并了一个 ARM 端口。现在，较新的 Linux 各种发行版(2.6.20+)，以及 BSD、Solaris、Windows、Haiku、ReactOS、Plan 9、AROS Research Operating System 和 OS X 等都包含了 KVM 内核。

适用于某些设备的半虚拟化支持适用于 Linux、OpenBSD、FreeBSD、NetBSD、Plan 9 和使用 VirtIO API 的 Windows 客户端。KVM 还支持一个半虚拟以太网卡、一个半虚拟磁盘 I / O 控制器、一个用于调整访客内存使用的 Balloon 设备，以及使用 SPICE 或 VMware 驱动程序的 VGA 图形界面。

以下实验是在 Intel（R）Core（TM）i5-2410M CPU、Ubuntu 16.04 系统上搭建的。

11.4.1　内核模块的配置与安装

在安装 KVM 之前，因为系统需要 CPU 的 Virtualization 的支持，所以启动系统之前需要修改 BIOS，将 Virtualization 置为 Enable 状态。

（1）输入 lsmod|grep kvm，显示为空，内核没有加载。

（2）输入以下命令。

```
modprobe kvm
modprobe kvm_intel
```

（3）再次输入 lsmod|grep kvm，其显示如图 11-47 所示，表示加载成功；或者直接检查是否存在 /dev/kvm 设备。

（4）输入 apt-get install kvm qemu virt_manager，出现是否希望继续执行的页面，选择"是"，如图 11-48 所示。

图 11-47　成功加载 KVM 设备　　　　　　　　图 11-48　安装 KVM

11.4.2　虚拟硬盘的创建

虚拟磁盘的创建界面如图 11-49 所示。

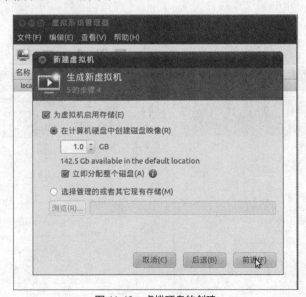

图 11-49　虚拟硬盘的创建

11.4.3 资源的分配

分配虚拟机内存和 CPU 资源，按需求选择虚拟机内存大小和 CPU 的数量，如图 11-50 所示。

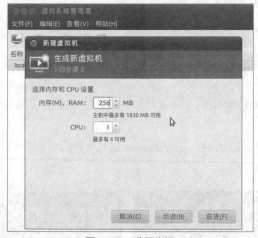

图 11-50　分配资源

11.4.4 虚拟机的创建与启动

（1）在系统中选择"应用程序"→"系统工具"→"虚拟系统管理器"命令，出现图 11-51 所示的"虚拟系统管理器"窗口。

（2）单击创建虚拟机图标，出现"新建虚拟机"对话框，如图 11-52 所示。

（3）输入虚拟机的名称，选择"本地安装介质（ISO 映像或者光驱）"，单击"前进"按钮。

（4）选择 ISO 镜像，选择操作系统类型为 Linux，再选择操作系统的版本，如图 11-53 所示。

图 11-51　虚拟系统管理器

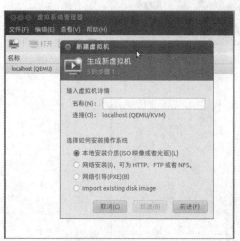

图 11-52　新建虚拟机 1

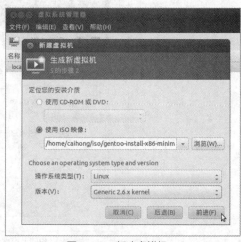

图 11-53　新建虚拟机 2

（5）系统安装完毕后，启动的界面如图 11-54 和图 11-55 所示。

图 11-54　虚拟机 BOOT 的顺序

```
*   Hardware detection started ...
*   Detected 1 QEMU Virtual CPU version 0.14.0 CPU(s) @ 2292MHz
* Not Loading APM Bios support ...                                                      [ ok ]
* ACPI power management functions enabled ...
* Network device eth0 detected, DHCP broadcasting for IP ...
* Soundcard:
*             Intel Corporation 82801AA AC'97 Audio Controller
*             driver = snd_intel8x0
* VideoCard:  Cirrus Logic GD 5446                                                      [ ok ]
* Adjusting inittab ...                                                                 [ ok ]
* Mounting network filesystems ...                                                      [ ok ]
* Doing udev cleanups
* Starting local                                                                        [ ok ]

livecd login: root (automatic login)
Last login: Sat Dec 10 12:18:44 UTC 2011 on tty2
Welcome to the Gentoo Linux Minimal Installation CD!

The root password on this system has been auto-scrambled for security.

If any ethernet adapters were detected at boot, they should be auto-configured
if DHCP is available on your network.  Type "net-setup eth0" to specify eth0 IP
address settings by hand.

Check /etc/kernels/kernel-config-* for kernel configuration(s).
The latest version of the Handbook is always available from the Gentoo web
site by typing "links http://www.gentoo.org/doc/en/handbook/handbook.xml".

To start an ssh server on this system, type "/etc/init.d/sshd start".  If you
need to log in remotely as root, type "passwd root" to reset root's password
to a known value.

Please report any bugs you find to http://bugs.gentoo.org. Be sure to include
detailed information about how to reproduce the bug you are reporting.
Thank you for using Gentoo Linux!

livecd ~ #
livecd ~ #
livecd ~ #
```

图 11-55　启动后的界面

11.4.5　虚拟机资源的重分配

（1）单击图 11-53 中的"前进"按钮，然后单击"完成"按钮，虚拟机创建完成，如图 11-56 所示。

（2）创建磁盘镜像大小，根据需要选择所需磁盘的大小，然后选择管理的其他现有存储的路径及设备类型等，如图 11-57 所示。

（3）选择虚拟机 BOOT 的顺序，然后单击图 11-54 左上角的 Begin Installation 按钮，开始安装系统。

图 11-56　虚拟机创建完成　　　　　　　　图 11-57　选择存储路径

11.4.6　虚拟机的迁移

虚拟机的迁移技术为虚拟机的管理提供更方便的支持，可以在不间断服务的情况下，将虚拟机从 host A 迁移到 host B。虚拟机迁移分为如下 3 类。

P2V：物理机到虚拟机的迁移。

V2V：虚拟机到虚拟机的迁移。

V2P：虚拟机到物理机的迁移。

V2V 迁移方式分为静态迁移和动态迁移。静态迁移也叫作常规迁移、离线迁移（Offline Migration），就是在虚拟机关机或暂停的情况下，从一台物理机迁移到另一台物理机。因为虚拟机的文件系统建立在虚拟机镜像上面，所以在虚拟机关机的情况下，只需要简单地迁移虚拟机镜像和相应的配置文件到另外一台物理主机上；如果需要保存虚拟机迁移之前的状态，在迁移之前将虚拟机暂停，然后复制状态至目的主机，最后在目的主机重建虚拟机状态，恢复执行。这种方式的迁移过程需要显式地停止虚拟机的运行。从用户角度看，有明确的一段停机时间，虚拟机上的服务不可用。静态迁移的步骤如下。

① 复制虚拟机的镜像文件和配置文件保存，在本例中是 gentoo.img 和 gentoo.xml 文件。

② 将镜像文件和配置文件复制到目标虚拟机相应的目录，如图 11-58 所示。

③ 激活虚拟机配置文件，输入 virsh define 目录/gentoo.xml，如图 11-59 所示。

图 11-58　复制镜像文件和配置文件　　　　图 11-59　激活虚拟机配置文件

④ 开启虚拟机电源，启动迁移后的虚拟机，如图 11-60 所示。

图 11-60　迁移后的虚拟机启动界面

本 章 习 题

习题 11.1　根据前面的介绍，在自己的物理机上安装 VMware 和 VirtualBox，并在虚拟机里安装一个 Linux 发行版（如 Ubuntu、CentOS 等）。

习题 11.2　谈谈什么是 KVM，并试着在 Linux 系统中安装 KVM。

第12章 以分布式文件系统为基础

12.1 网络块设备

12.1.1 网络块设备及其实现 GNBD

网络块设备（Network Block Device）通常是指一种用于访问非物理安装在本地计算机上，而在远程的存储设备的设备节点，一般在一些类 UNIX 的操作系统上提供。网络块设备由服务器、客户端以及连接两者的网络 3 部分组成。在设备节点工作的客户端上，一般由内核空间中的内核模块或驱动控制该设备。而在服务器上，来自客户端的请求往往由用户控件程序处理。当计算机试图访问网络块设备时，内核驱动会负责将转发请求发送到实际存储数据的服务器上，再由服务器负责将设备数据转发给请求计算机。

全局网络块设备（Global Network Block Device，GNBD）是一种网络块设备的实现，其作用是通过 TCP/IP 将存储资源以设备文件，即设备访问入口的形式提供给远端 GNBD 客户端，使客户端可像本地设备一样使用块设备资源。GNBD 的结构如图 12-1 所示。

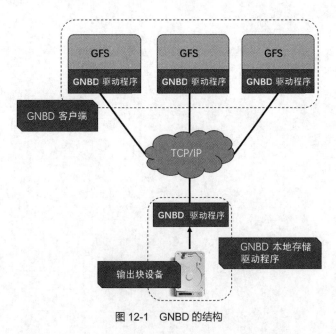

图 12-1　GNBD 的结构

NBD 与传统的 NFS 不同，NFS 将资源以文件系统的方式提供给客户使用，NBD 却直接将资源以设备文件的方式共享出去。故 NFS 只是提供一个挂载点供客户端使用，客户端无法改变这个挂载点的分区格式，而 NBD 客户端可以根据自己的需要完全掌控如何规划使用此设备。例如，GNBD 服务器将/dev/sda3 共享出去成为 gnbd-server，那么连接到此资源的 GNBD 客户端就可把 gnbd-server 作为一个本地存储资源，但遗憾的是，由于 GNBD 和 GFS 是配套使用的，因此 GNBD 目前仅支持将共享出去的设备文件配置为 GFS 文件系统。GNBD 是一个内核模块，大部分 Linux 发行版都已包含。

12.1.2 GNBD 的配置

（1）启动 gnbd_serv 进程，如图 12-2 所示。

```
gnbd_serv -v -n
```

图 12-2 启动 gnbd_serv 进程

（2）导出 gnbd 设备，如图 12-3 所示。

```
gnbd_export -v -e gfs -d /dev/sda3 -c
```

图 12-3 导出 gnbd 设备

查看 gnbd_serv 信息，如图 12-4 所示。

```
gnbd_export -v -l
```

图 12-4 查看 gnbd_serv 信息

（3）导入 gnbd-server，如图 12-5 所示。

```
modprobe gnbd
gnbd_import -v -I gnbd-server
```

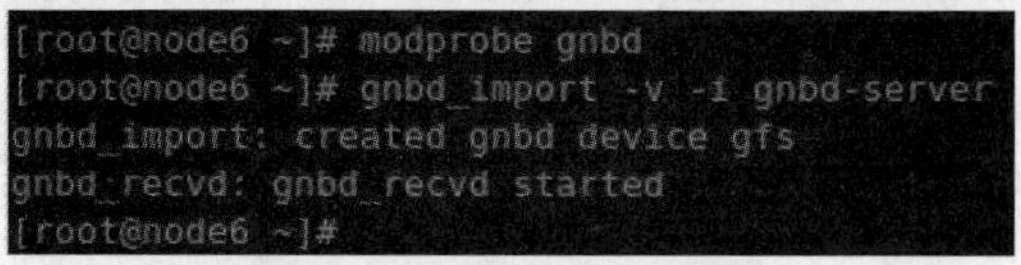

图 12-5 导入 gnbd-server

查看 gnbd-server 的导入状态，如图 12-6 所示。

```
gnbd_export -v -l
```

```
[root@node6 ~]# gnbd_export -v -l
Server[1] : gfs
-----------------------------
        file : /dev/sda3
     sectors : 10602900
    readonly : no
      cached : yes
     timeout : no

[root@node6 ~]#
```

图 12-6　查看 gnbd-server 的导入状态

12.2　HDFS

12.2.1　HDFS 概述

Hadoop 分布式文件系统（Hadoop Distributed File System，HDFS）是一种被设计成适合运行在通用硬件上的分布式文件系统。最开始是作为 Apache Nutch 搜索引擎项目的基础架构而开发的，现在 HDFS 是 Apache Hadoop Core 项目的一部分。

HDFS 是一个高容错性（Fault Tolerant）的系统，在设计上可以部署到低廉的（Low-Cost）硬件上，能够提供高吞吐量（High Throughput）的数据访问，以及流式数据访问（Streaming Access）。

在结构设计上，HDFS 采用一个主从结构（Master/Slaves），如图 12-7 所示。一个 HDFS 集群由一个名字节点（NameNode）和若干数据节点（DataNode）构成，名字节点是一个管理文件命名空间和调节客户端许可的主服务器，数据节点则负责管理对应节点的存储，通常一个节点一个机器。上述两种节点实际上都是运行在普通机器上的服务端软件，由 Java 语言编写，因此任何支持 Java 的机器都可以运行名字节点或数据节点，从而利用 Java 语言的超轻便性，很容易地将 HDFS 部署到大范围的机器上。同时，集群中只配置一个名字节点极大简化了系统的体系结构，名字节点既是系统的仲裁者，又是所有 HDFS 的元数据仓库，但用户的实际数据是不经过名字节点的，因此名字节点存在单点失效的问题，但这种故障通常不会影响实际数据。

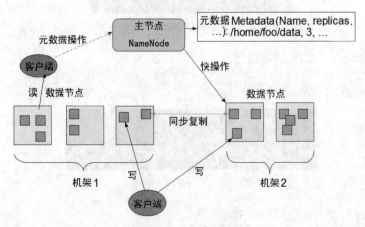

图 12-7　HDFS 架构图

通常情况下，一个 HDFS 集群会由一台专门的机器来运行名字节点，集群中的其他每台机器运行一个数据节点实例。尽管从体系结构上来看，HDFS 并不排斥在一个机器上运行多个数据节点的实例，但实际生产环境中的部署不会采用这种情况。

其他关于 HDFS 的内容会在本书后文讲解 Hadoop 时提到。

12.2.2 HDFS 的构建与配置

由于 HDFS 是 Hadoop 框架的最底层部分，用于存储 Hadoop 集群中所有存储节点上的文件，因此构建 HDFS 实际上就是构建一个 Hadoop 集群。

本节通过构建一个本地 Hadoop 伪集群，来讲解 HDFS 的构建。以下内容基于原生 Hadoop 2，可适合任何 Hadoop 2.x.y 版本，系统环境为 64 位 Ubuntu 14.04，这是读者容易获取和安装的 Linux 发行版之一。对于其他版本的 Hadoop，本书介绍的内容也可做参考，区别主要在于配置项。

1. 安装 Hadoop 前的准备

装好运行 Hadoop 的系统环境之后，需要为安装 Hadoop 做一些必要的准备。以下步骤将创建 Hadoop 用户并配置 SSH 免密登录。

（1）使用以下终端命令创建名为 Hadoop 的新用户，指定/bin/bash 作为其默认 shell。

```
sudo useradd -m Hadoop -s /bin/bash
```

（2）接下来为 Hadoop 用户设置密码，采用以下命令。

```
sudo passwd Hadoop
```

按照提示输入两次想要设置的密码之后，还需要为 Hadoop 用户增加管理员权限，以方便后面的安装操作。

```
sudo adduser Hadoop sudo
```

（3）然后使用刚刚创建的 Hadoop 用户登录。

Hadoop 需要使用 SSH 登录集群节点，Ubuntu 已经默认安装了 SSH 客户端程序，可能还需要安装 SSH 服务端程序，在 Ubuntu 系统下可以使用以下命令安装。

```
sudo apt-get install openssh-server
sudo systemctl start ssh #启动 ssh-server
```

（4）安装成功后，使用 SSH 登录本机，采用以下命令（我们创建的是本地伪集群）。

```
ssh localhost
```

SSH 会以当前用户名 Hadoop 登录到本机，首次登录会出现密钥提示，输入 yes，然后按提示输入密码，无误的话即可登录到本机了。为了方便使用，需要将 SSH 配置为免密登录。

输入 exit 推出当前登录，通过 ssh-keygen 来生成密钥，并加入授权中。

cd ~/.ssh/ #进入.ssh 目录，若没有该目录，可以使用 mkdir 创建。

```
ssh-keygen -t rsa #此处生成密钥，会出现提示，按回车确认即可。
cat ./id_rsa.pub >> ./authorized_keys #加入授权
```

此时再尝试用 SSH 登录本机就无须输入密码，即可直接登录了。

（5）由于 Hadoop 依赖于 Java 环境，所以接下来需要配置 JRE。可供选择的 JDK 有 Oracle JDK 以及开源的 OpenJDK。为了方便初学者，本节采用直接通过命令安装 OpenJDK 7 的方式进行介绍。想使用 Oracle JDK 的读者可自行安装配置。

```
sudo apt-get install openjdk-7-jre openjdk-7-jdk
```

（6）接下来需要配置 JAVA_HOME 环境变量，打开.bashrc 文件，这里使用 vim 打开（可能需要安装）。

```
vim ~/.bashrc
```

在打开后的文件添加如下单独一行（注意"="前后不能有空格）。

```
export JAVA_HOME=/usr/lib/jvm/java-7-openjdk-amd64
```

输入":wq"保存并退出，然后使用 source 命令来使修改生效。

```
source ~/.bashrc
```

（7）通过以下命令进行检验，如果输出以上等号之后的内容，就表明修改成功。

```
echo $JAVA_HOME
```

至此，Hadoop 所需的 Java 运行环境就安装好了。

2. 安装 Hadoop

下面将正式开始安装 Hadoop。

（1）通过互联网下载 Hadoop 2 最新的稳定版本，读者可以自行前往 Hadoop 项目官网或其他镜像站下载 stable 版本的 hadoop-2.x.y.tar.gz 这个格式的文件。

本书选择 2.6.5 版本的 Hadoop 进行介绍，文件保存在~/Downloads 目录中，如读者使用的不是这个版本，请务必将以下所有命令中出现的 2.6.5 更改为相应版本。

（2）将 Hadoop 解压至/usr/local 目录。

```
cd /usr/local
sudo tar -zxf ~/Downloads/hadoop-2.6.5.tar.gz -C .
sudo mv ./hadoop-2.6.5/ ./hadoop #将目录名改为 hadoop
sudo chown -R Hadoop ./hadoop #修改 hadoop 目录的所有者
```

Hadoop 解压后即可使用，使用下面命令检查是否可用，执行成功则会显示 Hadoop 版本信息。

```
/usr/local/hadoop/bin/hadoop version
```

到这里 Hadoop 的安装便完成了。此时 Hadoop 默认的模式是非分布式模式，无须进行其他配置即可运行。

3. 构建 HDFS 伪分布式集群

接下来配置 Hadoop 的伪分布式，即在单节点上以伪分布式的方式运行 Hadoop，节点既作为 NameNode，又作为 DataNode。

（1）Hadoop 的配置文件位于/usr/local/hadoop/etc/hadoop/目录下，以 xml 格式编写，伪分布式配置需要修改 core-site.xml 和 hdfs-site.xml。

刚打开的 core-site.xml 如下所示。

```
<configuration>
</configuration>
```

在<configuration></configuration>之间添加如下内容。

```
<configuration>
        <property>
            <name>hadoop.tmp.dir</name>
            <value>file:/usr/local/hadoop/tmp</value>
        </property>
        <property>
            <name>fs.defaultFS</name>
            <value>hdfs://localhost:9000</value>
        </property>
</configuration>
```

同样的，将 hdfs-site.xml 修改为以下内容。

```
<configuration>
            <property>
                <name>dfs.replication</name>
                <value>1</value>
            </property>
            <property>
                <name>dfs.namenode.name.dir</name>
                <value>file:/usr/local/hadoop/dfs/name</value>
            </property>
            <property>
                <name>dfs.datanode.data.dir</name>
                <value>file:/usr/local/hadoop/tmp/dfs/data</value>
            </property>
</configuration>
```

（2）配置完成后，执行 NameNode 的格式化（以下命令的工作目录均为/usr/local/hadoop）。

```
./bin/hdfs namenode -format
```

成功的话，可以看到 successfully formatted 和 Exitting with status 0 的提示（见图 12-8）。失败的话，将看到 Exitting with status 1。

图 12-8　NameNode 格式化成功提示

（3）接下来通过 Hadoop 自带的启动脚本开启 NameNode 和 Data Node 守护进程。

```
./sbin/start-dfs.sh #用于启动 HDFS 的守护进程的脚本
```

启动过程中会出现 SSH 提示，输入 yes 即可。

（4）启动完成后，可以通过命令 jps 判断是否成功启动，若成功启动，则会列出如下进程：NameNode、DataNode 和 SecondaryNameNode（如果 SecondaryNameNode 没有启动，则运行 sbin/stop-dfs.sh 关闭进程，然后再次尝试启动尝试）。如果没有 NameNode 或 DataNode，就是配置不成功，请仔细检查之前的步骤，或查看启动日志排查原因。若要停止，可以运行同目录下的 stop-dfs.sh 脚本。

现在就通过安装完整的 Hadoop 构建 HDFS 伪分布式集群。

要使用 HDFS，首先需要在 HDFS 中创建用户目录。

```
./bin/hdfs dfs -mkdir -p /user/Hadoop
```

然后就可以根据 HDFS 的使用方法使用了。通过以下命令可以显示 HDFS 命令行操作的帮助。

```
./bin/hdfs dfs -help
```

12.3　GlusterFS

12.3.1　GlusterFS 简介

GlusterFS 是一种新型的横向扩展网络互连存储文件系统（ Scale Out Network Attached Storage File

System），具有强大的横向扩展能力，通过扩展能够支持 PB 级别的存储容量和处理数千个客户端。目前主要在云计算领域、流媒体服务以及内容分发网络等方面有一定的应用。

它的名字来自于其创造者——Gluster 公司，这个名称是融合 GNU 和 cluster 而来的。既然与 GNU 有关，这个产品毫无疑问是一款开源软件。读者可以访问项目官网，获取其源代码进行研究学习。2011 年 10 月，Gluster 公司被 Red Hat 公司收购，从此 GlusterFS 成为 Red Hat 公司旗下的一项开源项目，并被作为 Red Hat Gluster Storage 推向市场。

GlusterFS 可以将通过以太网或 Infiniband RDMA 互连的各色存储服务器聚合成一个大型的并行网络文件系统。GlusterFs 采用了服务端和客户端分离的设计，服务端通常被部署为存储 bricks，在每个服务端运行一个名为 glusterfsd 的守护进程来导出本地文件系统成为 GlusterFS 中的一个 volume；客户端进程 glusterfs 通过 TCP/IP、InfiniBand 或其他一些支持的协议与各个服务端通信。

12.3.2 GlusterFS 的特点

1. 具有线性可扩展性和高性能

GlusterFS 采用了无元数据的设计，解除了对元数据服务器的需求，消除了单点故障和性能瓶颈，可以通过简单地增加资源来提高存储容量和性能，磁盘、计算和 I/O 都可以独立增加，实现了线性扩展。

2. 高可用性

GlusterFS 可以通过构建镜像或冗余的方式自动复制或备份文件，从而确保数据总是可以访问，甚至在硬件故障的情况下能进行一定程度的访问和数据恢复。GlusterFS 采用的自动修复功能能够以后台执行增量的方式把数据恢复到正确的状态，而且几乎不会产生性能负载。采用操作系统中主流的标准文件系统（如 ZFS）来存储，也使 GlusterFS 可以直接利用许多现有的标准工具进行操作。

3. 弹性哈希算法

为了实现其无元数据的设计，GlusterFS 没有采用集中式或分布式元数据服务器索引的形式，而是利用了弹性哈希算法在存储池中定位数据。

4. 弹性卷管理

GlusterFS 以逻辑卷的形式进行存储管理，逻辑卷可以从虚拟化的物理存储池中进行独立逻辑划分得到。物理存储池可以在线增加和移除，逻辑卷也可以在所有的配置服务器中增加、缩减和迁移，文件系统配置也可以实时更改应用。

5. 全局统一命名空间

使用全局统一的命名空间，GlusterFS 将磁盘和内存资源聚集成了一个单一的虚拟存储池，对上层用户和应用屏蔽了底层的物理硬件。存储资源可以根据需要在虚拟存储池中弹性扩展。

12.3.3 GlusterFS 的架构和工作流程简介

GlusterFS 采用了模块化、堆栈式的架构，每个功能以模块的形式实现，然后堆栈的方式组合，以实现更加复杂的功能，然后通过灵活的配置，可以支持高度定制化的应用环境。比如，通过 Replicate 模块，GlusterFS 可以实现 RAID1 的功能；通过 Stripe 模块可以实现 RAID0 的功能；通过以上两者的组合可以实现 RAID5 的功能。

GlusterFS 在实现上引入了 Translator 的概念，每个功能模块就是一个 Translator，不同的 Translator 在初始化后形成树，并作为树中的节点，节点之间可以相互调用。

GlusterFS 的工作流程如图 12-9 所示。

（1）在客户端，用户通过 GlusterFS 的挂载点来读写数据。集群系统的存在对用户是完全透明的，用户感觉不到是操作本地系统还是远端的集群系统。

（2）用户的这个操作被递交给本地 Linux 系统的 VFS 来处理。

（3）VFS 将数据递交给 FUSE 内核文件系统，FUSE 文件系统将数据通过/dev/fuse 设备文件递交给 Glusterfs Client 端。

（4）数据被 FUSE 递交给 Glusterfs Client 后，Client 对数据进行一些指定的处理（这些处理是按照 Client 配置文件来进行的）。

（5）在 Glusterfs Client 的处理末端，通过网络将数据递交给 Glusterfs Server，并将数据写入服务器控制的存储设备上。

这样，整个数据流的处理就完成了。

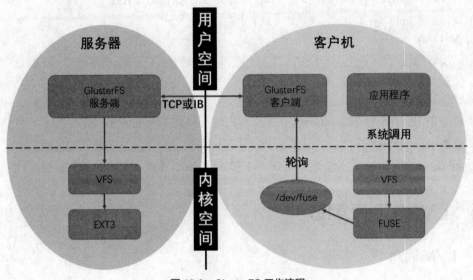

图 12-9　GlusterFS 工作流程

12.4　NFS

12.4.1　NFS 简介

NFS（Network File System）是由 Sun 公司开发并发展起来的一项用于在不同机器、不同操作系统之间通过网络进行分享的文件系统。NFS 服务器也可以看成一个文件服务器，可以使个人计算机通过网络将远端的 NFS 服务器共享出来的档案挂载到本地系统中，在客户端看来使用 NFS 的远端文件就像是在使用本地文件一样。NFS 协议从诞生到现在，已经有多个版本，如 NFS V2（RFC1094）、NFS V3（RFC1813），目前的版本是 NFS V4。

12.4.2　NFS 的安装与配置

1. 服务器端设置（假设 IP 地址为 192.168.63.72）

（1）启动服务

```
service portmap start
service nfs start
```

（2）设置防火墙

```
service iptables stop
```

（3）修改/etc/exports 文件

文件记录系统被共享的文件目录和权限信息，rw 表示有写权限，ro 表示无写权限。

设置内容如下。

```
/opt/share/ *(rw,no_root_squash,no_all_squash,sync)
/opt/image/ *(rw,no_root_squash,no_all_squash,sync)
```

2. 客户端调用

保证客户端和服务器在一个网段内，假设 IP 地址为 192.168.63.100。

（1）新建目录/mnt/wn

执行命令如下。

```
mkdir /mnt/wn
```

（2）挂载共享文件到本地目录

```
mount 192.168.63.72:/opt/share /mnt/wn
```

上述命令把 192.168.63.72:/opt/share 共享文件内容加载到本地/mnt/wn 目录。

下面就可以在/mnt/wn 操作了。操作这个目录本质上就是操作共享服务器的目录。

执行 mkdir /mnt/wn/test 命令会在 192.168.63.72:/opt/share 下看到刚才建立的目录。

12.5　LVM 和 RAID

12.5.1　LVM 简介

逻辑盘卷管理（Logical Volume Manager，LVM）是管理磁盘分区的一种机制，LVM 是建立在硬盘和分区之上的一个逻辑层，用来提高磁盘管理的灵活性。通过 LVM 可将若干磁盘分区连接为一个整块的卷组（Volume Group），形成一个存储池。可以在卷组上随意创建逻辑卷（Logical Volumes），并进一步在逻辑卷上创建文件系统。

通过 LVM 可以方便地调整存储卷的大小，并可以对磁盘存储按照组的方式进行命名、管理和分配。例如，按照使用用途定义为 development 和 sales，而不是使用物理磁盘名——sda 和 sdb。当系统添加了新的磁盘时，通过 LVM 可以直接扩展文件系统跨越该磁盘，而不必将文件移动到新的磁盘上。

12.5.2　RAID 简介

冗余磁盘阵列（Redundant Array of Inexpensive Disks，RAID）是网络操作系统必备的功能之一。RAID 可以分为软件和硬件两种实现方式。硬件 RAID 是通过专门的 RAID 控制器和附件来处理 RAID 事务，不消耗原本系统的 I/O，因此在性能上较佳。从 Linux 2.4 内核开始，Linux 开始提供软件 RAID，不必购买昂贵的硬件 RAID 控制器和附件（一般中、高档服务器都提供这样的设备和热插拔硬盘），就能极大增强 Linux 磁盘的 I/O 性能和可靠性。同时，它还具有将多个较小的磁盘空间组合成一个较大磁盘空间的功能。需要注意的是，这里的软件 RAID 不是指在单个物理硬盘上实现 RAID 功能，为提高 RAID 的性能，最好还是使用多个硬盘，使用 SCSI 接口的硬盘效果会更好。

RAID 将普通硬盘组成一个磁盘阵列，在主机写入数据时，RAID 控制器把主机要写入的数据分解为多个数据块，然后并行写入磁盘阵列；主机读取数据时，RAID 控制器并行读取分散在磁盘阵列中各个硬盘上的数据，把它们重新组合后提供给主机。由于采用并行读写操作，所以提高了存储系统的存取程度。此外，RAID 磁盘阵列更主要的作用是，可以采用镜像、奇偶校验等措施来提高系统的容错能力，保证数据的可靠性。一般在安装 Linux 操作系统时可以根据需要安装与配置 RAID。

在 Linux 系统中，主要提供 RAID 0、RAID 1、RAID 5 这 3 种级别的 RAID 方法。

（1）RAID 0

RAID 0 又称为 Stripe 或 Striping，中文译为集带工作方式。它是将要存取的数据以条带状形式尽量平均分配到多个硬盘上，读写时多个硬盘同时读写，从而提高数据的读写速度。RAID 0 的另一目的是获得更大的"单个"磁盘容量。

（2）RAID 1

RAID 1 又称为 Mirror 或 Mirroring，中文译为镜像方式。这种工作方式的出现完全是为数据安全考虑的，它是把用户写入硬盘的数据百分之百地自动复制到另外一个硬盘上或硬盘的不同地方（镜像）。当读取数据时，系统先从 RAID 1 的源盘读取数据，如果读取数据成功，则系统不去管备份盘上的数据；如果读取源盘数据失败，则系统自动转而读取备份盘上的数据，不会中断用户工作任务。由于对存储的数据进行完全的备份，所以在所有 RAID 级别中，RAID 1 提供最高的数据安全保障。同样，由于数据的完全备份，备份数据占了总存储空间的一半，因而，Mirror 的磁盘空间利用率低，存储成本高。

（3）RAID 5

RAID 5 是一种存储性能、数据安全和存储成本兼顾的存储解决方案，也是目前应用最广泛的 RAID 技术。各块独立硬盘进行条带化分割，相同的条带区进行奇偶校验（异或运算），校验数据平均分布在每块硬盘上。由 n 块硬盘构建的 RAID 5 阵列可以有 $n-1$ 块硬盘的容量，存储空间利用率非常高。RAID 5 不对存储的数据进行备份，而是把数据和相对应的奇偶校验信息存储到组成 RAID 5 的各个磁盘上，并且奇偶校验信息和相对应的数据分别存储于不同的磁盘上。RAID 5 中任何一块硬盘上的数据丢失，均可以通过校验数据推算出来。RAID 5 具有数据安全、读写速度快、空间利用率高等优点，应用非常广泛。其不足之处是，只要一块硬盘出现故障，整个系统的性能就大大降低。RAID 5 可以为系统提供数据安全保障，但保障程度要比 Mirror 低，而磁盘空间利用率要比 Mirror 高。RAID 5 具有和 RAID 0 近似的数据读取速度，只是多了一个奇偶校验信息，写入数据的速度比对单个磁盘进行写入操作稍慢。同时由于多个数据对应一个奇偶校验信息，RAID 5 的磁盘空间利用率要比 RAID 1 高，存储成本相对较低。

12.5.3　LVM 的创建

（1）创建分区

使用分区工具（如 FDisk 等）创建 LVM 分区，方法和创建其他一般分区的方法相同，区别仅仅是 LVM 的分区类型为 0x8e。

（2）创建物理卷

创建物理卷的命令为 pvcreate，利用该命令将希望添加到卷组的所有分区或者磁盘创建为物理卷。将整个磁盘创建为物理卷的命令如下。

```
# pvcreate /dev/sdb
```

将单个分区创建为物理卷的命令如下。

```
# pvcreate /dev/sda5
```

（3）创建卷组

创建卷组的命令为 vgcreate，将使用 pvcreate 建立的物理卷创建为一个完整的卷组。

```
# vgcreate lvm_vg /dev/sda5 /dev/sdb
```

vgcreate 命令的第一个参数是指定该卷组的逻辑名 lvm_vg，后面的参数是指定希望添加到该卷组的所有分区和磁盘。vgcreate 在创建卷组 lvm_vg 以外，还设置使用大小为 4MB 的 PE（默认为 4MB），这表示卷组上创建的所有逻辑卷都以 4MB 为增量单位来进行扩充或缩减。

（4）激活卷组

为了立即使用卷组而不是重新启动系统，可以使用 vgchange 来激活卷组。

```
# vgchange -a y lvm_vg
```

（5）添加新的物理卷到卷组中

当系统安装了新的磁盘并创建了新的物理卷，而要将其添加到已有卷组时，就需要使用 vgextend 命令。

```
# vgextend lvm_vg /dev/sdc1
```

这里的/dev/sdc1 是新的物理卷。

（6）从卷组中删除一个物理卷

要从一个卷组中删除一个物理卷，首先要确认将删除的物理卷没有任何逻辑卷正在使用，这要使用 pvdisplay 命令察看该物理卷的信息，如果某个物理卷正在被逻辑卷使用，就需要将该物理卷的数据备份到其他地方，然后再删除。删除物理卷的命令为 vgreduce。

```
# vgreduce lvm_vg /dev/sda1
```

（7）创建逻辑卷

创建逻辑卷的命令为 lvcreate。

```
# lvcreate -L 1500 -n lv1 lvm_vg
```

该命令就在卷组 lvm_vg 上创建名为 lv1、大小为 1 500MB 的逻辑卷，并且设备入口为/dev/lvm_vg/lv1（lvm_vg 为卷组名，lv1 为逻辑卷名）。如果希望创建一个使用全部卷组的逻辑卷，则需要首先察看该卷组的 PE 数，然后在创建逻辑卷时指定。

```
# vgdisplay lvm_vg| grep "Total PE"
Total PE 45230
# lvcreate -l 45230 lvm_vg -n lv1
```

（8）创建文件系统

```
# mkfs.ext4 /dev/lvm_vg/lv1
```

创建文件系统以后，就可以加载并使用它。

```
# mkdir /data/lv1
# mount /dev/lvm_vg/lv1 /data/lv1
```

如果希望系统启动时自动加载文件系统，则还需要在/etc/fstab 中添加如下内容。

```
/dev/lvm_vg/lv1 /data/lv1 ext4 defaults 1 2
```

关于逻辑卷的其他操作，请读者自行查看 lvm 的 manual 手册。

12.6　LVM 环境下的 RAID

下面将以创建 RAID 1 为例，说明如何在 Linux 中创建基于操作系统的软 RAID。

12.6.1　将分区标识为 RAID 分区

在创建软 RAID 前，需要将参与 RAID 的分区改为 RAID 类型，这一步是必需的，否则 RAID 设备可能会无法工作。如果当前盘不在使用状态，则修改后即可使用，否则必须重启操作系统，如图 12-10 所示。

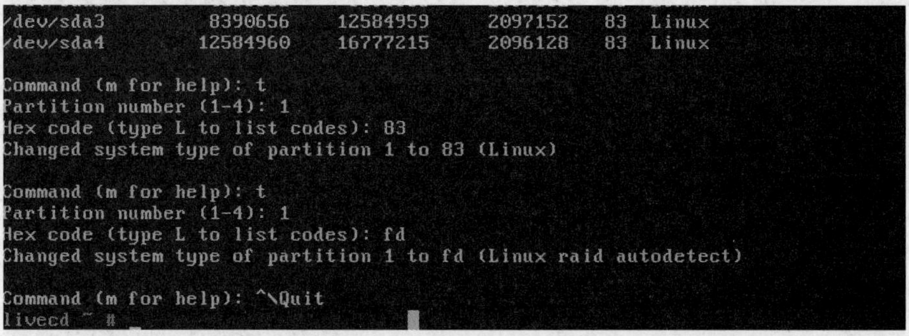

图 12-10　RAID 分区标识

① fdisk /dev/sda 操作磁盘分区。

② p 显示当前分区情况。

③ t 修改分区类型为 0xfd，即 Linux raid autodectect，如果不记得类型编号，可以使用 L 命令查看。

12.6.2　建立 RAID 设备及定义 RAID 盘

通常使用 mdadm（multiple devices admin）来管理和维护软件 RAID。使用下面的选项和参数来创建并定义 RAID 盘。

```
mdadm -C /dev/md0 -a yes -l 1 -n 2 -x 1 /dev/sda{1,2,3}
```

① -C /dev/md0。创建一个 RAID 设备，在 RHEL 5 中 RAID 设备必须从 md0 开始依次增加。

② -a yes。同意创建设备，不加此参数时，必须先使用 mknod /dev/md1 b 9 0 命令来创建一个 RAID 设备，不过推荐使用-a yes 参数一次性创建。

③ -l 1。RAID 级别，此处定义的是 RAID 1。

④ -n 2。使用几个分区实现 RAID。

⑤ -x 1。热备分区的数量。当定义一些具有容错功能的 RAID 级别（RAID 1、RAID 5）时，可多定义一块或热备分区，这样当 RAID 阵列中有一块硬盘损坏时，这个热备分区会自动补上去开始工作。

⑥ /dev/sda{1,2,3}。加入 RAID 的分区。

通过以下命令可以查看指定 RAID 设备的情况。

```
mdadm --detail /dev/md0
```

12.6.3 格式化 RAID 设备

分区建立完成后，需要对其进行格式化，如果是大量的小文件操作，则可以采用 ReiserFS 命令（mkfs.reiserfs /dev/md0）完成格式化。

12.6.4 让 RAID 设备在每次重启都生效

该方法会将系统中所有 RAID 设备的定义导入/etc/mdadm.conf，而该文件记录系统的所有 RAID 设备，以便下次启动时生效，如图 12-11 所示。

```
livecd ~ # mdadm -D -s > /etc/mdadm.conf
livecd ~ # cat /etc/mdadm.conf
ARRAY /dev/md0 metadata=1.2 spares=1 name=livecd:0 UUID=af6892da:8fbbf8bb:9821
0f:ac6a1ea8
livecd ~ #
```

图 12-11 设置 RAID 设备在每次重启都生效

12.6.5 挂载 RAID 设备

可临时使用 mount 命令挂载，也可定义在/etc/fstab 中，如图 12-12 所示。

```
livecd ~ # cat /etc/fstab
####################################################
## ATTENTION: THIS IS THE FSTAB ON THE LIVECD    ##
## PLEASE EDIT THE FSTAB at /mnt/gentoo/etc/fstab ##
####################################################
tmpfs   /                                        tmpfs   defaults        0 0
tmpfs   /lib/firmware                    tmpfs   defaults        0 0
tmpfs   /usr/portage                     tmpfs   defaults        0 0
dev/md0 /mnt/raid1 reiserfs auto 0 0
livecd ~ #
```

图 12-12 在/etc/fstab 中加载 RAID 设备

本 章 习 题

习题 12.1 试着按照书中讲解的方法搭建一个 Hadoop 伪集群，并按照官方文档掌握 HDFS 的使用。

习题 12.2 借助互联网了解本书未提到的其他分布式文件系统，书写调研报告。

第13章　以管理为核心

13.1　Libvirt

目前市面上有很多基于云的管理系统，限于时间和实验条件，本章仅介绍其中以开源形式存在的 Libvirt。本章没有涉及云计算的度量等较深入的问题（如计费、负载均衡、SaaS 等）。

13.1.1　Libvirt 简介

Libvirt 是一个软件集合，便于使用者管理虚拟机和其他虚拟化功能，如存储和网络接口管理等。这些软件包括一个 API 库、一个 daemon（libvirtd）和一个命令行工具（virsh），可以认为这是替代了 QEMU。

13.1.2　Libvirt 的主要目标

Libvirt 的主要目标是提供一种单一的方式管理多种不同的虚拟化提供方式和 hypervisor。如命令行 virsh list -- all 可以列出所有支持的、基于 hypervisor 的虚拟机，该命令可避免学习、使用不同 hypervisor 的特定工具。

13.1.3　Libvirt 的主要功能

1. 虚拟机管理

包括各种的虚拟机生命周期操作，如启动、停止、暂停、保存、恢复和迁移，支持多种设备类型（包括磁盘、网卡、内存和 CPU）的热插拔操作。

2. 远程机器支持

只要机器上运行了 Libvirt daemon，包括远程机器，所有的 Libvirt 功能就都可以访问和使用。支持多种网络远程传输，使用最简单的 SSH，不需要额外配置工作。例如，example.com 运行了 Libvirt，而且允许 SSH 访问。下面的命令行就可以在远程的主机上使用 virsh 命令。

```
virsh --connect qemu+ssh://root@example.com/system
```

3. 存储管理

任何运行了 Libvirt daemon 的主机都可以用来管理不同类型的存储：创建不同格式的文件镜像（qcow2、vmdk、raw 等）、挂接 NFS 共享、列出现有的 LVM 卷组、创建新的 LVM 卷组和逻辑卷、对未处理过的磁盘设备进行分区、挂接 iSCSI 共享等。

因为 Libvirt 可以远程工作，所有这些都可以通过远程主机使用。网络接口管理：任何运行了 Libvirt daemon 的主机都可以用来管理物理和逻辑的网络接口。可以列出现有的接口卡，配置、创建接口，以及桥接、VLAN 和关联设备等，通过 netcf 都可以支持。

4. 虚拟 NAT 和基于路由的网络

任何运行了 Libvirt daemon 的主机，都可以用来管理和创建虚拟网络。Libvirt 虚拟网络使用防火墙规则作为路由器，让虚拟机可以透明访问主机的网络。

13.1.4 Libvirt 的架构及工作方式

没有使用 Libvirt 的虚拟机管理方式如图 13-1（a）所示。Libvirt 的控制方式有如下两种。

1. 管理应用程序和域位于同一节点上

管理应用程序通过 Libvirt 工作，以控制本地域，如图 13-1（b）所示。

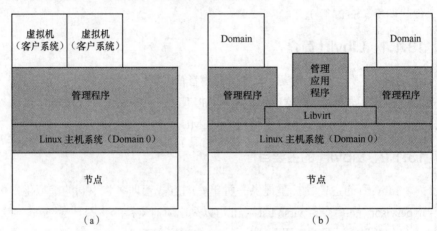

图 13-1　使用 Libvirt 的虚拟机管理方式

2. 管理应用程序和域位于不同节点上

该模式使用一种运行于远程节点上、名为 Libvirtd 的特殊守护进程。当在新节点上安装 Libvirt 时，该程序会自动启动，且可自动确定本地虚拟机监控程序并为其安装驱动程序。该管理应用程序通过一种通用协议从本地 Libvirt 连接到远程 Libvirtd，如图 13-2 所示。

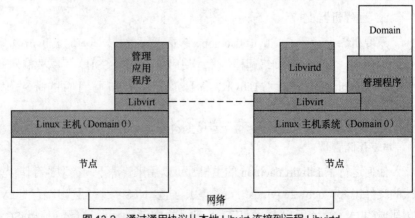

图 13-2　通过通用协议从本地 Libvirt 连接到远程 Libvirtd

Libvirt 的基本架构是：Libvirt 实施一种基于驱动程序的架构，该架构允许一种通用的 API 以通用的方式为大量潜在的虚拟机监控程序提供服务，如图 13-3 所示。

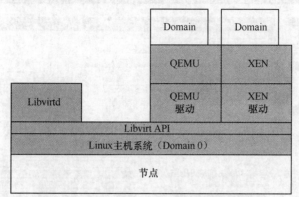

图 13-3　通用的 API 为虚拟机监控程序提供服务

13.1.5　Libvirt 现在支持的虚拟机

表 13-1 列举了当前 Libvirt 支持的虚拟机。

表 13-1　当前 Libvirt 支持的虚拟机

项　　目	描　　述
Xen	面向 IA-32、IA-64 和 PowerPC 970 架构的虚拟机监控程序
QEMU	面向各种架构的平台仿真器
Kernel-based Virtual Machine（KVM）	Linux 平台仿真器
Linux Containers（LXC）	用于操作系统虚拟化的 Linux（轻量级）容器
OpenVZ	基于 Linux 内核的操作系统级虚拟化
VirtualBox	x86 虚拟化虚拟机监控程序
User Mode Linux	面向各种架构的 Linux 平台仿真器
Test	面向伪虚拟机监控程序的测试驱动器
Storage	存储池驱动器（本地磁盘、网络磁盘、iSCSI 卷）

13.2　Proxmox

13.2.1　Proxmox 简介

Proxmox 是一款以 Debian 为基础操作系统的虚拟化整合服务器（类似 VMware ESXi），它支持两种虚拟化技术——基于 OpenVZ 的操作系统虚拟化和基于 KVM 的超虚拟化，它的安装非常简单，直接使用官方提供的安装光盘，按默认配置或者做简单的针对性修改即可。图 13-4 是 Proxmox 安装完成后的控制面板界面。

Proxmox 的优势在于有很多模板，应用模板可以非常方便地进行部署。

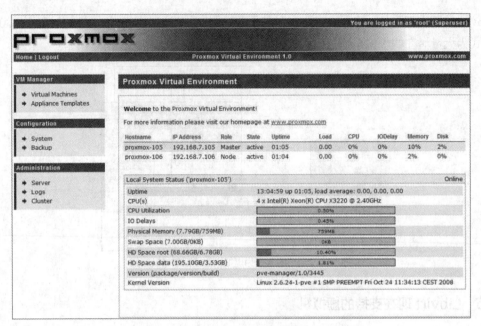

图 13-4　Proxmox 的控制面板

13.2.2　Proxmox 的使用方法

（1）在 Proxmox 的控制面板可以查看集群，这里将会显示集群中的所有节点，如图 13-5 所示。

（2）添加设备模板。在创建 OpenVZ 容器之前，至少要在系统中添加一个操作系统模板（对 KVM 客户机来说，不但可以添加 ISO 文件，还可以直接从 OS CD 或者 DVD 安装，但 OpenVZ 不可以），单击 Appliance Template，有两个选项：Local 和 Download，如图 13-6 所示。

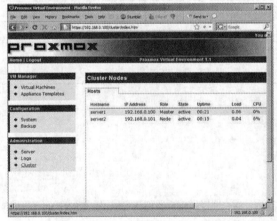

图 13-5　在 Proxmox 的控制面板中查看集群

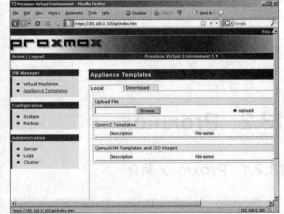

图 13-6　在 Proxmox 中添加设备模板

（3）在 Download 中，将会看到 Proxmox 项目提供的一个 Templates 列表，可以直接下载这些系统镜像，如图 13-7 所示。

（4）下载需要的 Templates 到本地硬盘，如图 13-8 所示。

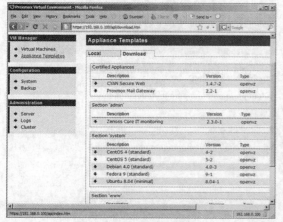

图 13-7 OpenVZ 官方模板

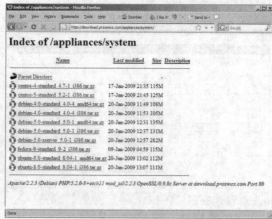

图 13-8 下载需要的模板到本地硬盘

（5）在 Local 选项中，也可以把 Templates 上传到 Proxmox Master 主机上，如图 13-9 所示。

（6）也可以同时上传 ISO 镜像创建 KVM 的客户机，想要删除一个 Template 或者 ISO 文件，只需要单击其前面的红色图标，再单击 Delete 按钮即可，如图 13-10 所示。

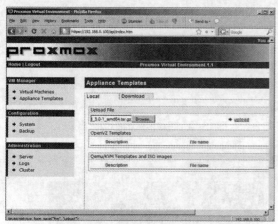

图 13-9 上传本地模板到 Proxmox 服务器

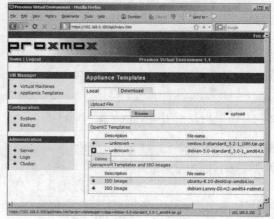

图 13-10 删除 OpenVZ 模板

（7）在集群的远程系统中创建虚拟机，如果创建了一个集群，也可以在远程的系统中创建属于这个集群的虚拟机，只需在创建虚拟机时选择集群节点下的远程节点即可，如图 13-11 所示。此时 List 选项应该就显示运行在不同节点上的虚拟机了，如图 13-12 所示。

（8）创建 KVM 客户机，打开管理页面只需单击 Start 按钮即可。如果选择的是从 CD-ROM 安装客户机，在单击 Start 按钮前，把操作系统 CD 和 DVD 插入服务器的系统光驱，如图 13-13 和图 13-14 所示。

之后单击 Open VNC console 链接，连接到 guest 的图形终端，就可以像在真实机器上一样安装操作系统了，如图 13-15 和图 13-16 所示。

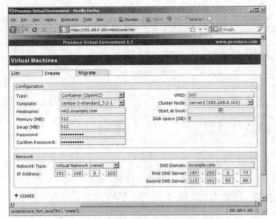

图 13-11　创建 OpenVZ 虚拟机

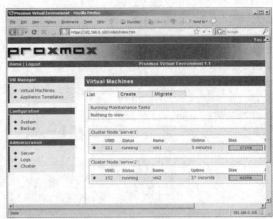

图 13-12　OpenVZ 虚拟机的执行状态

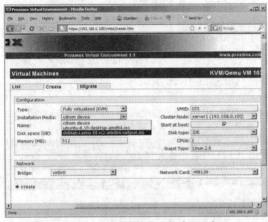

图 13-13　从光盘镜像安装（KVM）

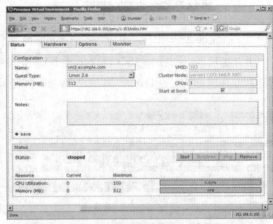

图 13-14　启动创建好的 KVM 虚拟机

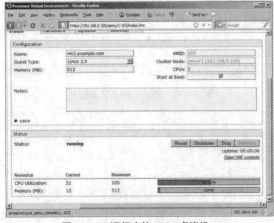

图 13-15　运行中的 KVM 虚拟机

图 13-16　Web 中的客户机运行界面

13.2.3　Proxmox VE 4.0 简介

2015 年 10 月 6 日，Proxmox Server Solutions GmbH 发布了 Proxmox VE 4.0 版。该版本基于 Debian Jessie 8.2.0，内核 4.2，QEMU 2.4 和 Ceph Server 软件包（0.94.x – hammer release）升级。4.0 版本最重要的变化包括具有集成 HA 模拟器的新型 Proxmox VE HA Manager，以及替换原有 OpenVZ 的 Linux

Containers（LXC）的容器虚拟化。Proxmox VE 4.0 中引入的其他功能包括嵌入式 NoVNC 控制台、DRBD9（作为技术预览），以及从虚拟机到容器和主机所有级别的完整 IPv6 支持。Proxmox VE 4.0 主要有以下新特性。

1．Proxmox VE HA Manager 的高可用集群

Proxmox VE HA Manager 作为多节点高可用性集群的新资源管理器，它监视整个集群上的所有虚拟机和容器，只要其中一个发生故障，它就自动执行。HA Manager 开箱即用，基于 watchdog-based 的围栏可以大大简化部署，并且集成了 Web 界面管理，可以通过该 Web GUI 配置整个 HA。在 4.0 版本中，使用 Proxmox VE HA Manager 替代了之前的 RGManager。

Proxmox VE 允许系统管理员通过 Web GUI 直观配置复杂的 HA 集群设置，使用户获得高可用性。通过集成软件 watchdog-based，外部防护装置在基本配置中变得不必要。

2．Proxmox HA 模拟器

Proxmox VE 4.0 还附带了一个新的 Proxmox HA 模拟器，它允许用户在投入生产之前学习和测试 Proxmox VE HA 解决方案的正确使用情况。该模拟器可以安装在任何节点上，并可以模拟具有 3 个节点和 6 个虚拟机的集群。用户可以在安装后立即启动它，并测试不同场景的 HA 故障转移和行为，如完全丢失一个节点或丢失网络。

3．Linux 容器（LXC）

Proxmox VE 4.0 版本支持 Linux 容器（LXC），将容器解决方案替换为 OpenVZ。LXC 可以与所有最新的 Linux 内核一起使用，并且完全集成到 Proxmox VE 框架中，特别是存储模式。Proxmox VE 4.0 是允许在几乎所有存储插件（如 Ceph、ZFS、NFS、DRBD9 或本地存储）上使用 LXC 的第一个版本。LXC 提供轻量级的操作系统容器化，以及容器管理工具和容器操作系统模板的广泛选择。用户可以通过 Web 界面轻松管理容器，也可以在命令行上使用 PCT，这是一种在 Proxmox VE 上管理 Linux Containers（LXC）的工具。Proxmox VE 项目的维基百科已经提供了从现有 OpenVZ 容器迁移到 LXC 的 5 步迁移路径。

13.3　OpenStack

13.3.1　OpenStack 简介

Proxmox VE 虽然有种种优点，但也绝非完美，例如不支持 libvirt，对 UNIX 兼容性不佳，缺少可配置的精简部署功能等。所以本节介绍另外一款优秀的平台 OpenStack。

OpenStack 作为一种免费的开源软件，可以用在中小企业内部，可以供公司内部的开发测试部门使用，也可以跑一些应用服务。另外一种就是提供对外服务，例如做云服务的企业会考虑对 OpenStack 进行二次开发和包装，集成或者新增一些特定的功能或者管理界面。

OpenStack 旨在为公共及私有云的建设与管理提供软件的开源解决方案。它的社区拥有超过 130 家企业及 1 350 位开发者，这些机构与个人都将 OpenStack 作为基础设施即服务（IaaS）资源的通用前端。OpenStack 项目的首要任务是简化云的部署过程并为其带来良好的可扩展性。

OpenStack 支持几乎所有类型的云环境，项目目标是提供实施简单、可大规模扩展、丰富、标准统一的云计算管理平台。OpenStack 通过各种互补的服务提供了基础设施即服务的解决方案，每个服务提供 API 以进行集成。其主要组件包括 OpenStack 计算（代号为 Nova）、OpenStack 对象存储（代号为 Swift）及 OpenStack 镜像服务（代号 Glance）的集合。OpenStack 提供了一个操作平台或工具包，用于编排云。整个 OpenStack 由控制节点、网络节点、计算节点、存储节点四大部分组成（这 4 个节点也可以安装在一台机器上，单机部署），具体如下。

① 控制节点负责控制其余节点，包含虚拟机建立、迁移，网络分配，存储分配等。

② 网络节点负责对外网络与内网络之间的通信。

③ 计算节点负责虚拟机运行。

④ 存储节点负责对虚拟机的额外存储管理等。

1. 控制节点

首先介绍控制节点架构。控制节点一般来说只需要一个网络端口用于通信/管理各个节点。控制节点包括管理支持服务、基础管理服务、扩展管理服务。

（1）管理支持服务包含 MySQL 与 Qpid 两个服务。

MySQL：数据库存放基础/扩展服务产生的数据的地方。

Qpid：消息代理（也称消息中间件）为其他各种服务之间提供了统一的消息通信服务。

（2）基础管理服务包含 Keystone、Glance、Nova、Neutron、Horizon 等 5 个服务。

Keystone：认证管理服务，提供了其余所有组件的认证信息/令牌的管理、创建、修改等，使用 MySQL 作为统一的数据库。

Glance：镜像管理服务，提供了对虚拟机部署时所能提供的镜像的管理，包含镜像的导入格式，以及制作相应的模板。

Nova：计算管理服务，提供了对计算节点的 Nova 的管理，使用 Nova-API 进行通信。

Neutron：网络管理服务，提供了对网络节点的网络拓扑管理，同时提供 Neutron 在 Horizon 的管理面板。

Horizon：控制台服务，提供了以 Web 的形式管理所有节点的所有服务，通常把该服务称为 DashBoard。

（3）扩展管理服务包含 Cinder、Swift、Trove、Heat、Centimeter 等 5 个服务。

Cinder：提供管理存储节点的 Cinder 相关，以及 Cinder 在 Horizon 中的管理面板。

Swift：提供管理存储节点的 Swift 相关，以及 Swift 在 Horizon 中的管理面板。

Trove：提供管理数据库节点的 Trove 相关，以及 Trove 在 Horizon 中的管理面板。

Heat：提供了基于模板来实现云环境中资源的初始化、依赖关系处理、部署等基本操作，也可以解决自动收缩、负载均衡等高级特性。

Centimeter：提供对物理资源以及虚拟资源的监控，并记录这些数据，对该数据进行分析，在一定条件下触发相应动作。

2. 网络节点

网络节点仅包含 Neutron 服务。Neutron 负责管理私有网段与公有网段的通信、虚拟机网络之间的通信/拓扑和虚拟机之上的防火等。而网络节点包含以下 3 个网络端口。

eth0：用于与控制节点进行通信。

eth1：用于与除了控制节点之外的计算/存储节点之间的通信。

eth2：用于外部的虚拟机与相应网络之间的通信。

3．计算节点

计算节点包含 Nova、Neutron、Telemeter 三个服务。

（1）基础服务

Nova：提供虚拟机的创建、运行、迁移、快照等各种围绕虚拟机的服务，并提供 API 与控制节点对接，由控制节点下发任务。

Neutron：提供计算节点与网络节点之间的通信服务。

（2）扩展服务

Telmeter：提供计算节点的监控代理，将虚拟机的情况反馈给控制节点，是 Centimeter 的代理服务。和网络节点相比，计算节点最少包含两个网络端口。

eth0：与控制节点进行通信，受控制节点统一调配。

eth1：与网络节点、存储节点进行通信。

4．存储节点

存储节点包含 Cinder、Swift 等服务。

Cinder：块存储服务，提供相应的块存储，简单来说，就是虚拟出一块磁盘，可以挂载到相应的虚拟机之上，不受文件系统等因素影响，对虚拟机来说，这个操作就像是新加了一块硬盘，可以完成对磁盘的任何操作，包括挂载、卸载、格式化、转换文件系统等操作，大多应用于虚拟机空间不足情况下的空间扩容等。

Swift：对象存储服务，提供相应的对象存储，简单来说，就是虚拟出一块磁盘空间，可以在这个空间当中存放文件，但也只能存放文件，不能格式化和转换文件系统，大多应用于云磁盘/文件。

存储节点最少包含两个网络接口。

eth0：与控制节点进行通信，接受控制节点任务，受控制节点统一调配。

eth1：与计算/网络节点进行通信，完成控制节点下发的各类任务。

OpenStack 发展至今，集成了以下几个组件。

Nova：计算服务。

Neutron：网络服务。

Swift：对象存储服务。

Cinder：块存储服务。

Glance：镜像服务。

Keystone：认证服务。

Horizon：UI 服务。

Ceilometer：监控服务。

Heat：集群服务。

Trove：数据库服务。

为了更好地理解 OpenStack，在下一节将开始搭建 OpenStack 实验环境。

13.3.2 Fuel

1. Fuel 简介

Fuel 是一个为 OpenStack 端到端"一键部署"设计的工具，其功能含盖自动的 PXE 方式的操作系统安装、DHCP 服务、Orchestration 服务和 puppet 配置管理相关服务等，此外还有 OpenStack 关键业务健康检查和 log 实时查看等非常好用的服务。

选择 Feul 是因为它有以下几个优势：一是节点的自动发现和预校验；二是配置简单、快速；三是支持多种操作系统和发行版，支持 HA 部署并对外提供 API 对环境进行管理和配置。

2. Fuel 架构

Fuel 架构如图 13-17 所示。

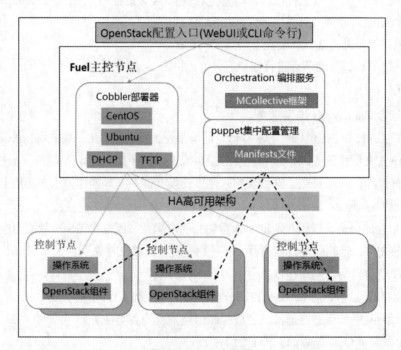

图 13-17 Fuel 架构图

Fuel 不是巨大的单片，而是由几个相互依赖的组件构成的。其中有一些是 Fuel 定义的组件，还有一些是第三方服务提供的，如 cobbler、puppet、mcollective（一个构建服务器编排（Server Orchestration）和并行工作执行系统的框架）等。一些组件可以被重复利用不需要任何更改，一些则需调整。

UI 是一个用 JaveScript 编写的页面应用，主要还是用 Bootstrap 框架。

Cobbler 用来提供快速网络安装的 Linux 服务。

Puppet 仅仅是一个部署安装服务。当然它还创建了 Mcollective agent 用于管理其他配置管理框架，如 chef、saltstack 等。

Fuel 主节点：用于提供 PXE 方式操作系统安装服务，由开源软件 Cobbler 提供，另外由 Mcollective

和 puppet 分别提供 orchestration 服务和配置管理服务。Fuel ISO 包发布时已经一同打包了 Centos6.4 和 ubuntu 12.04 安装包，如果需要使用红帽子企业版 Rhel 6.4，就需要自己手动上传。

Fuel 目前可以支持 Openstack SA 或者 HA 的安装。我们已经对 Fuel 有了大致了解，现在就用它来安装 Openstack。

13.3.3　OpenStack 安装

1.　硬件要求

（1）启用虚拟化技术支持：开启 BIOS 设置中的虚拟化技术支持相关选项，这会从很大程度上影响虚拟机的性能。

（2）最低硬件配置。CPU：双核 2.6GHz+；内存：4GB+；磁盘：80GB+。

（3）虚拟化工具：Oracle Virtualbox 5。

（4）安装包准备。下载 Fuel ISO 安装包，本次实践使用较为稳定的 5.1.1 版本。

2.　部署视图

本次安装采用最简方式，不涉及 HA，仅做多节点部署。fuel_master 节点用作 pxe 服务器和管理，fuel_controller 即 OpenStack 控制节点，fuel_compute 就是计算节点，这些是真正可使用的资源。3 个虚拟机和 3 个网络构成了 OpenStack 的典型部署模式（见图 13-18）。

由于我们搭建的是实验环境，所以只需要 3 个虚拟机节点就可以了，虚拟机管理软件可以任意选择，如 VMware Workstation、VirtualBox。本实验选择 VirtualBox 安装虚拟机，因为 VirtualBox 的网络配置相对 VMware Workstation 来说更简单方便，过程不再详述。

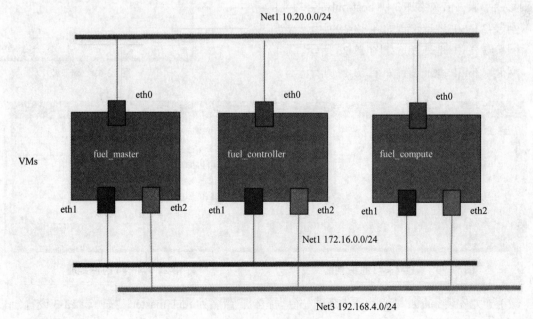

图 13-18　部署视图

3.　网络规划

网络规划设计如表 13-2 所示。

表 13-2　网络规划

网络名称 条目	Net1	Net2	Net3
Network name	VirtualBox host-only Ethernet Adapter#2	VirtualBox host-only Ethernet Adapter#3	VirtualBox host-only Ethernet Adapter#4
Purpose	Fuel administrator network/ management	Public	Storage
IP block	10.20.0.0/24	172.16.0.0/24	192.168.4.0/24
Linux device	eth0	eth1	eth2

4. 虚拟机设置

虚拟机设置三节点的配置如表 13-3 所示，可适当加大资源设置。

表 13-3　虚拟机设置

节点名称 条目	VM1	VM2	VM3
name	fuel_master	fuel_controller	fuel_compute
vCPU	1	1	2
Memory	1G	1G	2G
Disk	30G	30G	30G
Networks	net1	net1,net2,net3	net1,net2,net3

5. 安装 master 节点

（1）新建虚拟机之前，需要现在"全局设定"中添加并正确配置网卡，依次添加 3 块 host-only 模式网卡。

网卡#2 的 IP 地址设置如图 13-19 所示。

网卡#3 的 IP 地址设置如图 13-20 所示。

网卡#4 的 IP 地址设置如图 13-21 所示。

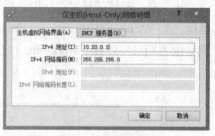

图 13-19　网卡#2

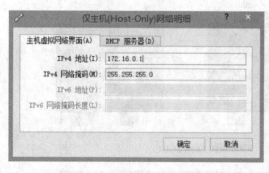

图 13-20　设置网卡#3 的 IP 地址

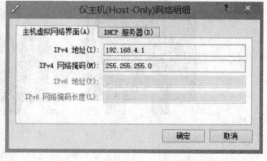

图 13-21　网卡#4 的 IP 地址

（2）开始安装 master 节点。首先新建一台虚拟机，命名为 fuel_master，按照表 13-3 设置分配资源，当然虚拟的配置后面是可以修改的，如果前面分配资源不合理，那么后面可以修改。然后选择之前设置的全局网卡，依次对网卡 1、网卡 2、网卡 3 进行配置。

网卡 1 的配置如图 13-22 所示。网卡 2 的配置如图 13-23 所示。

图 13-22　配置网卡 1

图 13-23　配置网卡 2

网卡 3 的配置如图 13-24 所示。

至此，虚拟机配置完毕。

（3）开始安装系统镜像，选择 MirantisOpenStack-5.1.iso 镜像文件。镜像的整个安装过程是全自动的，直到出现登录提示，安装过程结束。安装过程部分截图如图 13-25 ~ 图 13-27 所示。

至此 master 节点安装结束。接下来安装 controller 节点。

图 13-24　配置网卡 3

图 13-25　安装示意图 1

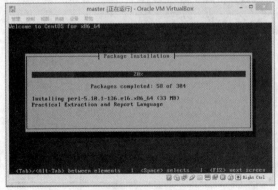

图 13-26　安装示意图 2

图 13-27　安装示意图 3

6. 安装 controller 节点

controller 节点的安装过程与 master 的安装过程基本相同，可以参照 master 节进行安装。以下只介绍不同之处。不同之处有以下几点。

（1）在配置阶段，在"系统"选项卡中取消选中"启动顺序"中的"软驱"，如图 13-28 所示。

（2）不用配置"存储"，即不用选择镜像文件。

（3）在开始启动时，弹出图 13-29 所示的对话框要求选择启动盘，单击"取消"按钮。

图 13-28　系统配置

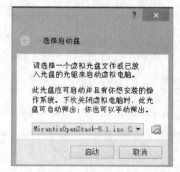

图 13-29　选择启动盘

（4）之后的安装过程为全自动，只需耐心等待，直到出现 login 界面即为安装完成。

7．安装 compute 节点

compute 节点的安装过程与 controller 的安装过程完全相同，可以参照 controller 节点进行安装，这里不再赘述。

8．部署 OpenStack

（1）安装完成后，根据 master 登录界面提示的网址（见图 13-30），进入 Fuel 控制台。

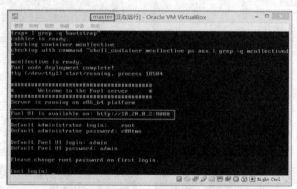

图 13-30　master 登录网址示意图

（2）进去之后新建一个 OpenStack 环境（见图 13-31）。

（3）选择部署模式，如图 13-32 所示。

图 13-31　OpenStack 名称版本填写

图 13-32　部署模式选择

（4）选择计算，如图 13-33 所示。

（5）选择网络，如图 13-34 所示。

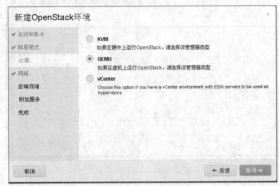

图 13-33　计算选择　　　　　　　　　　图 13-34　网络选择

（6）接下来的后端存储以及附加服务按默认即可。

9. 增加节点

增加节点时，给相应节点分配角色。给名为 controller 的主机分配 controller 角色，给名为 compute 的主机分配 compute 的角色。分辨 controller 主机和 compute 主机主要是根据主机第一块网卡的 MAC 地址。

（1）增加 controller 节点，如图 13-35 所示。

（2）增加 compute 节点，如图 13-36 所示。

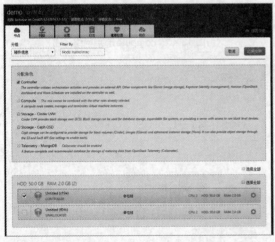

图 13-35　controller 节点　　　　　　　　图 13-36　compute 节点

10. 网络配置

（1）对 controller 节点进行网络配置。选中该节点，单击"网络配置"按钮，如图 13-37 所示。将各个网络如图 13-38 所示分布在 3 块网卡上。

（2）对 compute 节点进行网络配置。选中该节点，单击"网络配置"按钮，如图 13-39 所示。将各个网络如图 13-40 所示分布在 3 块网卡上。

图 13-37　controller 节点网络配置

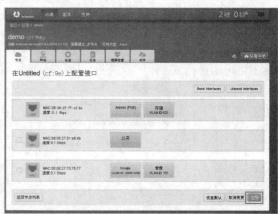

图 13-38　controller 节点网络分布

图 13-39　compute 节点网络配置

图 13-40　compute 节点网络分布

至此网络配置完毕。接下来验证已配置好的网络是否畅通。

11. 验证网络

进入"网络"面板，在页面底部单击"验证网络"按钮，如图 13-41 所示。

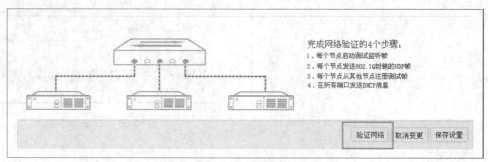

图 13-41　验证网络

等待片刻，查看验证结果。结果如图 13-42 所示即为验证成功，即可进行接下来的部署，否则最好先解决网络连通问题再部署。

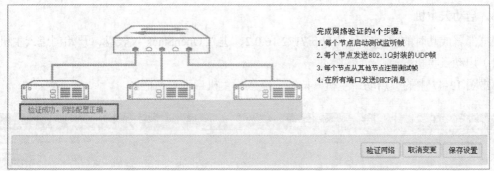

完成网络验证的4个步骤:
1.每个节点启动测试监听帧
2.每个节点发送802.1Q封装的UDP帧
3.每个节点从其他节点注册测试帧
4.在所有端口发送DHCP消息

验证成功。网络配置正确。

验证网络　取消变更　保存设置

图 13-42　验证网络成功

12. 部署变更

单击图 13-43 中的"部署变更"按钮,即开始部署 OpenStack 环境。

安装 centos,如图 13-44 所示。

图 13-43　部署 Openstack 环境　　　　　图 13-44　centos 安装

安装 OpenStack,如图 13-45 所示。

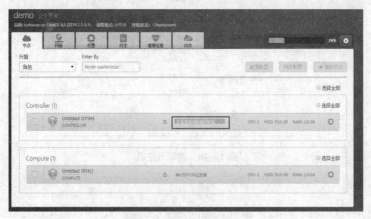

图 13-45　Openstack 安装

部署过程需要较长时间,最后如图 13-46 所示提示部署成功,即表示 Openstack 平台已经部署成功。

Success
Deployment of environment 'yyDemo' is done. Access the OpenStack dashboard (Horizon) at http://172.16.0.2/ or via internet network at http://10.20.0.4/

图 13-46　安装成功

13. 启动云主机

根据部署成功时的提示，登录 http://172.16.0.2，进入 OpenStack 仪表盘，开始创建云主机。

（1）启动云主机

单击图 13-47 中的"启动云主机"按钮，进入云主机启动对话框。

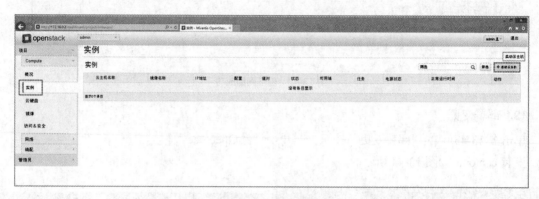

图 13-47　启动云主机

配置云主机相关参数。在"详情"选项卡中填写相关信息，如图 13-48 所示，在"网络"选项卡中选择 net04 网络。

图 13-48　启动云主机

（2）访问云主机

上述云主机一般只能通过 VNC 来访问，访问速度不太理想，所以希望通过 XShell 等工具访问。为了能够通过 XShell 等工具访问，需要为云主机绑定浮动 IP 和添加相应的网络规则。

① 绑定浮动 IP。

在"更多"下拉列表中选择"绑定浮动 IP"选项，如图 13-49 所示，进入"管理浮动 IP 的关联"对话框。

为云主机分配一个浮动 IP，如图 13-50 所示，单击"关联"按钮即可关联成功（见图 13-51）。

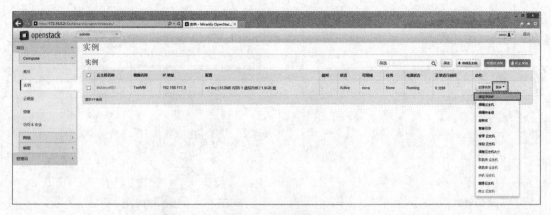

图 13-49　绑定浮动 IP

图 13-50　管理浮动 IP 的关联

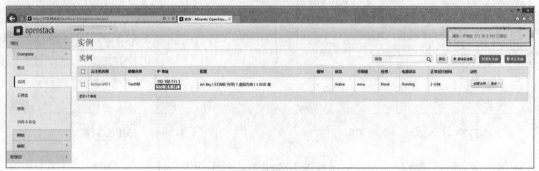

图 13-51　管理浮动 IP 成功

② 添加管理规则。

首先进入"访问&安全"页面,如图 13-52 所示。

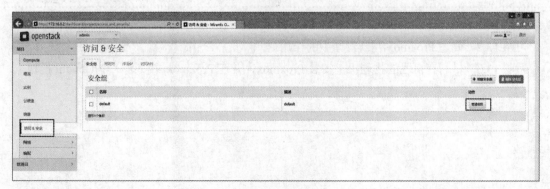

图 13-52　访问&安全

单击"管理规则"按钮，进入"管理安全组规则"页面，单击"添加规则"按钮，如图 13-53 所示，进入"添加规则"对话框，这里需要分别添加 ALL ICMP 规则和 SSH 规则。

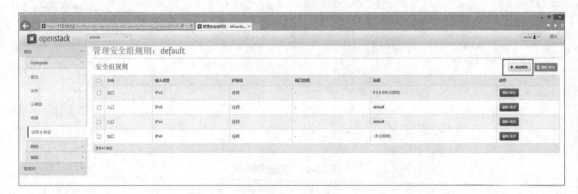

图 13-53　安全组规划

添加 ALL ICMP 规则，如图 13-54 所示。

添加"SSH"规则，如图 13-55 所示。

图 13-54　添加 ALL ICMP 规则　　　　　　　图 13-55　添加 SSH 规则

至此，云主机创建成功，并且可以通过 XShell 等工具来访问和使用。

本 章 习 题

习题 13.1　什么是 Libvirt？它在基于云的管理系统中起什么作用？

习题 13.2　简述 Proxmox 在云管理中的作用。

习题 13.3　试着在自己的物理机上安装 Proxmox，并在 Proxmox 中安装一个 Ubuntu 模板。

第14章 以服务为目的

14.1 云计算的服务

云是一种为提供自助服务而开发的虚拟环境，云计算是一种计算方法，它可以将按需提供的自助管理虚拟基础架构汇集成高效池，以服务的形式交付使用。云提供了3个层面的服务：基础架构即服务、平台即服务、软件即服务。云服务是在云计算的上述技术架构支撑下的对外提供按需分配、可计量的一种 IT 服务模式。这种服务模式可以替代用户本地自建的 IT 服务。云服务其实是运行在云计算之上的，云计算作为整个云平台的技术基础架构，对推动整个云计算业务快速发展具有非常重要的作用。

云计算面对大规模的数据集，迫切需要一些能适应海量数据的计算平台来支撑，由此各大互联网巨头公司和开源社区开发出了许多大数据平台和技术。随着开源社区的不断壮大，大数据生态圈出现了许多技术，其中最为人耳熟能详的如 Hadoop、Hive、Hbase、Yarn、Mesos、Spark、Storm、Flink 等。大数据的应用场景纷繁复杂，不同的场景需要不同的技术框架和平台去处理，如离线批处理任务、实时流失任务、交互式任务等，以及构建存储、数据导入和迁移等。本章介绍主流的大数据平台和计算框架，以及数据存储、导入和迁移的不同技术，让读者初步了解如何根据不同的任务需求选择适合的平台和框架。

大数据的基础架构通常分为 4 层，分别是数据存储层、集群资源管理层、计算引擎层和应用接口层。比如 Hadoop 的分布式文件系统 HDFS 属于数据存储层，Mesos和 Yarn 则属于集群资源管理层，当然一些提供易用性、可维护性以及健壮性的框架一般也归为这一管理类，MapReduce、Storm、Spark 等归属于计算引擎层，Hive、Pig则为数据查询提供接口。此外 Ambari 是一个提升易用性和可维护性的工具，ZooKeeper 则提供了健壮性（HA）。这些系统之间的具体关系如图 14-1 所示。

图 14-1 分布式大数据基础架构关系图

目前大多数开源项目都只支持 Linux 操作系统，也有部分支持 Windows 操作系统，但是实现语言都是与操作系统无关的跨平台语言 Java、Scala 等。由于 Linux 的灵活性和兼容性，建议在实践操作时使用 Linux 系统。

14.2　Hadoop 生态系统概述

Apache Hadoop 是一个由 Apache 基金会开发的分布式系统基础架构。可以让用户在不了解分布式底层细节的情况下，开发出可靠、可扩展的分布式计算应用。Apache Hadoop 框架允许用户使用简单的编程模型来实现计算机集群的大型数据集的分布式处理。它的目的是支持从单一服务器到上千台机器的扩展，充分利用了每台机器提供的本地计算和存储，而不是依靠硬件来提供高可用性。其本身被设计成在应用层检测和处理故障的库，对计算机集群来说，其中每台机器的顶层都被设计成可以容错的，以便提供一个高度可用的服务。

Apache Hadoop 三大核心的设计是 HDFS、MapReduce 和 Hbase。HDFS 为海量的数据提供了存储，MapReduce 为海量的数据提供了计算，Hbase 则是一个列式内存数据库。此外 Hadoop 还有其他诸多组件共同形成了一个强大的生态圈，如 Hive、Sqoop、ZooKeeper、Mahout 等。这些组件针对不同的应用场景，能发挥自己的优势，给出可靠的解决方案。Hadoop 生态系统结构如图 14-2 所示。

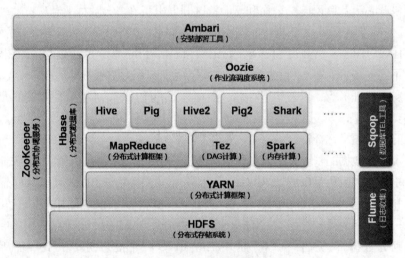

图 14-2　Hadoop 生态系统结构

14.2.1　Hadoop 的主要优点

（1）高可靠性。Hadoop 按位存储和处理数据的能力值得信赖。

（2）高扩展性。Hadoop 是在可用的计算机集簇间分配数据并完成计算任务的，这些集簇可以方便地扩展到数以千计的节点中。

（3）高效性。Hadoop 能够在节点之间动态地移动数据，并保证各个节点的动态平衡，因此处理速度非常快。

（4）高容错性。Hadoop 能够自动保存数据的多个副本，并且能够自动重新分配失败的任务。

（5）低成本。Hadoop 是开源的，项目的软件成本因此会大大降低。

14.2.2 Hadoop 的核心组件

1. Hadoop Common

Hadoop Common 为 Hadoop 的其他项目提供了一些常用工具，主要包括系统配置工具 Configuration、远程过程调用 RPC、序列化机制和 Hadoop 抽象文件系统 FileSystem 等。它们为在通用硬件上搭建云计算环境提供基本的服务，并为运行在该平台上的软件开发提供所需的 API。

2. HDFS（Hadoop Distributed File System）

分布式文件系统 HDFS(Hadoop Distributed File System)它提供对应用程序数据的高吞吐量访问。HDFS 集群由 3 部分构成，并以管理者-工作者模式运行。这 3 部分分别是一个 NameNode（管理者）、一个 Second NameNode（NameNode 辅助系统）和多个 DataNode（工作者），并且用户通过客户端（Client）与 HDFS 进行通信交互。HDFS 结构如图 14-3 所示。

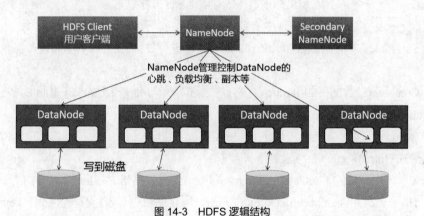

图 14-3　HDFS 逻辑结构

Client：用户入口，主要功能为切分文件、访问 HDFS、与 NameNode 交互、获取文件位置信息、与 DataNode 交互、读取和写入数据。

NameNode：Master 节点在 hadoop1.X 中只有一个，管理 HDFS 的名称空间和数据块映射信息，配置副本策略，处理客户端请求。

DataNode：Slave 节点，存储实际的数据，汇报存储信息给 NameNode。

Secondary NameNode：辅助 NameNode，分担其工作量；定期合并 fsimage 和 fsedits，推送给 NameNode；在紧急情况下，可辅助恢复 NameNode，但 Secondary NameNode 并非 NameNode 的热备份。

3. YARN

一个作业调度和集群资源管理框架，将 Hadoop 老版本的 JobTracker 和 TaskTacker 分离，取而代之的是 Master/Slave 架构，其中 Master 被称为 ResourceManager，Slave 被称为 NodeManager，ResourceManager 负责统一管理和调度各个 NodeManager 上的资源。当用户提交一个应用程序时，需要提供一个用以跟踪和管理这个程序的 ApplicationMaster，它负责向 ResourceManager 申请资源，并要求 NodeManger 启动可以占用一定资源的 Container。由于不同的 ApplicationMaster 被分布到不同的节点上，并通过一定的隔离机制进行了资源隔离，因此它们之间不会相互影响。

4．MapReduce（分布式计算框架）

MapReduce 程序的工作分两个阶段进行：Map 阶段（分割及映射）和 Reduce 阶段（重排、还原）。

（1）Map 阶段由 Mapper 负责"分"，即把复杂的任务分解为若干"简单的任务"来处理。"简单的任务"包含 3 层含义：一是数据或计算的规模相对原任务要大大缩小；二是就近计算原则，即任务会分配到存放所需数据的节点上计算；三是这些小任务可以并行计算，彼此间几乎没有依赖关系。

（2）Reduce 阶段。Reducer 负责对 Map 阶段的结果进行汇总。至于实际需要多少个 Reducer，用户可以根据具体问题，在 mapred-site.xml 配置文件中设置参数 mapred.reduce.tasks 的值，默认值为 1。

总体来说大致流程如下：输入数据→Map 分解任务→执行并返回结果→Reduce 汇总结果→输出结果。使用 MapReduce 编程接口主要有以下几个步骤。

① InputFormat。

● 对于文本，用默认的 FileInputFormat，即 key 为行偏移量，value 为该行内容。

● 对于 Hive 表，用 sequencefileInputFormat，即存储二进制键/值对的序列，key 为空，使用 value 存放实际的值，这样是为了避免 MR 在运行 Map 阶段进行排序过程。

② 映射 Mapper：编程自定义实现主要业务逻辑，主要筛选校验。

③ 分区 Partitioner：采用默认 HashPartitioner<k,v>进行分区，将 key 均匀分布在 Reduce Tasks 上面。

④ 合并 Combiner：数据传到 Reduce 之前，先将同一个 Map 输出的 key 相同的多个 value 合并为一个 key-value 对，这是为了减小传输数据的开销。

⑤ 归并 Reducer：编程自定义实现主要业务逻辑，主要是合并统计。

⑥ 输出格式 OutputFormat（与输入格式类似）。

● 对于文本，用默认的 FileOutputFormat，即 key 为行偏移量，value 为该行内容。

● 对于 Hive 表，用 sequencefileOutputFormat，即存储二进制键/值对的序列，key 为空，使用 value 存放实际的值，这样是为了避免 MR 在运行 Map 阶段进行排序过程。

MapReduce 的工作流程如图 14-4 所示。

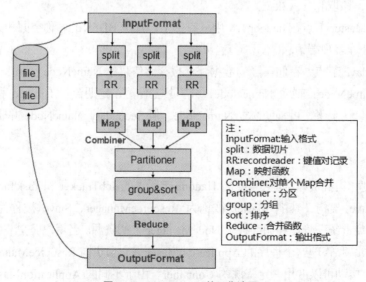

图 14-4　MapReduce 的工作流程

5. Ambari

一个基于 Web 的工具，用于配置、管理和监控 Apache Hadoop 集群，支持 Hadoop HDFS、Hadoop MapReduce、Hive、HCatalog、HBase、ZooKeeper、Oozie、Pig 和 Sqoop。Ambari 还提供了仪表盘查看集群的健康，并能够以用户友好的方式来查看的 MapReduce、Pig 和 Hive 应用，方便诊断其性能。

6. Avro

Avro（数据序列化系统）是一个基于二进制数据传输高性能的中间组件，用于将数据结构或对象转化成便于存储或传输的格式。

7. HBase

HBase 是一种面向列的非关系型的分布式数据库，以键值对的形式储存数据，它运行在 HDFS 之上，通过键值对（Key/Value）来定位到具体的字段。它是物理表，不是逻辑表，适合非结构化数据存储的数据库。它提供一个超大的内存 Hash 表，搜索引擎通过它来存储索引，方便查询。HBase 提供了对大规模数据的随机、实时读写访问，同时，HBase 中保存的数据可以使用 MapReduce 来处理，它将数据存储和并行计算完美地结合在一起。

HBase 采用 Master/Slave 架构搭建集群，由 HMaster 节点、HRegionServer 节点、ZooKeeper 集群组成，但底层还是将数据存储在 HDFS 中，其总体架构如图 14-5 所示。

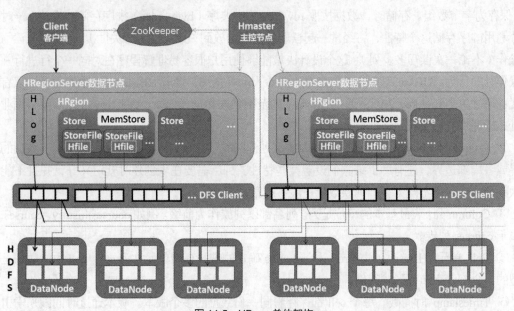

图 14-5　HBase 总体架构

其中：

① Client：使用 HBase RPC 机制与 HMaster 和 HRegionServer 进行通信。

② ZooKeeper：协同服务管理，HMaster 通过 ZooKeepe 可以随时感知各个 HRegionServer 的健康状况。

③ Hmaster：管理用户对表的增、删、改、查操作。

④ HRegionServer：HBase 中最核心的模块，主要负责响应用户 I/O 请求，向 HDFS 文件系统读写数据。

⑤ HRegion：HBase 中分布式存储的最小单元，可以理解成一个 Table。

⑥ HStore：HBase 存储的核心，由 MemStore 和 StoreFile 组成。

⑦ HLog：每次用户操作写入 Memstore 的同时，也会写一份数据到 HLog 文件。

HBase 的数据模型也是由一张张的表组成的，每一张表中也有数据行和列，但是在 HBase 数据库中的行和列又和关系型数据库的稍有不同。其逻辑视图如图 14-6 所示。

行健RowKey	时间戳 Timestamp	列簇Column Family	
		URL(列名)	Parse(列名)
r1	t3	www.baidu.com	百度
	t2	www.hao123.com	好123
	t1		
r2	t5	www.taobao.com	淘宝
	t4	www.alibaba.com	

图 14-6　HBase 逻辑视图

表格中如 r1、t1 符号表示这张表的值，URL、Parse 等是列名，这些均是该表里的示例内容。

① Row Key 行键。与 NoSQL 数据库一样，Row Key 是用来检索记录的主键。行键（Row Key）可以是任意字符串（最大长度是 64KB，实际应用中长度一般为 10～100bytes），在 HBase 内部，row key 保存为字节数组。存储时，数据按照 row key 的字典序（byte order）排序存储。设计 key 时，要充分利用排序存储这个特性，将经常一起读取的行存储放到一起（位置相关性）。行的一次读写是原子操作（不论一次读写多少列）。这个设计决策能够使用户很容易理解程序在对同一个行进行并发更新操作时的行为。HBase 不支持条件查询和 Order by 等查询，读取 HBase table 中的记录，只有 3 种方式：通过单个 row key 访问；通过 row key 的范围扫描和全表扫描。因此 row key 需要根据业务来设计，以利用其存储排序特性提高性能。

② Column Family 列族。HBase 表中的每列都归属于某个列族，这不仅有助于构建数据的语义边界或者局部边界，还有助于给它们设置某些特性。列族需要在表创建时就定义好，并且不能修改得太频繁，数量也不能太多，列族数量一般不超过几十个。

③ Column 列。表最基本的单位是列。列名都以列族作为前缀。例如 courses:history, courses:math 都属于 courses 列族。

④ Cell 单元。HBase 中通过 row 和 columns 确定的唯一一存储单元称为 cell。cell 中的数据是没有类型的，全部以字节码形式存储。

⑤ Timestamp 时间戳。每个 cell 都保存着同一份数据的多个版本。版本通过时间戳来索引。时间戳的类型是 64 位整型。时间戳可以由 HBase（在数据写入时自动）赋值，此时时间戳是精确到毫秒的当前系统时间。时间戳也可以由客户显式赋值。如果应用程序要避免数据版本冲突，就必须自己生成具有唯一性的时间戳。在每个 cell 中，不同版本的数据按照时间倒序排序，即最新的数据排在最前面。为了避免数据存在过多版本造成的管理（包括存储和索引）负担，HBase 提供了两种数据版本回收方式：一是保存数据的最后 n 个版本，二是保存最近一段时间内的版本（比如最近 7 天），用户可以针对每个列族进行设置。

⑥ Region 区域。HBase 自动把表水平（按 Row Key）分成若干区域（Region），每个 Region 会保存表中一段连续的数据。刚开始表中只有一个 Region，随着数据不断插入表和 Region 的不断增大，

到了每个阈值时，Region 自动等分成两个新的 Region。当 table 中的行不断增多时，就会有越来越多的 Region，这样一张表就被保存在多个 Region 上。HRegion 是 HBase 中分布式存储和负载均衡的最小单位，最小单元表示不同的 HRegion 可以分布在不同的 HRegionServer 上，但是一个 Region 不会拆分到多个 Server 上。

8．Hive

Hive 是基于 Hadoop 的一个数据仓库工具，可以将结构化的数据文件映射为一张数据库表，并提供简单的 SQL 查询功能，可以将 SQL 语句转换为 MapReduce 任务运行。Hive 的组件结构如图 14-7 所示。

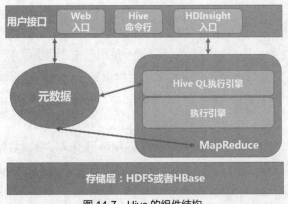

图 14-7　Hive 的组件结构

① 用户接口/界面。用户接口主要有 3 个：命令行入口 CLI、客户端 Client 和 Web UI。其中最常用的是 CLI，CLI 启动时，会同时启动一个 Hive 副本。Client 是 Hive 的客户端，用户连接至 Hive Server。在启动 Client 模式时，需要指出 Hive Server 所在节点，并且在该节点启动 Hive Server。Web UI 是通过浏览器访问 Hive。

② 元数据存储。Hive 将元数据存储在数据库中，如 MySQL、Derby。Hive 中的元数据包括表的名称、表的列和分区及其属性、表的属性（是否为外部表等）、表的数据所在目录等。

③ Hive QL 处理引擎。Hive QL 类似于 SQL 的查询中的 Metastore 模式信息。这是以传统的方式替代 MapReduce 程序的方法之一。相反，使用 Java 编写的 MapReduce 程序，可以编写为 MapReduce 工作，并处理它的查询。

④ 执行引擎。Hive QL 处理引擎和 MapReduce 的结合部分是由 Hive 执行引擎。执行引擎处理查询并产生结果，与 MapReduce 的结果一样，它采用 MapReduce 方法。

⑤ HDFS 或 HBase。Hive 的数据可以存到 HDFS 或者 HBase 中，也就是说，Hive 可以直接操作 HDFS 或者 HBase 的数据。

要注意 Hive 是数据仓库，而不是数据库，可以看作是用户编程接口，它本身不存储和计算数据，完全依赖于 HDFS 和 MapReduce。它将结构化的数据文件映射为一张逻辑的数据库表，但并不是物理表，并提供简单的 SQL 查询功能，可以将 SQL 语句转换为 MapReduce 任务运行。Hive 的默认计算框架为 MapReduce，也可以手动配置 Spark 计算框架，即 Hive on spark。

Hive 的设计目标是，通过类 SQL 的语言实现在大规模数据集上快速查询数据等操作，而不需要开发相应的 MapReduce 程序，所以 Hive 特别适合数据仓库的统计分析。从本质上讲，Hive 就是一个 SQL 解释器，它能够将用户输入的 Hive SQL 语句转换成 MapReduce 作业在 Hadoop 集群上执行，以达到快速查询的目的。Hive 通过内置的 Mapper 和 Reducer 来执行数据分析操作，同时 Hive 也允许熟悉 MapReduce 编程框架的用户使用 Hive 提供的编程接口实现自己的 Mapper 和 Reducer 来处理内置的 Mapper 和 Reducer 无法完成的复杂数据分析工作。

9. Mahout

Mahout 是一个数据挖掘工具的集合，它集成了很多分布式机器学习算法，如回归算法、分类算法、聚类算法、协同过滤算法、进化算法等。Mahout 最大的优点就是基于 Hadoop 实现，把很多以前运行于单机上的算法，转化为了 MapReduce 模式，这样大大提升了算法可处理的数据量和处理性能。

10. Pig

Pig 是一个并行计算的高级数据流语言和执行框架，它在 MapReduce 之上建立了更高层次的抽象层，用于简化 MapReduce 的使用。它包括两部分：一是用于描述数据流的语言，称为 Pig Latin；二是用于运行 Pig Latin 程序的执行环境。Pig 通常用于检索和分析大规模的数据，比 Hive 更轻量级，适用于实时分析。

11. Spark

Spark 是一个通用的计算框架，为了适应不同的应用场景提供了批量数据处理、交互式数据查询、实时数据流处理、机器学习等组件，即 Spark Core、Spark SQL、Spark Streaming、Spark MLib 和 Spark GraphX 等。它的特点在于代替了 MapReduce 计算框架，提供了分布式的内存抽象，因此它的运算速度比 MapReduce 的处理速度快 100 倍。Spark 的生态圈如图 14-8 所示。

图 14-8　Spark 的生态圈

- Spark SQL：分布式 SQL 引擎，兼容性比 Hive 高很多。
- Spark Streaming：将数据流分解为一系列批处理作业，使 Spark 调度框架更好地支持数据流操作，支持的数据输入源有 Kafka、Flume 等。
- GraphX：兼容 Pregel、GraphLab 接口，基于 Spark 的图计算框架。
- MLlib：为 Spark 的机器学习算法库，支持的常用算法有分类算法、推荐算法、聚类算法等。

Spark 提出了 RDD（Resilient Distributed Datasets）的概念，RDD 弹性分布式数据集是并行、容错的分布式数据结构。RDD 可以持久化到硬盘或内存当中，作为一个分区的数据集，分区的多少决定了并行计算的粒度，并且提供了一系列操作 RDD 中的数据。

- 创建操作（Creation Operation）。RDD 由 SparkContext 通过内存数据或外部文件系统创建。
- 转换操作（Transformation Operation）。将 RDD 通过转换操作变为另一个 RDD，Spark 提供了 Map、flatMap、filter 等一系列转换操作。
- 控制操作（Control Operation）。将 RDD 持久化到内存或硬盘当中，如 Cache 将 filter RDD 缓存到内存。

◆ 行动操作（Action Operation）。Spark 采用了惰性计算，任何行动操作都会由 Spark Job 运行产生最终结果；提供 join、groupBy、count 等操作，Spark 中存在两种操作产生的结果，Scala 集合或者标量与 RDD 保存到文件或数据库。

Spark 还支持多种编程语言，如 Java、Scala、Python。Spark 主要使用 Scala 语言实现，因为 Scala 是一种面向对象、函数式编程语言，所以使用 Scala 语言编程十分方便简洁，可以节省不少代码量。Spark 的编程模型如图 14-9 所示。

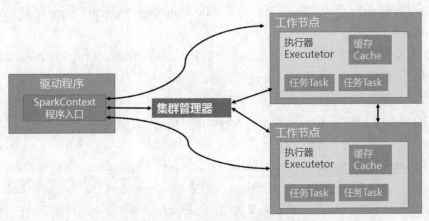

图 14-9　Spark 的编程模型

从图 14-9 可以看到，所有的 Spark 应用程序都离不开 SparkContext 和 Executor 两部分，Executor 负责执行任务，运行 Executor 的机器称为 Worker 节点，SparkContext 由用户程序启动，通过资源调度模块和 Executor 通信。SparkContext 和 Executor 这两部分的核心代码实现在各种运行模式中都是公用的，在它们之上，根据运行部署模式的不同，包装了不同调度模块以及相关的适配代码。

具体来说，以 SparkContext 为程序运行的总入口，在 SparkContext 的初始化过程中，Spark 会分别创建 DAGScheduler 作业调度和 TaskScheduler 任务调度两级调度模块。其中作业调度模块是基于任务阶段的高层调度模块，它为每个 Spark 作业计算具有依赖关系的多个调度阶段（通常根据 shuffle 来划分），然后为每个阶段构建出一组具体的任务（通常会考虑数据的本地性等），然后以 TaskSets（任务组）的形式提交给任务调度模块来具体执行。而任务调度模块则负责具体启动任务、监控和汇报任务运行情况。

其中关键术语解释如下。

① Cluster Manager 是在集群上获取资源的外部服务。目前有以下 3 种类型。

• Standalone 是 Spark 原生的资源管理。

• Apache Mesos 是一个和 MapReduce 兼容性良好的资源调度框架。

• spark on yarn 就是采用 HDFS 作为底层框架支撑。

② Application 是指用户编写的应用程序。

③ Driver 是 Application 中运行 main 函数并创建的 SparkContext，创建 SparkContext 的目的是和集群的 ClusterManager 通信，进行资源申请、任务分配和监控等。因此，可以用 SparkContext 代表 Driver。

④ Worker 是集群中可以运行 Application 代码的节点。

⑤ Executor 是某个 Application 在 Worker 上的一个进程，该进程负责执行某些 Task，并负责把数据存在内存或者磁盘上。每个 Application 都有一批属于自己的 Executor。

⑥ Task 是被送到 Executor 执行的工作单元，与 Hadoop MapReduce 中的 MapTask 和 ReduceTask 一样，是运行 Application 的基本单位。多个 Task 组成一个 Stage，而 Task 的调度和管理由 TaskScheduler 负责。

⑦ Job 包含多个由 Task 组成的并行计算，往往由 Spark Action 触发产生。一个 Application 可以产生多个 Job。

⑧ Stage。每个 Job 的 Task 被拆分成很多组 Task，作为一个 TaskSet，命名为 Stage。Stage 的调度和划分由 DAGScheduler 负责。Stage 又分为 Shuffle Map Stage 和 Result Stage 两种。Stage 的边界就在发生 Shuffle 的地方。

⑨ RDD 是 Spark 的基本数据操作抽象，可以通过一系列算子进行操作。RDD 是 Spark 最核心的东西，可以被分区和序列化、不可变、有容错机制，并且是能并行操作的数据集合。存储级别可以是内存，也可以是磁盘。

⑩ DAGScheduler。根据 Job 构建基于 Stage 的 DAG（有向无环任务图），并提交 Stage 给 TaskScheduler。

⑪ TaskScheduler。将 Stage 提交给 Worker（集群）运行，每个 Executor 运行什么在此分配。

⑫ 共享变量。Spark Application 在整个运行过程中，可能需要一些变量在每个 Task 中都使用，共享变量用于实现该目的。Spark 有两种共享变量：一种缓存到各个节点的广播变量；一种只支持加法操作，实现求和的累加变量。

⑬ 宽依赖。或称为 ShuffleDependency，宽依赖需要计算好所有父 RDD 对应分区的数据，然后在节点之间进行 Shuffle。

⑭ 窄依赖。或称为 NarrowDependency，指某个 RDD，其分区 partition x 最多被其子 RDD 的一个分区 partiony 依赖。窄依赖都是 Map 任务，不需要发生 shuffle。因此，窄依赖的 Task 一般都会被合成在一起，构成一个 Stage。

Spark 的工作流程如下。

* 构建 Spark Application 的运行环境（启动 SparkContext）。
* SparkContext 在初始化过程中分别创建 DAGScheduler 作业调度和 TaskScheduler 任务调度两级调度模块。
* SparkContext 向资源管理器（可以是 Standalone、Mesos、Yarn）申请运行 Executor 资源。
* 由资源管理器分配资源并启动 StandaloneExecutorBackend、executor，之后向 SparkContext 申请 Task。
* DAGScheduler 将 Job 划分为多个 stage，并将 Stage 提交给 TaskScheduler。
* Task 在 Executor 上运行，运行完毕释放所有资源。

具体来说，在使用 spark-submit 提交应用程序时，提交 Spark 的运用机器会通过反射的方式，创建和构造一个 Driver 进程，Driver 进程执行 Application 程序，根据 SparkConf 中的配置初始化 SparkContext，在 SparkContext 初始化的过程中会启动 DAGScheduler 和 TaskScheduler 两个调度模块，同时 TaskSheduler 通过后台进程，向 Master 注册 Application，Master 接到 Application 的注册请求之后，会使用自己的资源调度算法，在 Spark 集群的 worker 上通知 worker 为 Application 启动多个 Executor。

在这之后，Executor 会向 TaskScheduler 反向注册。Driver 完成 SparkContext 初始化，并继续执

行 Application 程序，当执行到 Action 时，创建 Job，并由 DAGScheduler 将 Job 划分多个 Stage，每个 Stage 由 TaskSet 组成，并将 TaskSet 提交给 TaskScheduler，TaskScheduler 把 TaskSet 中的 Task 依次提交给 Executor，Executor 接收到 Task 之后，会使用 TaskRunner 来封装 Task（TaskRuner 主要将编写的程序，也就是编写的算子和函数进行复制和反序列化），然后从 Executor 的线程池中取出一个线程来执行 Task。这样，Spark 的每个 Stage 被作为 TaskSet 提交给 Executor 执行，每个 Task 对应一个 RDD 的 partition，执行编写的算子和函数，直到所有操作执行完为止。

Spark 的工作原理如图 14-10 所示。

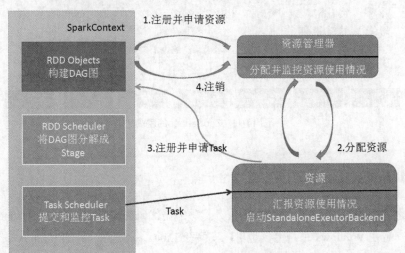

图 14-10　Spark 的工作原理

12．TEZ

TEZ 是通用的数据流编程框架，建立在 Hadoop YARN 之上。它提供了一个强大而灵活的引擎来执行任意 DAG 任务，以实现批量和交互式数据处理。TEZ 可以被 Hive、Pig 和 Hadoop 生态系统中的其他框架采用，也可以通过其他商业软件（如 ETL 工具），以取代的 Hadoop MapReduce 作为底层执行引擎。

13．ZooKeeper

ZooKeeper 是一个高性能的分布式应用程序协调服务，它提供的功能包括：配置维护、名字服务、分布式同步、组服务等。ZooKeeper 的目标就是封装好复杂易出错的关键服务，将简单易用的接口和性能高效、功能稳定的系统提供给用户。ZooKeeper 服务自身组成一个集群（$2n+1$ 个服务，允许 n 个失效）。

ZooKeeper 的特点如下。

- 顺序一致性：按照客户端发送请求的顺序更新数据。
- 原子性：更新要么成功，要么失败，不会出现部分更新。
- 单一性：无论客户端连接哪个 Server，都会看到同一个视图。
- 可靠性：一旦数据更新成功，将一直保持，直到有新的更新。
- 及时性：客户端会在一个确定的时间内得到最新的数据。

ZooKeeper 服务有两个角色，一个是 Leader，负责写服务和数据同步，剩下的是 Follower，提供读服务，Leader 失效后会在 Follower 中重新选举新的 Leader。其中：

◆ 客户端可以连接到每个 Server，每个 Server 的数据完全相同；

◆ 每个 Follower 都和 Leader 有连接，接受 Leader 的数据更新操作；

◆ Server 记录事务日志和快照到持久存储；

◆ 大多数 Server 可用，整体服务就可用。

ZooKeeper 的逻辑如图 14-11 所示。

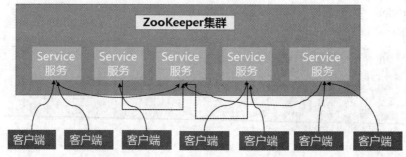

图 14-11 ZooKeeper 的逻辑

14.3 Hadoop 平台构建

在做实验之前，需要构建一个大数据平台，然后编写代码完成具体的事务。Hadoop 的安装简单方便，既可以安装在 Windows 系统上，也可以安装在 Linux 系统上，本书以 Linux 安装为例，介绍 Hadoop 的安装步骤。

14.3.1 环境准备

1. 操作系统

Ubuntu 14.04，其他版本的 Linux 也可以，如 Debian、CentOS 等。

2. 软件准备

分别在 Hadoop 和 Java 的官方网站上下载 JDK 和 Hadoop 的安装包。

```
jdk-7u25-linux-x64.tar.gz
hadoop-2.6.5.tar.gz
```

3. Linux 系统准备

可以在虚拟机上安装 Linux，也可以在物理机上安装 Linux。

4. 配置 Linux

（1）设置 root 登录 sudo passwd root，设置 root 密码。

（2）配置网络。

```
vim /etc/network/interfaces
vim /etc/resolvconf/resolv.conf.d/base
service networking restart
```

（3）安装配置 ssh。

```
apt-get install openssh-server
ssh localhost  #登录本机
exit
```

（4）配置无密码登录。

```
cd ~/.ssh/      #若没有该目录，则先执行一次 ssh localhost
ssh-keygen -t rsa    #会有提示，一路按回车键
cat ./id_rsa.pub >> ./authorized_keys   #加入授权
```

此时再用 ssh localhost 命令，无须输入密码就可以直接登录了。

（5）设置允许 root 远程登录。

vim /etc/ssh/sshd_config 文件，将 PermitRootLogin 的值改为 yes。

```
service ssh restart
```

以上操作准备好后，就可以用 root 用户来安装配置 Hadoop 了。

14.3.2　安装 JDK

1. 解压安装包

将文件 jdk-7u25-linux-x64.tar.gz 移动到/opt/下（安装目录可以任意选择），并解压到当前文件夹。会生成一个目录 jdk1.7.0_111，并改名为 jdk。命令如下。

```
tar -xzvf jdk-7u25-linux-x64.tar.gz
mv jdk1.7.0_111 jdk
```

2. 配置环境变量

在/etc/profile 文件中，配置环境变量，使 JDK 在所有用户中生效。输入命令 vim /etc/profile。然后编辑文件，在最后添加：

```
export JAVA_HOME=/opt/jdk
export JRE_HOME=$JAVA_HOME/jre
export CLASSPATH=.:$JAVA_HOME/lib:$JRE_HOME/lib
export PATH=$JAVA_HOME/bin:$PATH
```

保存退出后，执行命令 source /etc/profiles，使修改的环境变量生效。

3. 测试是否安装成功

测试是否安装成功命令如下。

```
java -version
```

Java 安装成功如图 14-12 所示。

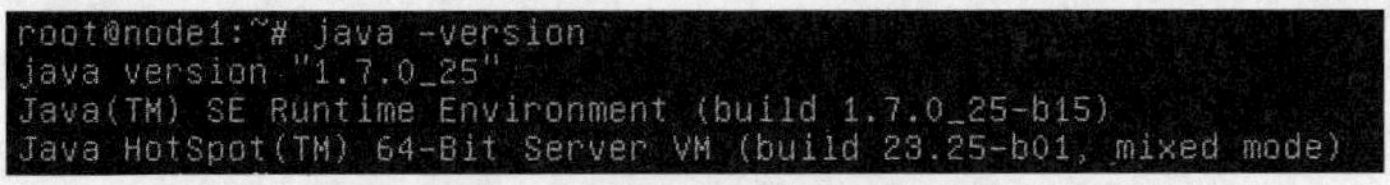

图 14-12　Java 安装成功截图

14.3.3　安装 Hadoop

1. 解压安装包

将文件 hadoop-2.6.5.tar.gz 移动到/opt/下（安装目录可以任意选择），并解压到当前文件夹。会生成一个目录 hadoop-2.6.5，并改名为 hadoop。执行以下命令。

```
tar zxvf hadoop-2.6.5.tar.gz
mv hadoop-2.6.5 hadoop
```

2. 配置环境变量

vim /etc/profile，会看到之前的 JDK 环境变量，在后面增加一行：

```
export HADOOP_HOME= /usr/opt/hadoop
```

再修改 path：export PATH=.:$JAVA_HOME/bin:$HADOOP_HOME:$PATH，这能对所有用户使用 hadoop 命令。保存并使配置文件生效：source /etc/profile。

然后修改 opt/hadoop/etc/hadoop 下的 hadoop-env.sh 中的 JAVA_HOME。

```
export JAVA_HOME=/opt/jdk
```

3. 测试是否成功

测试是否安装成功代码如下。

```
hadoop version
```

如图 14-13 所示为成功安装。

图 14-13　Hadoop 安装成功截图

4. 伪分布式配置

在伪分布式模式下，Hadoop 运行在本机单节点上。Hadoop 的配置文件在/opt/hadoop/etc/hadoop/目录下。主要有 4 个配置文件：core-site.xm、hdfs-site.xml、mapred-site.xml、yarn-site.xml。

（1）用 vim 打开这 4 个配置文件，分别添加如下内容。

修改配置文件 core-site.xml。

```
<configuration>
    <property>
        <name>hadoop.tmp.dir</name>
        <value>file:/opt/hadoop/tmp</value>
    <description>Abase for other temporary directories.</description>
    </property>
    <property>
        <name>fs.defaultFS</name>
        <value>hdfs://localhost:9000</value>
    </property>
</configuration>
```

修改配置文件 hdfs-site.xml。

```
<configuration>
    <property>
        <name>dfs.replication</name>
        <value>1</value>
    </property>
    <property>
        <name>dfs.namenode.name.dir</name>
        <value>file:/opt/hadoop/tmp/dfs/name</value>
    </property>
    <property>
        <name>dfs.datanode.data.dir</name>
        <value>file:/opt/hadoop/tmp/dfs/data</value>
    </property>
</configuration>
```

修改配置文件 mapred-site.xml。

```
<configuration>
        <property>
                <name>mapreduce.framework.name</name>
                <value>yarn</value>
        </property>
</configuration>
```

修改配置文件 yarn-site.xml。

```
<configuration>
        <property>
                <name>yarn.nodemanager.aux-services</name>
                <value>mapreduce_shuffle</value>
        </property>
</configuration>
```

（2）格式化 NameNode。

```
./bin/hdfs namenode -format
```

由于配置了环境变量，所以也可以直接使用全局命令。

```
hdfs namenode -format
```

如果成功的话，会看到 successfully formatted 和 Exitting with status 0 的提示，若为 Exitting with status 1，则出错。

（3）开启 NameNode 和 DataNode 守护进程。

输入命令：./sbin/start-dfs.sh 或者 start-all.sh（关闭为 stop-all.sh；./ 指当前目录为/opt/hadoop/）。

启动时可能会出现如下 WARN 提示：

```
WARN util.NativeCodeLoader: Unable to load native-hadoop
library for your platform… using builtin-java classes where
applicable
```

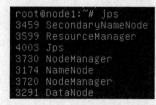

图 14-14　Hadoop 启动安装成功截图

该 WARN 提示可以忽略，并不影响正常使用（在/etc/profile 中添加 export HADOOP_HOME_ WARN_SUPPRESS=0 就不会提示警告信息了）。

（4）启动完成后，可以通过命令 jps 判断是否成功启动。全部启动成功会显示如图 14-14 所示的信息。

（5）通过 WebUI 查看 HDFS 信息：http://localhost:50070/explorer.html，运行截图如图 14-15 所示。

图 14-15　HDFS 运行 Web UI 截图

在 http://localhost:8088/cluster //查看任务运行情况，运行截图如图 14-16 所示。

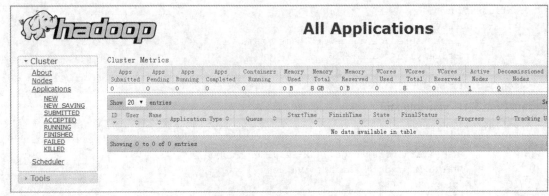

图 14-16　运行 Web UI 截图

（6）运行实例读取的 HDFS 上的数据。

将 ./etc/hadoop 中的 xml 文件作为输入文件复制到分布式文件系统中，即将/opt/hadoop/etc/hadoop 目录下的文件复制到分布式文件系统中的/input 中。

```
hdfs dfs -mkdir /input    #创建 HDFS 中的 /input
hdfs dfs -put ./etc/hadoop/*.xml /input  #复制本地文件到 HDFS 中
hdfs dfs -ls /input   #查看
hadoop jar ./share/hadoop/mapreduce/hadoop-mapreduce-examples-*
.jar grep input output 'dfs[a-z.]+'  #提交任务
hdfs dfs -cat output/*  #查看位于 HDFS 中的输出结果
```

将运行结果取回到本地。

```
rm -r ./output      # 先删除本地的 output 文件夹（如果存在）
hdfs dfs -get output ./output  #将 HDFS 上的 output 文件夹复制到本机
cat ./output/*
```

运行 Hadoop 程序时，为了防止覆盖结果，程序指定的输出目录（如 output）不能存在，否则会提示错误，因此运行前需要先删除输出目录。

```
./bin/hdfs dfs -rm -r output    # 删除 output 文件夹
```

5. 完全分布式配置

在完全分布式模式下，Hadoop 运行在一个集群上。集群配置和上面的单机模式大致一样，只是要配置在多台计算机节点上。具体步骤如下。

（1）网络规划。有 3 台机器，在 3 台机器的/etc/hosts 都加入下面的映射关系，然后在/etc/hostname 修改主机名。

```
172.16.1.11    a1
172.16.1.12    a2
172.16.1.13    a3
```

其中 a1 作为主控节点，有两个网卡，IP 172.*用于集群内通信，IP 117.*用于外网通信。

```
auto eth0
iface eth0 inet static
address 172.16.1.11
netmask 255.255.255.0

auto ens19
iface ens19 inet static
address 117.187.55.123
```

```
netmask 255.255.255.192
gateway 117.187.55.65

a2 的 5 配置
auto eth0
iface eth0 inet static
address 172.16.1.12
netmask 255.255.255.0

a3 的配置
auto eth0
iface eth0 inet static
address 172.16.1.13
netmask 255.255.255.0
```

（2）配置 ssh 无密码登录

要求各台机器已经配置好了免密登录。在 a1 节点上输入命令 ssh-keygen，然后一路回车产生密钥。

依次把公钥发给其他节点。

```
ssh-copy-id  root@a2
ssh-copy-id  root@a3
```

这样就实现了 3 个节点能够互相进行 ssh 免密访问。

注意：如果是复制的虚拟机，则只需要配置好一台机器免密登录，其他克隆出来的机器上的密钥都是一样的，直接登录即可。

（3）同步时间

① 查看时区：date –R。

② 更改时区选择北京时间：tzselect 按提示操作。

③ cp /usr/share/zoneinfo/Asia/ShangHai /etc/localtime。

```
TZ='Asia/Chongqing';
export TZ
```

④ 与一个已知的时间服务器同步。

```
ntpdate ntp.sjtu.edu.cn
```

⑤ 修改时间后，修改硬件 CMOS 的时间。

```
hwclock --systohc
```

用集群批处理命令来显示时间，集群之间的时间差不超过 3s。

```
for i in $(seq 1 3); do echo a$i; ssh a$i "date"; done
```

（4）集群配置

本集群总共有 3 个节点 a1、a2、a3，让 a1 作为 namenode，a2 和 a3 作为 datanode。先在 a1 上修改配置文件，然后将配置文件复制到其余两台机器上即可。

① 进入/opt/hadoop/etc/hadoop/目录，新建 slaves 文件，写入 datanode 的主机名 a2 和 a3，每行一个；新建 master 文件，写入 namenode 的主机名 a1，单独为一行。

② 修改配置文件，完全分布式的配置文件和伪分布式的配置文件基本一样，只需要修改主机名即可。

```
vim core-site.xml 将默认的 localhost 修改为 a1
<property>
```

```
        <name>fs.defaultFS</name>
        <value>hdfs://a1:9000</value>
</property>
vim yarn-site.xml 加入一行：
<property>
        <name>yarn.resourcemanager.hostname</name>
        <value>a1</value>
</property>
```

配置好后将配置文件复制到 a2 和 a3 上。

```
for i in $(seq 2 3); do echo a$i; scp ./* root@a$i:/opt/hadoop/etc/hadoop/ ; done
```

③ 开始格式化。

```
hdfs namenode -format
```

④ 启动集群：start-all.sh，也可以分别启动 hdfs 和 yarn。

```
start-dfs.sh
start-yarn.sh
```

通过 Web UI 查看集群状态，运行效果图伪分布式。

```
http://node1:50070/explorer.html //查看 HDFS 文件系统
http://node1:8088/cluster //查看任务的运行情况
```

14.3.4 在 Eclipse 上配置 Hadoop 开发环境

搭建好 Hadoop 平台后就可以运行代码了。一种方式是把事先准备好的代码打包，然后提交到 Hadoop 平台上运行。另外一种简便的方式是在 Eclipse 上安装插件，既可以在 Eclipse 上编译调试，也可以通过 Eclipse 远程提交代码。配置过程既可以在 Windows 上，也可以在 Linux 上进行，流程基本一致，下面给出 Eclipse 配置步骤。

（1）下载 hadoop-eclipse-kepler-plugin-2.6.5.jar 插件放到 Eclipse 安装目录的 plugins 文件夹中。

（2）启动 Eclipse 后，可以在左侧的 Project Explorer 中看到 DFS Locations，如图 14-17 所示。打开 Hadoop 开发环境的工作区布局。

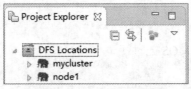

图 14-17 工作区布局截图

（3）单击 window→Open Perspective→other→Map/Reduce→"OK"按钮，切换到 Hadoop 工作区。

（4）单击 windows→show view→other →Map/Reduce Locations→"OK"按钮，在控制台会多出一个"Map/Reduce Locations"的 Tab 页（见图 14-18）。

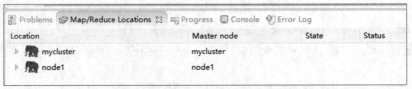

图 14-18   Map/Reduce Locations 截图

（5）配置 Hadoop 的安装路径、访问地址及端口。这里的配置要区分是在 Windows 还是在 Linux 上，是在本地配置还是远程配置。

如果是在 Windows 上的 Eclipse 中配置，需要提前下载 Hadoop 的安装包，将其解压到任意目录即可，不需要安装配置，因为只是在 Windows 上开发，然后远程提交就可以了，Windows 上不必安装 Hadoop。

然后打开 window→preference→Hadoop Map/Reduce→Hadoop installation directory，参照图 14-19 填入 Hadoop 的解压目录。

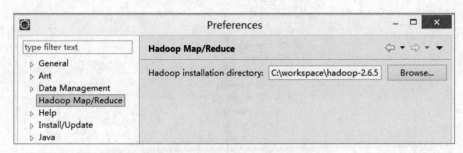

图 14-19　填入 Hadoop 的解压目录

而在 Linux 下只需如实需要填写 Hadoop 安装目录/opt/hadoop 即可。

（6）配置控制台 Map/Reduce Locations。在控制台的 Tab 页右上角有一个大象+ 的图标，单击此图标后，就会弹出图 14-20 所示的配置窗口。在 Windows 系统和在 Linux 系统中都一样，填入 Hadoop 的主机名和端口。

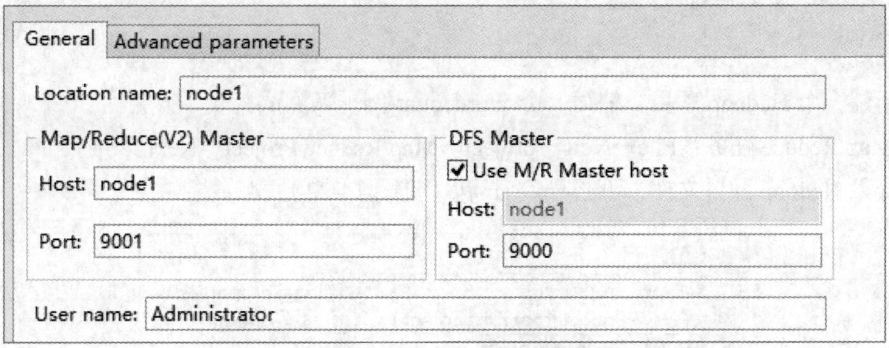

图 14-20　配置主机和端口

Location name：可以是任意的名称。

Host：两个地方都一样，Hadoop 安装在本地就写 127.0.0.1 或主机名 localhost，Hadoop 安装在远程就写 IP 地址或主机名 node1。

M/R Master 的端口默认为 9001。

DFS Master 的端口必须和配置文件 core-site.xml 的端口一致。

```
<property>
    <name>fs.defaultFS</name>
    <value>hdfs://node1:9000</value>
</property>
```

User name 就是操作系统当前的用户名：windows: Administror 或 linux:root。

检查文件中的主机名是否保持一致，否则 Eclipse 将连接不上 Hadoop。

```
/etc/hosts、/etc/hostname、core-site.xml、slaves、master
```

主机名和 IP 地址的映射关系要保持一致。

```
Windows  C:\Windows\System32\drivers\etc\hosts : 117.187.23.166 node1
Linux      /etc/hosts :117.187.23.166 node1
```

（7）配置好之后，开启 Hadoop 服务，再刷新就能看到 HDFS 上的内容了（见图 14-21）。

图 14-21　Eclipse 成功连接 HDFS

注意：如果刷新连不上的话，会报错。

```
Error:Call From ubuntu/192.168.1.106 to localhost:9000 failed on connection exception:
java.net.ConnectException:Connection refused;
```

解决方法：取消 Hadoop HDFS 的用户权限检查。打开 conf/hdfs-site.xml，添加如下配置。

```
<property>
<name>dfs.permissions</name>
    <value>false</value>
</property>
```

（8）新建一个 Hadoop 项目，编写一个 Wordcount 例子来测试。

新建 Map/Reduce 任务：File→New→project→Map/Reduce Project→Next。

然后导入 Hadoop 配置文件，不必导入 jar 包（见图 14-22）。

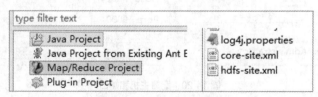

图 14-22　Eclipse 导入文件

如果直接新建 Java Project，则需要添加的 Hadoop 相应 jar 包有：/hadoop/share/hadoop/common 下的所有 jar 包，及其 lib 目录下的所有 jar 包；/hadoop/share/hadoop/hdfs 下的所有 jar 包，不包括里面 lib 下的 jar 包；/hadoop/share/hadoop/mapreduce 下的所有 jar 包，不包括里面 lib 下的 jar 包，/hadoop/share/hadoop/yarn 下的所有 jar 包，不包括里面 lib 下的 jar 包，大概 18 个 jar 包。

接下就可以编写代码测试。经典的入门案例单词计数代码如下。

```
public class WordCount {
    public static class TokenMapp extends
        Mapper<Object, Text, Text, IntWritable>{
```

```java
        private final static IntWritable one = new IntWritable(1);
        private Text word = new Text();

        public void map(Object key, Text value, Context con){
            StringTokenizer itr = new StringTokenizer(value.toString());
            //StringTokenizer 函数对字符串进行分隔
            while(itr.hasMoreTokens()){
                word.set(itr.nextToken());
                try {
                    con.write(word, one);
//key=value 增加一个(k, v)对到 context, 通过 write 方法把单词存入 word 中
                } catch (Exception e) {
                    e.printStackTrace();
                }
            }
        }
    }//inner class

    public static class sumReduce extends
        Reducer<Text, IntWritable, Text, IntWritable>{
        private IntWritable result = new IntWritable();
        public void reduce(Text key, Iterable<IntWritable> value, Context con){
            int sum = 0;
            for(IntWritable val : value)
                sum += val.get();

            result.set(sum);
            try {
                con.write(key, result);
            } catch (IOException e) {
                e.printStackTrace();
            }
        }
    }//inner class

    public static void main(String[] args) throws Exception{
        Configuration conf = new Configuration();
        Job job = Job.getInstance(conf, "wc");
        job.setJarByClass(WordCount.class);
        job.setMapperClass(TokenMapp.class);
        job.setReducerClass(sumReduce.class);

        job.setMapOutputKeyClass(Text.class);
        job.setMapOutputValueClass(Text.class);

        job.setOutputKeyClass(Text.class);
        job.setOutputValueClass(IntWritable.class);
        //job.setNumReduceTasks(1);//设置 reduce 任务数, 默认为 1

        String[] arg = new String[]{"hdfs://node1:9000/input/1.txt",
                                    "hdfs://node1:9000/output/qq"};
        //自动删除 output
        Path path = new Path(arg[1]);
```

```
        FileSystem fs = path.getFileSystem(conf);
        if(fs.exists(path))
            fs.delete(path, true);

        FileInputFormat.addInputPath(job, new Path(arg[0]));  //输入路径
        FileOutputFormat.setOutputPath(job, new Path(arg[1])); //输出路径
        System.exit(job.waitForCompletion(true)?0:1);         //运行job
    }//main
}
```

代码中设置 Hadoop 读写文件的路径如下。

远程：hdfs://node1:9000/input/qq.txt", "hdfs://node1:9000/output。

本地 hdfs 直接写相对路径：input，output。

Linux 本地文件系统路径：file:///root/1.txt，file:///root/out。

Windows 文件系统 file:\\C:\\opt\\data.txt，file:\\C:\\opt\\out。

14.3.5　Hive 安装配置

Hive 使用默认的 Derby 存元数据时，会在 Spark 安装目录下生成 metastore_db 文件夹，而且只支持单链接。如果已经有一个 Hive 连接在访问 Derby 创建的 metastore_db 文件夹，这时再有一个终端调用 Hive，就有第二个链接访问 Derby 数据库，从而抛出这个异常：Another instance of Derby may have already booted the database /home/metastore_db。所以要用 MySQL 作为元数据仓库，MySQL 支持多链接访问，这个问题就不存在了，或者关掉其他的 spark-sql 控制台，因为不支持多个连接。

1. 安装 MySQL

（1）如果计算机能上网，则直接输入命令，这是最简单的方法。

```
apt-get install mysql-server
```

然后根据提示步骤安装。如果失败了，就卸载残留后重新安装。

```
apt-get remove --purge mysql-server
apt-get remove mysql-server
apt-get remove mysql-common
```

然后再 apt-get install mysql-server 重新安装。安装好了之后可以启动:

```
/ect/init.d/mysql start
```

或者

```
service mysql start
```

（2）登录：

```
mysql -uroot -proot
```

（3）刚装完是无法远程访问的，要授权。

```
use mysql;
GRANT ALL PRIVILEGES ON *.* TO 'root'@'%' IDENTIFIED BY 'root' WITH  GRANT OPTION;
```

如果还是不能访问，就修改配置文件 vim /etc/mysql/my.cnf，找到 bind-address = 127.0.0.1 注释掉这一行，即在行首加一个#表示注释。my.cnf 是一个连接文件，如果里面没有 bind-address = 127.0.0.1，就去这个目录下改为/etc/mysql/mysql.conf.d/mysql.cnf，然后就可以远程访问了，也可以用可视化工具 navicat 登录 MySQL 了。

MySQL 常见命令如下。

```
查看数据库 show databases;
```

```
create database stu;
 use stu;

DROP TABLE IF EXISTS tb;
CREATE TABLE tb
(
 ID int unsigned,
 StartIP varchar(50),
 ComInfo int unsigned,
 ProvName char(10),
 PRIMARY KEY (ID)
)ENGINE=MyISAM  DEFAULT CHARSET=utf8;
```

MySQL 直接导入本地文件，命令如下。

```
use stu;
load data infile '/opt/2.txt' into table tb fields terminated by ', ';
select * from tb;
```

导出到本地文件：

```
select count(1) from table into outfile '/tmp/test.xls';
```

也可以将 SQL 语句写在脚本里，直接在 MySQL 命令行下运行脚本 source /opt/1.sql;。

如果导入本地文件报错：

```
ERROR 1290 (HY000): The MySQL server is running with the --secure-file-priv option so
it cannot execute this statement
```

解决方法：如果没有权限，就要将文件复制到/var/lib/mysql-files/下面，再导入。因为 MySQL 只允许在这个目录下导入文件。

而在 Windows 下，MySQL 数据库存储目录为 C:\ProgramData\MySQL\MySQL Server 5.7\data，需要将文件放在这个目录下对应数据库名称的文件夹中，然后写相对路径：

```
load data infile '2.txt' into table test_iplocinfo_new fields terminated by ','
```

2. 安装 Hive

（1）下载 Hive

下载地址为 http://mirrors.cnnic.cn/apache/hive/，这里选择下载 hive-1.2.1。下载好安装包后，将安装包移动（mv）至/opt/目录下解压并改名。

```
tar zxvf apache-hive-1.2.1-src.tar.gz
mv hive-1.2.1 hive
```

（2）添加环境变量 vim /etc/profile

添加如下两行。

```
export HIVE_HOME=/usr/local/hive
export PATH=${HIVE_HOME}/bin:$PATH
```

生效环境变量：source /etc/profile

（3）将 MySQL 的驱动复制到 hive/lib 目录中

编写配置文件 hive/conf/hive-site.xml。

```
<configuration>
<property>
<name>javax.jdo.option.ConnectionURL</name>
```

#这一行表示连接 MySQL，并自动创建 Hive 数据库，用户存储 Hive 的元数据。

```
<value>jdbc:mysql://localhost:3306/hive?createDatabaseInfoNotExist=true</value>
```

```
</property>
<property>
<name>javax.jdo.option.ConnectionDriverName</name>
<value>com.mysql.jdbc.Driver</value>
</property>
<property>
<name>javax.jdo.option.ConnectionUserName</name>
<value>root</value>
</property>
<property>
<name>javax.jdo.option.ConnectionPassword</name>
<value>root</value>
</property>
</configuration>
```

（4）使用 Hive 控制

在命令行输入 hive 就能进入命令行使用 Hive 了，环境和 MySQL 类似，HQL 语句也和 SQL 的语法大体一致（见图 14-23）。

```
root@tony-System-Product-Name:/usr/local/hive/conf# hive

Logging initialized using configuration in jar:file:/usr/local/hive/lib/hive-common-1.2.1.jar!/hive-log4j.properties
hive>
```

图 14-23　hive 命令行控制台 CLI

若成功启动，就会在 MySQL 中创建一个名为 hive 的数据库，进入 MySQL 会看到图 14-24 所示的内容。

图 14-24　MySQL 中 hive 元数据

下面列出连接 Hive 和 MySQL 可能会遇到的问题及问题的解决办法。

① Hive 报错：

```
java.sql.SQLException: Field 'IS_STOREDASSUBDIRECTORIES' doesn't have a default value
```

解决方法：

```
mysql -u root -p
     use hive;
alter table SDS alter column IS_STOREDASSUBDIRECTORIES set default 0;
```

② Hive 启动报错：

```
[ERROR] Terminal initialization failed; falling back to unsupported
```

原因：hadoop 目录下存在老版本 jline-0.97.jar，而 Hive 下面是 jline-2.12.jar。

解决方法：用 Hive 替换 Hadoop 的低版本。

```
cp /hive/lib/jline-2.12.jar /hadoop/share/hadoop/yarn/lib
```

③ 若 Hive 的配置文件自动创建 MySQL 失败，则进入 MySQL 手动创建 Hive 数据库：

```
MySQL> CREATE DATABASE hive;
-- 创建 hive 用户，并赋予访问 Hive 数据库的权限
mysql> GRANT ALL PRIVILEGES ON hive.* TO 'hive'@'localhost' IDENTIFIED BY 'hive';
mysql> FLUSH PRIVILEGES;
-- 设置 binary log 的格式：
mysql> set global binlog_format=MIXED;
```

（5）Hive 测试截图

启动并运行插入数据 SQL 脚本，如图 14-25 所示。其中，第一张截图的 source/tmp/insert.sql 表示运行脚本文件，第二张截图表示输入 SQL 语句查询通过脚本生成的表 stu。这两种方式本质都一样，都是执行 SQL 语句，只不过前者是先将 SQL 语句写到文件中，再执行文件。这种方式适用于 SQL 语句较多的情况，后者则适用于 SQL 语句较少的情况。

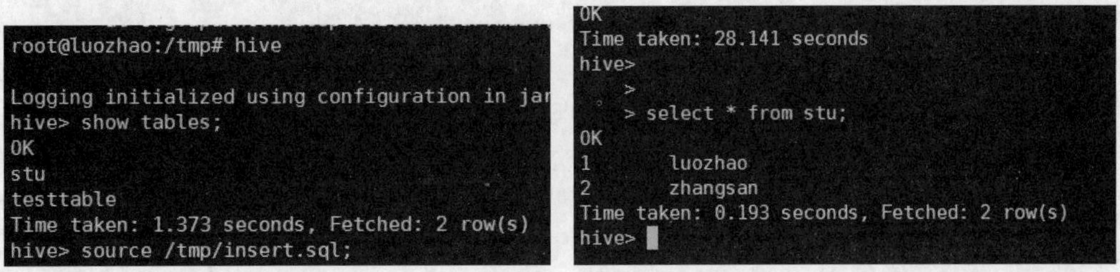

图 14-25　Hive 测试截图

在 Hadoop 的 HDFS 文件系统上查看数据存储的目录结构，如图 14-26 所示。

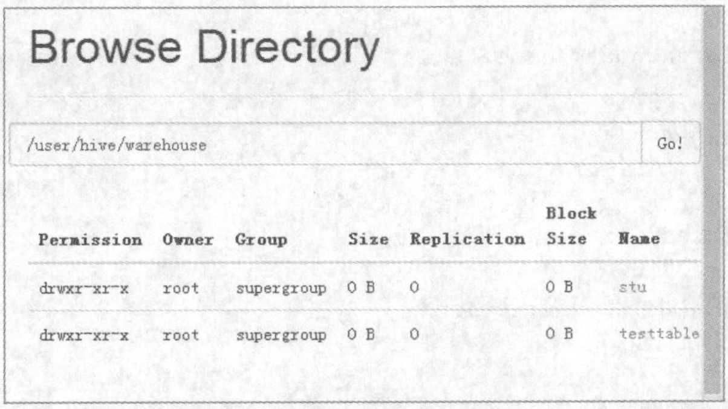

图 14-26　Hive Web UI 截图

（6）用 Eclipse 连接 Hive 进行开发

① 开启 Hive Server 服务：hive --service hiveserver2 或者 hiveserver2。

② 在 Eclipse 中新建一个 Java 项目，再导入 jar 包。

jar 包包括以下内容：

apache-hive-1.2.1-bin 中的 lib 下的所有 jar 包；

hadoop-2.7.1/share/hadoop/common 下的 hadoop-common-2.7.1.jar；

日志处理相关的 slf4j-log4j12-17.5.jar。

③ 编写测试代码。

```
import java.sql.Connection;
import java.sql.DriverManager;
import java.sql.ResultSet;
import java.sql.SQLException;
import java.sql.Statement;
public class HiveTest {
    public    static  void  main(String[]  args)  throws  ClassNotFoundException ,
SQLException{
        Class.forName("org.apache.hive.jdbc.HiveDriver");
        Connection conn = DriverManager.getConnection(
"jdbc:hive2://localhost:10000/default", "root", "root");
        Statement st =conn.createStatement();
        ResultSet rst = st.executeQuery("select *  from stu ");
        if(rst.next()){
            System.out.println(rst.getInt(1)+"****"+rst.getString(2));
        }
        conn.close();
    }
}
```

（7）配置 Web 页面

也可以通过 Web UI 查询 Hive，但是不能修改。

① http://archive.apache.org/dist/hive/ 下载对应 Hive 的 src 源码包，然后解压。

② 进入解压目录找到/hwi/web，打成 war 包。

```
jar -cvf hive-hwi-2.1.0.war*
```

③ 得到 hive-hwi-2.1.0.war 文件，复制到 Hive 下的 lib 目录中。

```
cp hive-hwi-2.1.0.war ${HIVE_HOME}/lib
```

④ 修改 hive/conf/hive-site.xml，添加如下配置。

```
<property>
<name>hive.hwi.listen.host</name>
<value>0.0.0.0</value>
<description>监听的地址</description>
</property>
<property>
<name>hive.hwi.listen.port</name>
<value>9999</value>
<description>监听的端口号</description>
</property>
<property>
<name>hive.hwi.war.file</name>
<value>lib/hive-hwi-2.1.0.war</value>
<description>war 包所在的地址，注意这里不支持绝对路径</description>
</property>
```

⑤ 复制 tools.jar：

```
cp${JAVA_HOME}/lib/tools.jar ${HIVE_HOME}/lib
```

⑥ 启动：

```
hive --service hwi &  //启动
```

启动后状态如图 14-27 所示。

⑦ 登录 http://localhost:9999/hwi，可以在 Web 页面上输入查询语句（见图 14-28）。

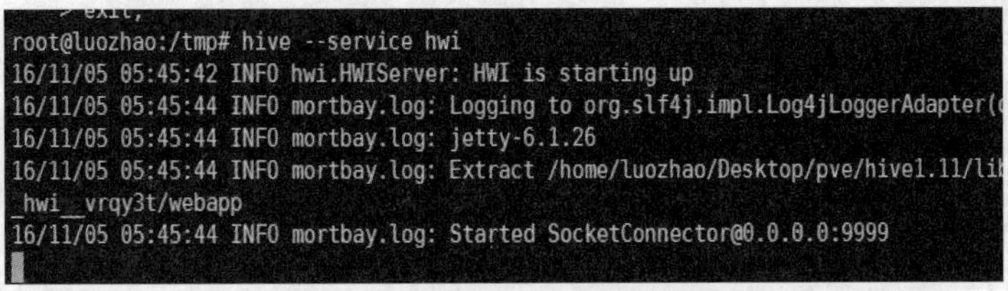

图 14-27　Hive Web UI 启动截图

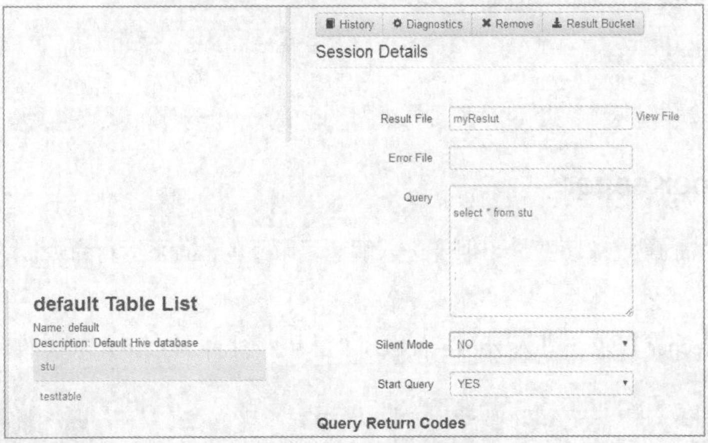

图 14-28　Hive Web UI 查询截图

14.3.6　HBase 安装配置

（1）安装 HBase。

解压：tar -zxvf hbase-1.2.1-bin.tar.gz。

重命名：mv hbase-1.2.1 hbase。

（2）配置环境变量。

```
export JAVA_HOME=/usr/local/software/jdk1.8.0_66
export CLASSPATH=.:$JAVA_HOME/lib/dt.jar:$JAVA_HOME/lib/tools.jar
export HBASE_HOME=/usr/local/software/hbase_1.2.1
export PATH=.:$JAVA_HOME/bin:$HBASE_HOME/bin:$PATH
```

（3）修改 hbase/conf/hbase-env.sh 配置文件。

```
export JAVA_HOME=/opt/jdk
export HBASE_MANAGES_ZK=true    #配置由 hbase 自己管理 zookeeper
```

（4）修改 hbase/conf/hbase-site.xml 配置文件，指定 HBase 数据的存储位置：

```
     file:///opt/hbase/data #或者 hdfs://master1:8020/hbase
<property>
  <name>hbase.rootdir</name>
  <value>hdfs://master:9000/hbase</value>
</property>
<property>
  <name>hbase.cluster.distributed</name>
  <value>true</value>
</property>
<property>
  <name>hbase.zookeeper.quorum</name>
  <value>master</value>
```

```
  </property>
  <property>
    <name>dfs.replication</name>
    <value>1</value>
  </property>
```

（5）启动 Hbase：

```
start-hbase.sh
```

（6）验证启动，查看运行的 HBase 进程：

```
jps
```

（7）WebUI：

```
http://node1:16010/
```

14.3.7   安装 ZooKeeper

ZooKeeper 可以不配置环境变量，但要进入解压目录下的 bin/ 下运行命令。

1. 单机模式

（1）解压 zookeeper 目录，进入 zookeeper/conf 目录，创建 zoo.cfg 配置文件，添加如下内容。

```
tickTime=2000
dataDir=/Users/apple/zookeeper/data
dataLogDir=/Users/apple/zookeeper/logs
clientPort=4180
```

参数说明如下。

TickTime：ZooKeeper 中使用的基本时间，单位为毫秒。

DataDir：数据目录，可以是任意目录。

DataLogDir：Log 目录，同样可以是任意目录，如果没有设置该参数，将使用和 dataDir 相同的设置。

ClientPort：监听 Client 连接的端口号。

（2）启动命令：

```
bin/zkServer.sh start
```

（3）Server 启动之后，就可以启动 Client 连接 Server 了，执行以下脚本。

```
bin/zkCli.sh -server localhost:4180
```

2. 伪集群模式

（1）将 zookeeper 目录复制 2 份：zookeeper0，zookeeper1，zookeeper2。

（2）分别修改 zoo.cfg 配置文件。

节点 1：

```
tickTime=2000
initLimit=5
syncLimit=2
dataDir=/usr/pve/zookeeper0/data
dataLogDir=/usr/pve/zookeeper0/logs
clientPort=4180
server.0=127.0.0.1:8880:7770
server.1=127.0.0.1:8881:7771
server.2=127.0.0.1:8882:7772
```

节点 2：下面的路径和端口不一样，其余都是一样的。

```
tickTime=2000
```

```
initLimit=5
syncLimit=2
dataDir=/usr/pve/zookeeper1/data
dataLogDir=/usr/pve/zookeeper1/logs
clientPort=4181
server.0=127.0.0.1:8880:7770
server.1=127.0.0.1:8881:7771
server.2=127.0.0.1:8882:7772
```

节点 3：

```
tickTime=2000
initLimit=5
syncLimit=2
dataDir=/usr/pve/zookeeper2/data
dataLogDir=/usr/pve/zookeeper2/logs
clientPort=4182
server.0=127.0.0.1:8880:7770
server.1=127.0.0.1:8881:7771
server.2=127.0.0.1:8882:7772
```

参数说明如下。

tickTime=2000：基本时间单位，2 000ms。

initLimit=5：ZooKeeper 集群中 follower 和 leader 之间的最长心跳时间 5×2 000=10 000ms=10s。

syncLimit=2：leader 和 follower 之间发送消息，请求和应答的最大时间长度 2 倍 tickTime，即 4 000ms。

server.X=A:B:C：其中 X 表示第几号 Server；A 是 IP；B 表示 Server 和集群中的 Leader 交换消息使用的端口。C 表示选举 Leader 时使用的端口。

由于配置的是伪集群模式，所以各个 Server 的 B、C 参数必须不同。

（3）在每个目录下新建一个文件 myid，在里面写入对应的服务器编号。

```
dataDir=/usr/pve/zookeeper0/data/myid    0
dataDir=/usr/pve/zookeeper1/data/myid    1
dataDir=/usr/pve/zookeeper2/data/myid    2
```

（4）分别进入 3 个服务器的/zookeeper/bin 目录下，启动服务。

```
zkServer.sh start
```

然后进入任意一个服务器的 zookeeper/bin 目录下，启动一个客户端，接入服务：

```
zkCli.sh -server 127.0.0.1:4181
```

（5）通过 jps 查看是否启动成功。

3. 集群模式

集群模式的配置和伪集群基本一致。由于在集群模式下，各 Server 部署在不同的机器上，因此各 Server 的 conf/zoo.cfg 文件可以完全一样。

```
tickTime=2000
initLimit=5
syncLimit=2
dataDir=/home/zookeeper/data
dataLogDir=/home/zookeeper/logs
clientPort=4180
server.43=10.1.39.43:2888:3888
server.47=10.1.39.47:2888:3888
server.48=10.1.39.48:2888:3888
```

需要注意的是，各 Server 的 dataDir 目录下的 myid 文件中的数字必须不同。

10.1.39.43 server 的 myid 为 43；

10.1.39.47 server 的 myid 为 47；

10.1.39.48 server 的 myid 为 48.

14.3.8　Hadoop 集群配置 HA 高可用集群（High Cluster）

在 Hadoop 2.0 之前，NameNode 只有一个，存在单点问题，因为 NameNode 负载过大会挂掉，这是因为没有备用的 NameNode。所以在 Hadoop 2.0 引入了 HA 机制。Hadoop 2.0 的 HA 机制官方介绍了有 2 种方式，一种是 NFS（Network File System）方式，另外一种是 QJM（Quorum Journal Manager）方式。

Hadoop 2.0 的 HA 机制有两个 NameNod Availabilitye，一个是 Active NameNode，状态是 active；另外一个是 Standby NameNode，状态是 standby。两者的状态是可以切换的，但不能同时两个都是 active 状态，最多只有一个是 active 状态。只有 Active NameNode 提供对外的服务，Standby NameNode 是不对外服务的。Active NameNode 和 Standby NameNode 之间通过 NFS 或者 JN（JournalNode，QJM 方式）来同步数据。本书中采取 QJM 方式来配置 HA。

Active NameNode 会把最近的操作记录写到本地的一个 edits 文件中，并传输到 NFS 或者 JN 中。Standby NameNode 定期检查，从 NFS 或者 JN 中把最近的 edit 文件读过来，然后把 edits 文件和 fsimage 文件合并成一个新的 fsimage，合并完成之后会通知 Active NameNode 获取这个新 fsimage。Active NameNode 获得这个新的 fsimage 文件之后，替换原来旧的 fsimage 文件。

这样，保持了 Active NameNode 和 Standby NameNode 的数据实时同步，Standby NameNode 可以随时切换成 Active NameNode（例如 Active NameNode 挂了），而且有一个原来 hadoop1.0 的 secondarynamenode、checkpointnode、buckcupnode 的功能：合并 edits 文件和 fsimage 文件，使 fsimage 文件一直保持更新。所以启动 Hadoop 2.0 的 HA 机制之后，secondarynamenode、checkpointnode、buckcupnode 这些都不需要了。

因为 NFS 很容易由于网络问题造成数据不同步，所以本书采用 QJM 方式。QJM 方式的 Active NameNode 和 Standby NameNode 之间通过一组 journalnode（数量是奇数，可以是 3, 5, 7, ···, 2n+1）来共享数据。Active NameNode 把最近的 edits 文件写到 2n+1 个 journalnode 上，只要有 n+1 个写入成功，就认为这次写入操作成功了，然后 Standby NameNode 就可以从 JournalNode 上读取了。可以看到，QJM 方式有容错的机制，可以容忍 n 个 JournalNode 的失败。所以 QJM/Qurom Journal Manager 方案的基本原理就是用 2N+1 台 JN 存储 EditLog，每次写数据操作有大多数（≥N+1）返回成功时，即认为该次写成功，数据不会丢失了。

1. 集群规划

集群规划如下（见图 14-29）。

RM：ResourceManager；

DM：DataManager；

ZKFC：ZooKeeperFailoverController 监控 NN 的状态信息。

2. 修改配置文件

参照官方文档。

http://www.cnblogs.com/raphael5200/p/5154325.html

http://www.cnblogs.com/captainlucky/p/4654923.html

	NameNode	Data Node	ZK	ZKFC	JournalNode	RM	DM		
node1	1		1	1		1			
node2	1	1	1	1	1		1		
node3		1	1		1		1		
node4		1			1		1		

图 14-29　HA 集群规划图

具体配置文件如下。

```
hdfs-site.xml
    <property>
        <name>dfs.nameservices</name>
        <value>mycluster</value>
</property>
<property>
        <name>dfs.ha.namenodes.mycluster</name>
        <value>nn1, nn2</value>
</property>
<property>
        <name>dfs.namenode.rpc-address.mycluster.nn1</name>
        <value>node1:8020</value>
</property>
<property>
         <name>dfs.namenode.rpc-address.mycluster.nn2</name>
        <value>node2:8020</value>
</property>
<property>
        <name>dfs.namenode.http-address.mycluster.nn1</name>
        <value>node1:50070</value>
</property>
<property>
        <name>dfs.namenode.http-address.mycluster.nn2</name>
        <value>node2:50070</value>
</property>
<property>
        <name>dfs.namenode.shared.edits.dir</name>
<value>qjournal://node2:8485;node3:8485;node4:8485/mycluster</value>
</property>
<property>
        <name>dfs.client.failover.proxy.provider.mycluster</name>
    <value>org.apache.hadoop.hdfs.server.namenode.ha.ConfiguredFailoverProx
    yProvider</value>
</property>
<property>
        <name>dfs.ha.fencing.methods</name>
        <value>sshfence</value>
</property>
<property>
        <name>dfs.ha.fencing.ssh.private-key-files</name>
```

```
                    <value>/root/.ssh/id_rsa</value>
</property>
<property>
        <name>dfs.journalnode.edits.dir</name>
        <value>/opt/jn/data</value>
</property>
<property>
        <name>dfs.ha.automatic-failover.enabled</name>
        <value>true</value>
</property>
<property>
            <name>dfs.replication</name>
            <value>2</value>
    </property>
     <property>
            <name>dfs.namenode.name.dir</name>
            <value>file:/opt/hadoop/tmp/dfs/name</value>
    </property>
    <property>
            <name>dfs.datanode.data.dir</name>
            <value>file:/opt/hadoop/tmp/dfs/data</value>
    </property>
    <property>
            <name>dfs.permissions</name>
            <value>false</value>
    </property>

core-site.xml
<property>
  <name>fs.defaultFS</name>
  <value>hdfs://mycluster</value>
</property>
<property>
   <name>ha.zookeeper.quorum</name>
   <value>node1:2181, node2:2181, node3:2181</value>
</property>
<property>
   <name>hadoop.tmp.dir</name>
   <value>file:/opt/hadoop/tmp</value>
</property>

mapred-site.xml
    <property>
        <name>mapreduce.framework.name</name>
        <value>yarn</value>
    </property>

yarn-site.xml
    <property>
      <name>yarn.resourcemanager.connect.retry-interval.ms</name>
      <value>2000</value>
    </property>
    <property>
        <name>yarn.resourcemanager.ha.enabled</name>
        <value>true</value>
    </property>
    <property>
```

```
      <name>yarn.resourcemanager.ha.automatic-failover.enabled</name>
        <value>true</value>
    </property>
    <property>
      <name>yarn.resourcemanager.hostname</name>
      <value>node1</value>
    </property>
    <property>
      <name>ha.zookeeper.quorum</name>
        <value>node1:2181, node2:2181, node3:2181</value>
    </property>
    <property>
      <name>yarn.client.failover-proxy-provider</name>
  <value>org.apache.hadoop.yarn.client.ConfiguredRMFailoverProxyProvider</value>
    </property>
    <property>
      <name>yarn.nodemanager.aux-services</name>
      <value>mapreduce_shuffle</value>
    </property>
```

3. 启动步骤

（1）配置好 ZooKeeper 集群，再启动 zk 集群。

```
zkServer.sh start
```

（2）启动 3 台 JournalNode：node2、node3、node4，启动脚本在 hadoop/sbin/目录下。

```
hadoop-daemon.sh start journalnode
```

（3）在其中一个 NameNode（node1、node2）上格式化 hadoop.tmp.dir，并初始化 node1。

```
hdfs namenode -format
```

（4）启动刚刚格式化的 node1。

```
hadoop-daemon.sh start namenode
```

（5）把格式化后的元数据复制到另一台 NameNode 节点上的 node2:/opt/hadoop/tmp/目录下：

```
hdfs namenode -bootstrapStandby
```

（6）这时 node2 也是 NameNode 了，可以启动 hadoop-daemon.sh start namenode。

（7）在其中一台 NameNode（node1 node2）上初始化 zkfc。

```
hdfs zkfc -formatZK
```

（8）全面停止再全面启动 stop-dfs.sh 和 start-dfs.sh。

（9）访问 HDFS:http://node1:50070 和 http://node2:50070。

（10）访问 ResourceMmanager:

```
http://node1:8088 start-yarn.sh
```

（11）启动成功后验证如图 14-30 所示。

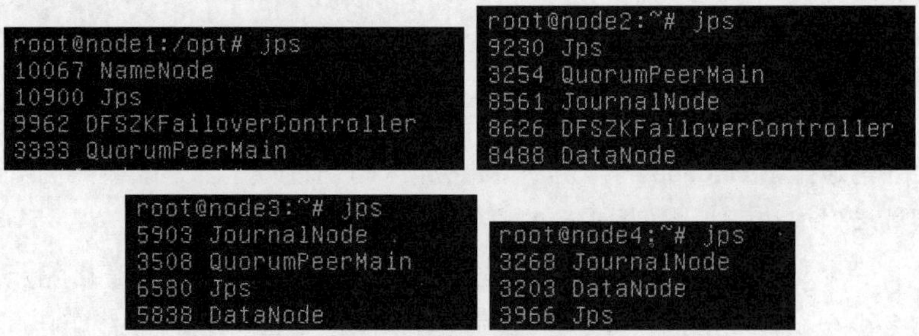

图 14-30　成功启动后台程序截图

（12）HDFS 查看集群信息（见图 14-31）。

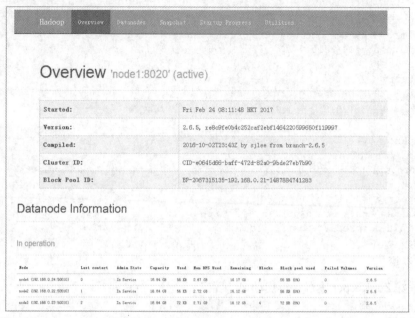

图 14-31　网页访问 HDFS 截图

4. 连接 Eclipse

Eclipse 连接 HDFS 时，只需要将端口修改为 HA 集群的端口 8020 即可。配置控制台 Map/Reduce Locations。单击它的 Tab 页右上角一个大象+ 的图标会出现配置窗口，如图 14-32 所示。

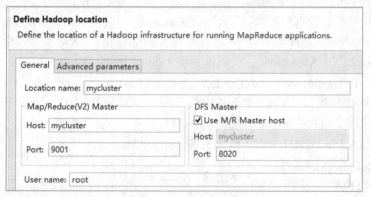

图 14-32　Eclips 配置截图

14.4　WordCount 案例

前面章节已经构建好了 Hadoop 的开发平台，接下来将通过一个官方经典案例来说明 MapReduce 的原理，以加深读者对 Hadoop 大数据平台的理解。

案例需求：有一个文本文件中存了一篇英语文章，单词和单词之间用空格隔开，现在要统计这篇英文文章中有多少个相同的单词，或者说相同的单词出现了多少次。需求说明如图 14-33 所示。

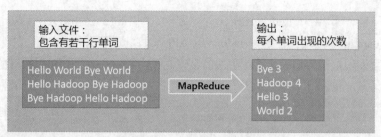

图 14-33　WordCount 需求说明

实现思路：这个 WordCount 并不难，也可以用传统的 Java 程序统计相同单词的数量，当单词量小时这样做并无不妥，但是当单词量很庞大时，用 MapReduce 的计算框架来计算会更加快速。原因在于 MapReduce 的分布式并行计算，首先 Hadoop 会将文本文件拆分为很多小块，然后分发到不同的机器节点或者由多线程来并发读取这些小块，它们会循环地按行读取，然后拆分出每个单词，并映射成一个个键值对，如<hello,1>，这个过程也就是 Map 的映射过程，如图 14-34 所示。

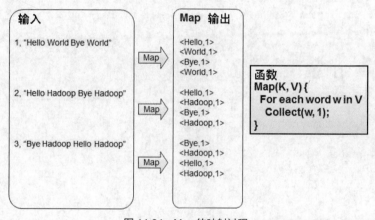

图 14-34　Map 的映射过程

接下来就是归并的过程，即 Reduce，将这些键值对按照 key 值相同的类别进行分组分发，这样每个 Reduce 会得到 key 相同的键值对集合，把集合中的 value，也就是次数相加，得到每个单词的数量。最后把这些结果再进行一次归并输出就可以得到我们想要的结果了。Reduce 过程如图 14-35 所示。

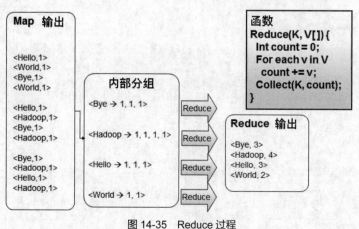

图 14-35　Reduce 过程

同图 14-34 一样，图 14-35 也是描述一个计算过程，图中的字样如 Hello、World 等都是示例。

其实 WordCount 并不难，只是要用 Hadoop 的 API 来编写处理逻辑，这是一种新的编程理念，当熟悉之后，我们会发现这其实是简化了编程的复杂度，因为 Hadoop 让我们专注于处理业务逻辑，从而提高开发效率。WordCount 的源代码及注释如下。

```
public class WordCount {
    public static class TokenMapp extends
                        Mapper<LongWritable, Text, Text, IntWritable>{
//map 输入<行偏移量，一行文本>的数据类型为<LongWritable, Text>
//map 输出<单词，次数>的数据类型为<Text, IntWritable>

private final static IntWritable one = new IntWritable(1);
        //one 表示 1 次，将整型 1 封装成 Hadoop 的数据类型
private Text word = new Text();
        //word 表示单词，将 String 封装成 Hadoop 的数据类型

    public void map(Object key, Text value, Context con){
        StringTokenizer itr = new StringTokenizer(value.toString());
        //StringTokenizer 函数对字符串进行分隔

        while(itr.hasMoreTokens()){
            word.set(itr.nextToken()); //取拆分出的单词
            try
            {
                con.write(word, one); //封装成如<hello, 1>的键值对
            }
            catch (Exception e) {
                    e.printStackTrace();
                }
            }
        }
    }//inner class

    public static class sumReduce extends
                Reducer<Text, IntWritable, Text, IntWritable>{
//Reduce 输入也就是 Map 的输出数据类型为<Text, IntWritable>
//Reduce 输出<单词，次数>的数据类型为<Text, IntWritable>

private IntWritable result = new IntWritable();
        //因为 reduce 接收的是 Map 输出的 key 相同的 values 集合，所以有迭代器
public void reduce(Text key, Iterable<IntWritable> value, Context con){
        int sum = 0;
        for(IntWritable val : value)
            sum += val.get(); //遍历 values 集合，累加一个单词出现次数

        result.set(sum);
        try
        {
            con.write(key, result); //输出为 <Text, IntWritable>
        }
        catch (IOException e) {
            e.printStackTrace();
        }
    }
```

```
        }//inner class

    public static void main(String[] args) throws Exception{
        Configuration conf = new Configuration();
        Job job = Job.getInstance(conf, "wc");
        job.setJarByClass(WordCount.class);//加载类
        job.setMapperClass(TokenMapp.class);
        job.setReducerClass(sumReduce.class);

        job.setMapOutputKeyClass(Text.class);//设置 Map 输出中间文件类型
        job.setMapOutputValueClass(IntWritable.class);

        job.setOutputKeyClass(Text.class);//设置 Reduce 输出结果文件类型
        job.setOutputValueClass(IntWritable.class);
        //job.setNumReduceTasks(1);//设置 Reduce 的任务数, 默认为 1

        //arg[0]为输入文件路径, arg[1]为出文件路径, out 为目录
        String[] arg = new String[]{"hdfs://node1:9000/input/1.txt",
                    "hdfs://node1:9000/output/out"};

        //自动删除 output, 因为每次运行之前都要清除 out 目录, 否则会报错
        Path path = new Path(arg[1]);
        FileSystem fs = path.getFileSystem(conf);
        if(fs.exists(path))
            fs.delete(path, true);

            FileInputFormat.addInputPath(job, new Path(arg[0]));  //输入路径
        FileOutputFormat.setOutputPath(job, new Path(arg[1])); //输出路径
        System.exit(job.waitForCompletion(true)?0:1);      //运行 job
    }//main
}
```

总结: 在 Hadoop 中, 每个 MapReduce 任务都被初始化为一个 Job, 每个 Job 又可以分为两个阶段: Map 阶段和 Reduce 阶段。这两个阶段分别用 Map 和 Reduce 函数表示。Map 函数接收一个 <key,value>形式的输入, 然后同样产生一个<key,value>形式的中间输出。Reduce 函数接收一个如 <key, (list of values)>形式的输入, 然后对这个 value 集合进行处理, 每个 Reduce 产生 0 或 1 个输出, reduce 的输出也是<key,value>形式的。

所以从计算框架的角度来看, MapReduce 处理过程如图 14-36 所示。

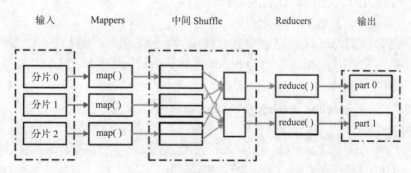

图 14-36　MapReduce 处理过程

本图是一个计算框架，图中第一排表示处理阶段，其余部分则展示了整个处理流程，其实是一个简单的示例。不必拘泥于 map、reduce、Map、Reduce、map()、reduce()、Mappers、Reducers 等差异，它们本质上都是同义词。

需要说明的是：Mappers 表示 Map（称为映射）这一步的组件名称，加了 s 表示有多个；Reducers 表示 reduce（称为归并或者规约）这一步的组件名称，加了 s 表示有多个；map 表示映射阶段、map() 表示这一阶段使用的函数，是代码中的描述方式，reduce 也是同理，通常在表述的时候都是表达一个意思。

从应用程序的角度来看，MapReduce 只是其中的计算环节，大数据的处理流程如图 14-37 所示。

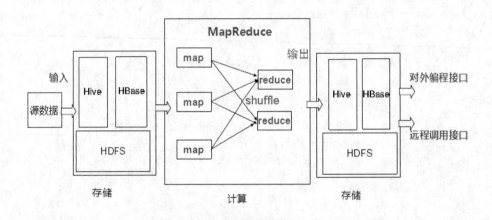

图 14-37 大数据处理模型

14.5 DNS 解析案例

通过 WordCount 案例我们已经对 Hadoop 平台和 MapReduce 框架有了一定的认识，本节将讲解一个实际应用的案例，即利用大数据平台解决具体问题。本案例利用 Hadoop 官方提供的编程接口 API 来完成解析 DNS 的操作，读者可以通过这个实例深入理解 MapReduce。

案例需求：从数据源获取用户的上网数据，然后利用 MapReduce 框架处理源数据，从而得到用户上网的归属地和运营商。

源数据格式：源 IP|域名|时间|目的 IP|保留字段，

其中|为字段分隔符。截取一行数据如下。

```
222.124.24.211|dispatcher.3g.qq.com|20171114032001|117.222.88.133|0
```

这里为了演示，只取出源数据的一个字段，即源 IP 来解析出这个 IP 的归属地和运营商。解析过程还需要借助于两张关联表。

① 归属地表：test_iplocinfo_cominfo_index.csv 数据格式如下。

```
ID, ComInfo, Code
1, 1, 电信
```

其中，ComInfo 为运营商编号，Code 为运营商名称。

② 运营商表：test_iplocinfo_new.csv 数据格式如下。

```
ID, StartIP, EndIP, ProvCode, ComInfo, ProvName
1, 16888472, 16778222, 23, 1, 福建
```

其中，StartIP 和 EndIP 表示一个 IP 区间，用源数据的 IP 来匹配到这里一个区间，从而获取对应的信息。

实现思路：是从源数据（一个文本文件）中按行读取数据，得到一行数据后只拆分出第一个字段，即源 IP。然后用源 IP 查询如上两张关联表，得到这个源 IP 的运营商和归属地信息。另外，源数据作为一个 csv 文件直接存放在本地或者 HDFS 上以待读取，而这两张关联表的数据量都不大，而且查询和比较次数频繁，将其加载到内存中缓存起来，也就是在内存中维护两个列表来缓存，这样每次比较速度会很快。

因为关联表最终都是加载到内存再使用，所以它们的存储方式就无关紧要了，由于关联表本身是 csv 格式的文本，所以可以将其以文本的方式读取内存，也可以将其导入关系型数据库，如 MySQL 中存储起来，然后通过 JDBC 的方式将其加载到内存。这里采用 JDBC 的方式来读取关联表，这和传统的 Java 开发方法一样，我们要做的就是把这些传统开发处理逻辑代码封装好后，直接填入 MapReduce 的 API 中运行即可，这也是大数据处理的思路，我们只关心业务逻辑处理，而不需要关心具体的处理细节。

同时使用 MapReduce 框架的编程接口主要是 Mapper 类和 Reduce 类。它们都是 Hadoop 提供的抽象类，用户需要继承这两个类并实现其相关函数：map()、reduce() 来完成用户需要的处理。这样用户只需要关心做什么，而不需要关心怎么做，因为 Hadoop 会自动执行这些任务，用户只需要关心任务处理逻辑。

实现步骤如下。

（1）将关联表导入关系型数据库 MySQL，在 MySQL 的命令行输入如下两条命令。

① 命令 1：

```
load data infile 'test_iplocinfo_cominfo_index.csv' into table
test_iplocinfo_cominfo_index fields terminated by ', ';
```

② 命令 2：

```
load data infile 'test_iplocinfo_new.csv' into table
test_iplocinfo_new fields terminated by ', ';
```

（2）对这两张表进行关联查询，并在内存中维护一个 AarryList 列表用来存储 MySQL 关联查询的结果集。这样就可以方便地提供给 Hadoop 平台用于和源数据比对。关键代码如下。

```
/**1, 2
    * locinfo_new + locinfo_new_index 连接两张表
    * 读出各省的运营商 IP 区间，默认是 IP 升序的
    */
public static ArrayList<UserIp> loadUserIp() throws SQLException {
       ArrayList<UserIp> list = new ArrayList<UserIp>();

       ResultSet rs = db.executeQueryRS("select t1.*, t2.code "
           + " from test_iplocinfo_new t1, test_iplocinfo_cominfo_index t2 "
           + " where t1.ComInfo=t2.ComInfo ");
       while(rs.next())
         {
           long StartIP = rs.getLong("StartIP");
           long EndIP = rs.getLong("EndIP");
```

```
                int ProvCode = rs.getInt("ProvCode");
                int ComInfo = rs.getInt("ComInfo");
                String ProvName = rs.getString("ProvName");
                String Code = rs.getString("Code");
                list.add(new UserIp(StartIP, EndIP, ProvCode, ComInfo, ProvName, Code));
            }
        rs.close();
        return list;
    }
```

其中，UserIP 为 JavaBean，用于把关联表字段存到对象中，然后把对象传到列表中。其关键代码如下。

```
public class UserIp {
    private long StartIP;
    private long EndIP;
    private int ProvCode;
    private int ComInfo;
    private String ProvName;
    private String Code;

    public UserIp(long startIP, long endIP, int provCode, int comInfo,
                            String provName, String code) {
        super();
        StartIP = startIP;
        EndIP = endIP;
        ProvCode = provCode;
        ComInfo = comInfo;
        ProvName = provName;
        Code = code;
    }
```

其中，executeQueryRS()为采用 JDBC 方式查询数据库而封装的查询函数，自定义的 JDBC 工具类为 ConnectionDB，其关键代码如下。

```
public class ConnectionDB {

    private static final String DRIVER = "com.mysql.jdbc.Driver";
    private static final String URLSTR = "jdbc:mysql://localhost:3306/storm_test";
    private static final String USERNAME = "root";
    private static final String USERPASSWORD = "root";

    private Connection connnection = null;
    private Statement statement = null;
    private ResultSet resultSet = null;

    static {
        try {
            // 加载数据库驱动程序
            Class.forName(DRIVER);
        } catch (ClassNotFoundException e) {
            System.out.println("加载驱动错误");
            System.out.println(e.getMessage());
        }
    }

    //建立数据库连接
```

```
public Connection getConnection() {
    try {
      // 获取连接
      connnection = DriverManager.getConnection(URLSTR,
                            USERNAME, USERPASSWORD);
    } catch (SQLException e) {
        System.out.println(e.getMessage());
    }
    return connnection;
}

public ResultSet executeQueryRS(String sql) {
    try {
        connnection = this.getConnection();      // 获得连接
        statement = connnection.createStatement();  // 创建 Statement 对象
        resultSet = statement.executeQuery(sql);  // 执行 SQL 语句
    } catch (SQLException e) {
        System.out.println(e.getMessage());
    }
    return resultSet;
}
}
```

（3）将数据集合 list 作为全局变量维护在内存中，并且再建一个 al 存储 StartIP，StartIP 是 IP 区间的下限，因为用户 IP 要在 list 中匹配到一个合适的区间，即[StartIP<IP<EndIP]，所以为了减小比较量，先用二分查找法查找到合适的 StartIP，再和它对应的 EndIP 比较。这里采用自定义的二分查找法，查找到小于 IP 的那个最大 StartIP。因为在程序一开始启动时就要将关联表数据加载到内存中，所以将这段代码放在主函数 main()中，主函数中还有 MapReduce 的其他配置信息。主函数的关键代码如下。

```
public static void main(String[] args) {
    list = Datetest.loadUserIp();//加载数据库到集合，作为全局变量
    for(int i= 0;i<list.size();i++)
    al.add(list.get(i).getStartIP());//提取 ip1

    Configuration conf = new Configuration();
    Job job = Job.getInstance(conf, "dns");

    job.setJarByClass(RunJob.class);
    job.setMapperClass(Map.class);
    job.setReducerClass(Red.class);

    job.setMapOutputKeyClass(LongWritable.class);
    job.setMapOutputValueClass(Text.class);
    job.setOutputKeyClass(NullWritable.class);
    job.setOutputValueClass(Text.class);

    String[] arg = new String[]{"file:\\C:\\opt\\201711140320.txt", "file:\\C:\\opt\\dns"};

    FileInputFormat.addInputPath(job, new Path(arg[0]));  //为 job 设置输入路径
    FileOutputFormat.setOutputPath(job, new Path(arg[1])); //为 job 设置输出路径
    System.exit(job.waitForCompletion(true)?0:1);       //运行 job
```

```
        }
```

（4）准备好关联表之后，接下来准备读取源文件。首先编写 Mapper 类来读取源数据并切分。这里采用默认的输入格式，即 TextInputFormat，它每次从文件中读取一行并转换为键值对传送给 Mapper，Key 为当前行在文本中的偏移量，即行标；value 为读取的这一行字符串文本。因此 Mapper 的输入格式为<LongWritable，Text>。默认格式是系统自动完成的，用户不需要编写代码。接下来 map()函数会反复运行读取行，读到一行后，先将字符串拆分为数组 ss[]，只提取第一个源 IP 字段 ss[0]，这就是待处理数据。

然后通过自定义函数 IPtoLong.ipToLong(ss[0])将用点分十进制法表示的 IP 转换成 long 型数字。因为在查找 IP 段时，数字比较速度比字符串快。查找到 IP 区间后，就能获取该 IP 的归属地和运营商的信息了。查找的过程为了减小比较次数，需要再建一个列表 al 用于存储 StartIP。

Map 过程中的处理完成后，会生成中间结果输出到下一个阶段，中间结果的格式为<LongWritable,Text>，Mapper 类关键代码如下。

```
public static class Map extends Mapper<LongWritable, Text, LongWritable, Text>{
        public static String reg
    ="(?:(?:[01]?\\d{1, 2}|2[0-4]\\d|25[0-5])\\.){3}(?:[01]?\\d{1, 2}|2[0-4]\\d|25
[0-5])\\b";
    long ip, ip2;
    String prov, code;
    @Override
    public void map(LongWritable key, Text value, Context context)
            throws IOException, InterruptedException {
        String line = value.toString();
        String[] ss = line.split("\\|");
        if(ss[0].matches(reg))
        {   long ip = IPtoLong.ipToLong(ss[0]);//IP 转换成数字方便快速比较
            int index =Search.binarySearch(al, ip);//查找比 IP 小的最大 startIP
            if(index>=0)
            {
                ip2 = list.get(index).getEndIP();
                if(ip<ip2)
                {   prov = list.get(index).getProvName();
                    code = list.get(index).getCode();
            context.write(new LongWritable(ip), new Text(ss[0]+" "+prov+" "+code));
                }
            }
        }//end if
    }//end map
}
```

自定义的转换 IP 的函数如下。

```
public class IPtoLong {
    //将 127.0.0.1 形式的 IP 地址转换成十进制整数, 这里没有进行任何错误处理。
    public static long ipToLong(String strIp){
        long[] ip = new long[4];
        int position1 = strIp.indexOf("."); //先找到 IP 地址字符串中.的位置
        int position2 = strIp.indexOf(".", position1 + 1);
        int position3 = strIp.indexOf(".", position2 + 1);
```

```
        //将每个.之间的字符串转换成整型
        ip[0] = Long.parseLong(strIp.substring(0, position1));
        ip[1] = Long.parseLong(strIp.substring(position1+1, position2));
        ip[2] = Long.parseLong(strIp.substring(position2+1, position3));
        ip[3] = Long.parseLong(strIp.substring(position3+1));
        return (ip[0] << 24) + (ip[1] << 16) + (ip[2] << 8) + ip[3];
    }
}
```

其中自定义查找 IP 的函数如下。

```
public class Search {
// list 默认递增，查找比 IP 小的最大 startIP
public static int binarySearch(ArrayList<Long> aa, Long ip){
    if(ip < aa.get(0))
        return -1;
    if(ip > aa.get(aa.size()-1))
        return aa.size()-1;
    int low = 0;
        int high = aa.size()-1;
        int res = high;
        while(low <= high)
        {
            int middle = low +(high-low)/2;
            if(ip < aa.get(middle))
            { res = middle;
              high = middle-1;
            }
            else
                low = middle+1;
        }
        return res-1;
    }
}
```

（5）Map 任务完成后进入 Shuffle 阶段。这个阶段将 Map 的输出初步整理后再分发给 Reduce 进行最终的处理。因为 Hadoop 会把很大的源文件切分为多个分块，每个分块输入一个 Mapper，所以会产生多个输出，而到了 shuffle 阶段会将 key 相同的 value 的键值对分到同一组，以便分发给各个相应的 Reduce 来处理。这期间会进行分区 Partition、合并 Combiner、排序 Sort、分组 Group 等过程。系统默认提供一个 Partitioner 类来分区：具体作法是用 key 的 hash 值模 Reduce 的数量：

```
(key.hashCode()& Integer.MAX_VALUE) % numReduceTasks;
```

这样相当于提前给每个 key 定一个标志位，到后面分组时，根据其值分到对应的 Reduce 上，做到数据的均匀分布，默认分组是将所有的 key 分到一个组，默认由一个 Reduce 任务处理。为了减小传输数据的开销，系统默认提供一个 Combiner 类来合并同一个 Map 输出的 key 相同的 values，把这些 values 合并为一个 key-value 对。在 Shuffle 阶段还要通过 Sort 类进行排序，默认按照 key 的字典排序，即按 ASCII 码的升序排列 key。

因为本案例中将中间数据格式设置为<LongWritable,Text>，所以采用默认机制，利用字典排序来 Sort 用户 IP（转换为 long 型的 IP），然后将相同的 key=IP 分组到 Reduce。经历了 Shuffle 的整理后，Reduce<LongWritable,Text>阶段得到相同 IP 的 values 集合。由于同一个 IP 对应的归属地和运营商等信息是相同的，所以 values 集合中的值都是相同的，通过迭代器遍历时，只取出第一个数据，代码中只需要输出一次就 break 出循环。通过 Reduce 的进一步处理，最终合并为一个文件输出最终结果。Reduce 类的关键代码如下。

```
        public static class Red extends Reducer<LongWritable, Text, NullWritable, Text>{
        public void reduce(LongWritable k, Iterable<Text> val, Context context)
                    throws IOException, InterruptedException {
        for(Text t : val)
        {   context.write(NullWritable.get(), t);
            break;
        }
    }
}
```

其中循环一次就 break 的原因在于同一个 IP（用户）会多次上网，只提取 IP 就会有重复。将 IP 转化为 long 型值，在 Shuffle 阶段使用默认的分区、排序、分组，就能将同一个 IP 的 value 发送到对应的 Reduce，所以 Reduce 得到的是分组后一个 IP 的 value 集合，而且全是重复的值，遍历迭代器时，只需要输出一次，就 break 出循环。这样每个 Reduce 只取一个值，多个 Reduce 就构成了不重复的输出。

（6）提交代码运行结果。经过实际测试，读取一个大小为 460MB，行数为 5 151 295 的源文件 data.txt，经过 Hadoop 的筛选和去重，最终得到 6 010 行的结果文件 part-r-00000。总共用时为 1.03s。由此可见，Hadoop 的分布式并行处理能力十分强大。程序在 Eclipse 下的运行效果如图 14-38 所示。

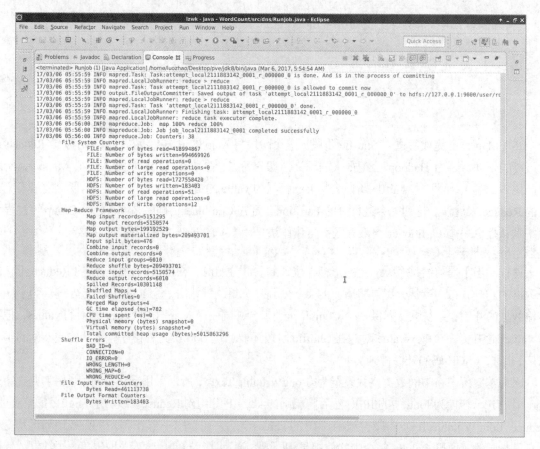

图 14-38　运行输出日志

本 章 习 题

习题 14.1　Hadoop 生态圈有哪些组件？各自特点是什么？

习题 14.2　什么是 HDFS？它的组成结构和原理是什么？

习题 14.3　什么是 MapReduce？它的组成结构和原理是什么？

习题 14.4　什么是 Spark？它的组成结构和原理是什么？

习题 14.5　WordCount 的具体流程是什么？基于什么原理？

习题 14.6　DNS 解析案例的流程是什么？基于什么原理？

结束语

　　本书写到这里，已经对云计算的方方面面做了大致的说明。IaaS 和 PaaS 环境搭建好后，就可以开始应用了，对于作者所在的大学应用而言，现在可以重新回到高性能计算（HPC）上，在 PaaS 上构建 HPC 虚拟节点计算集群，将 HPC 的用户从逻辑上独立，将虚拟节点的操作系统管理权交还给用户，让 HPC 用户更好、更有效地使用云资源，针对高性能集群应用，XCAT 也提供了相应的支持，可以有效管理 KVM 中的虚拟节点。但是"云"才刚刚开始，希望读者能够通过本书的介绍，对云计算有初步的认识，真正实现将"计算"作为一种公众资源，按需分配给用户，还有很长的道路要走。

　　在云实践环节，因为条件限制，本书仅对 Hadoop 进行了实践部署，还有很多优秀的云计算环境和应用没有深入介绍，读者可以通过实际的应用，如阿里云、亚马逊 AWS 等，深入了解。

　　因为云计算涉及的内容太多，本书难免有散乱和错误之处，可能还有很多概念和方法没有涉及，请读者多提宝贵意见。

参考文献

[1] Michael Armbrust，Armando Fox，Rean Griffith，et al. Above the Coulds: A Berkeley View of Cloud Computing [EB/OL]. [2015-09-10]. http://www.eecs.berkeley.edu/Pubs/TechRpts/2009/EECS-2009-28.pdf.

[2] Peter Mell，Timothy Grance. The NIST Definition of Cloud Computing [EB/OL]. [2015-09-01]. http://nvlpubs.nist.gov/nistpubs/Legacy/SP/nistspecialpublication800-145.pdf.

[3] IBM. Google and IBM Announced University Initiative to Address Internet-scale Computing Challenges [EB/OL]. [2015-09-10]. http://www-03.ibm.com/press/us/en/pressrelease/22414.wss.

[4] JONES M. T. Cloud computing with Linux Cloud Computing Plat forms and Applications [EB/OL]. [2015-09-10]. http://www.ibm.com/developerworks/linux/library/l-cloud-computing.

[5] Rosenblum M. Garfinkel T. Virtual Machine Monitors: Current technology and future trends [J]. IEEE Computer，2005，38(5)：39-47.

[6] Smith J. E，Nair R. The Architecture of Virtual Machines [J]. IEEE Computer，2005，38(5)：32-38.

[7] Hayes B. Cloud Computing [J]. Communications of the ACM，2008，51(7)：9-1.

[8] 米勒. 云计算[M]. 姜进磊，译. 北京：机械工业出版社，2009.

[9] 虚拟化与云计算小组. 虚拟化与云计算[M]. 北京：电子工业出版社，2009.

[10] 朱近之，方兴，等. 智慧的云计算：物联网发展的基石[M]. 北京：电子工业出版社，2010.

[11] 朱近之. 智慧的云计算：物联网发展的平台[M]. 2版. 北京：电子工业出版社，2011.

[12] 里特豪斯. 云计算：实现、管理与安全[M]. 田思源，赵学锋，译. 北京：机械工业出版社，2010.

[13] Anthony T. velte，Toby J. velte，Robert Elsenpeter. 云计算实践指南[M]. 周庆辉，陈宗斌，译. 北京：机械工业出版社，2010.

[14] 王鹏. 云计算的关键技术与应用实例[M]. 北京：人民邮电出版社，2010.

[15] 王金波. 虚拟化与云计算[M]. 北京：电子工业出版社，2009.

[16] 张为民，唐剑锋. 云计算深刻改变未来[M]. 北京：科学出版社，2010.

[17] 工业和信息化部电信研究院通信信息研究所. 云计算技术及应用[R]. 2009.

[18] 中国通信标准化协会（CCSA）. 移动环境下云计算安全技术研究[R]. 2014.

[19] 中国电子技术标准化研究所. 云计算标准化白皮书（3.0）[R]. 2014.

[20] 网络与交换技术国家重点实验室. 云计算产品及技术方案分析报告[R]. 2010.

[21] 中国信息通信研究院. 2016 云计算白皮书[R]. 2016.

[22] Theresa Villatore-Silva. NetApp 私有云解决方案：推动实现 IT 即服务[EB/OL]. [2015-09-10]. http://www.netapp.com/cn/ library/white-papers/wp-7112-zh.html.

[23] Larry Freeman. Netapp 存储效率指南[EB/OL]. [2015-09-10]. http://www.netapp.com/cn/library/ white-papers/wp-7022- zh.html.

[24] M. Armbrust，A. Fox，R. Griffith. 伯克利云计算白皮书（节选）[J]. 高性能计算发展与应用，2009（1）：10-15.

[25] 郑鑫. 云计算安全体系架构与关键技术研究[J]. 通讯世界，2015，20：227-227.

[26] 张玉清，王晓菲，刘雪峰，等. 云计算环境安全综述[J]. 软件学报，2016，27(6):1328-1348.

[27] 赵福祥. 云计算及其关键技术[J]. 读写算:教育教学研究，2015(20).

[28] 石利平. 浅析基于 Web 的云存储技术[J]. 现代计算机，2010，03:67-69.

[29] 刘越. 云计算综述与移动云计算的应用研究[J]. 信息通信技术，2010.

[30] 童晓渝，张云勇，戴元顺. 公众计算通信网架构及关键技术[J]. 通信学报，2010.

[31] 童晓渝，张云勇，戴元顺. 从公众通信网向公众计算通信网演进[J]. 电信科学，2010.

[32] 张德安. 从安全性方面看桌面虚拟化技术[J]. 技术与市场，2015，10:65-65.

[33] 谭大禹，孙睿，刘宽. 云计算下桌面虚拟化技术的融合[J]. 计算机与数字工程，2017，45(1):76-82.

[34] 黄汝维，桂小林，余思，等，云环境中支持隐私保护的可计算加密方法[J]. 计算机学报，2011.

[35] 郝志宇. 物联网与云计算的融合——物联网云的构建[J]. 城市建设理论研究，2015(8).

[36] 徐铮，陈俊. 大数据时代基于物联网和云计算的地质信息化研究[J]. 通讯世界，2015，8:33-34.

[37] 邓倩妮，陈全. 云计算及其关键技术[J]. 高性能计算发展与应用. 2009.

[38] 李琪林，周明天. 面向智能电网的云计算技术研究[J]. 计算机科学. 2011，38(Z10):432-433，456.

[39] 张林波，迟学斌，等. 并行计算导论[M]. 北京：清华大学出版社，2006.

[40] 清华大学计算机系，清华同方股份有限公司. MPI 并行程序设计[EB/OL]. [2015-09-10]. http://source.eol.cn/gjpxw/thujsj/ 014.

[41] 马特桑，桑德斯，麦森吉尔. 并行编程模式[M]. 北京：清华大学出版社，2005.

[42] Albugmi A，Alassafi M. O，Walters R，et al. Data security in cloud computing[C]//Fifth International Conference on Future Generation Communication Technologies. IEEE，2016:822-827.

[43] James PaRon Jones，Bill Nitzberg，Bob Henderson. Workload management：More than just job scheduling[C]. Proceedings of 200 IEEE Intemafional Conference on Cluster Computing，2001，113-115.

[44] Radulescu Andrei，Van Gemund Arian J. C. Low cost task scheduling for distributed memory machines[J]. IEEE Transactions on Parallel and Distributed Systems.2002，13(6):648-658.

[45] Almorsy M，Grundy J，Müller I. An Analysis of the Cloud Computing Security Problem [EB/OL]. [2017-05-01]. http://arxiv.org/ftp/arxiv/papers/1609/1609.01107.pdf.

[46] 李源，郑全录，曾韵. PBS 作业管理系统分析[J]. 现代计算机，2004(3)：17-9.

[47] CONDOR. CONDOR project home page[EB/OL]. [2017-06-01]. http://www.cs.wisc.edu/condor/publications.

[48] 郭绍忠，茧永忠，余丽琼. 机群作业管理系统 Condor 综述[J]. 信息工程大学学报，2004，5(1): 73-76.

[49] LSF，LSF project home page[EB/OL]. [2017-06-01]. http://www.ualberta.ca/CNS/RESEARCH/LSF/doc/jsusers/1-intro.htm.

[50] 史宇锋. Linux 虚拟服务器管理系统的设计与实现[M]. 哈尔滨：哈尔滨工业大学出版社，2015.

[51] 李敬. 集群系统集中管理平台的研究与实现[M]. 西安：西北工业大学出版社，2004.

[52] 张宇晴，伶振声. 分布式系统中动态负载平衡算法的研究[J]. 计算机仿真，2003，9(20):67-71.

[53] 荣航. 改进的动态负载均衡算法在集群中的应用[J]. 无线通信技术，2015，24(3):34-37.

[54] 王晓龙，蒋朝惠. 云环境中基于 LVS 集群的负载均衡算法[J]. 计算机工程与科学，2016，38(11):2172-2176.

[55] 都志辉. 高性能计算并行编程技术——MPI 并行程序设计[M]. 北京：清华大学出版社，2001.

[56] 莫则尧，袁国兴. 消息传递并行编程环境 MPI[M]. 北京：科学出版社，2001.

[57] 李代平，张信一，罗寿文，等. 分布式并行计算计数[M]. 北京：冶金工业出版社，2004，11-19.

[58] Buyya R. 高性能集群计算：编程与应用（第二卷）[M]. 郑纬民，汪东升，译. 北京：电子工业出版社，2001.

[59] XCAT. Extreme Cloud Administration Toolkit home page，http://xcat. sourceforge.net.

[60] GANGLIA.Ganglia Monitoring System home page，http://Ganglia. sourceforge.net.

[61] 陈国良. 并行计算机体系结构[M]. 北京：高等教育出版社，2002.

[62] Buyya R. 高性能集群计算：结构与系统（第一卷）[M]. 郑纬民，汪东升，译. 北京：电子工业出版社，2001.

[63] Buyya R. 高性能集群计算：结构与系统（第一卷）（英文版）[M]. 北京：人民邮电出版社，2002.

[64] MAUI. MAUI Cluster Scheduler home page. http://www.clusterresources.com/products/maui-cluster-scheduler.php.

[65] NAGIOS. NAGIOS home page. http://www.nagios.org.

[66] RRDTool home page. http://oss.oetiker.ch/rrdtool.

[67] VASP. VASP project home page. http://cms.mpi.univie.ac.at /vasp/vasp /vasp.html.

[68] 刘鹏. 云计算. 2 版[M]. 北京：电子工业出版社，2011.

[69] 任永杰，单海涛. KVM 虚拟化技术：实战与原理解析[M]. 北京：机械工业出版社，2013.

[70] 邢静宇. KVM 虚拟化技术基础与实践[M]. 西安：西安电子科技大学出版社，2015.

[71] Chinsnall David. Xen 虚拟化技术完全导读[M]. 张炯，吕紫旭，胡彦彦，译. 北京：北京航空航天大学出版社，2014.

[72] 何坤源. VMware vSphere 6.0 虚拟化架构实战指南[M]. 北京：人民邮电出版社，2016.

[73] 陶利军. 掌控:构建 Linux 系统 Nagios 监控服务器[M]. 北京：清华大学出版社，2013.

[74] 高俊峰. 高性能 Linux 服务器构建实战：系统安全、故障排查、自动化运维与集群架构[M]. 北京：机械工业出版社，2014.

[75] 崔勇，赖泽祺，缪葱葱. 移动云存储服务关键技术研究[J]. 中兴通讯技术，2015(2):10-13.

[76] 边根庆，高松，邵必林. 面向分散式存储的云存储安全架构[J]. 西安交通大学学报，2011，45(4): 41-45.

[77] 徐化祥，陈林，刘杰，等. 云存储：系统实例与研究现状[C]. Proceeding of the 2011 Asia-Pacific Youth Conference of Youth Communication and Technology，2011.

[78] 石丽平. 浅析基于 Web 的云存储技术[J]. 现代计算机，2010: 117-119.

[79] 张学红，刘志芳. 云存储技术研究与探讨[C]. Proceedings of Specialty Construction and Talents Cultivation of Digital Media，2011.

[80] 张衡. 公共云存储服务数据安全及隐私保护技术综述[J]. 电子技术与软件工程，2015(6):223-223.

[81] 文双全. 一种基于云存储的同步网络存储系统的设计与实现[M]. 济南：山东大学出版社，2010.

[82] Xiao Zhang，Hongtao Du，Jianquan Chen，Yi Lin，Leijie Zeng. Ensure Data Security in Cloud Storage. 2011 International Conference on Network Computing and Information Security[C]. 2011 International Conference on Network Computing and Information Security，2011. 284-287.

[83] Liu Hao，Dezhi Han. The study and design on secure-cloud storage system[C]. The 2nd International Conference on Electrical and Control Engineering (ICECE2011)，2011. 5126-5129.

[84] 石强，赵鹏远. 云存储安全关键技术分析[J]. 河北省科学院学报，2011，28(3).

[85] 申丽君. 云存储及其安全性研究[J]. 电脑知识与技术，2011，7(16):3829-3832.

[86] Shuang Liang，Weikuan Yu，Dhabaleswar K. Panda. High Performance Block I/O for Global File System (GFS) with InfiniBand RDMA[C]. 2006 International Conference on Parallel Processing (ICPP'06).

[87] 薛矛，薛巍，舒继武，等. 一种云存储环境下的安全存储系统[J]. 计算机学报，2015，38(5):987-998.

[88] Lu X，Wang B，Zha L，et al. Can mpi benefit hadoop and mapreduce applications[C]//Parallel Processing Workshops (ICPPW) [C]. 2011 40th International Conference on. IEEE，2011: 371-379.

[89] 于金良，朱志祥，李聪颖. Hadoop MapReduce 新旧架构的对比研究综述[J]. 计算机与数字工程，2017，45(1):83-87.